浦谷 規 監修
シリーズ
〈金融工学の基礎〉
4

数理統計・
時系列・
金融工学

谷口正信 著

朝倉書店

はしがき

　近年，金融工学は経済学から確率論，統計学，数理計画などにまたがる巨大な複合領域として発展を遂げつつある．この金融工学の基礎的な部分では，金融資産などの基礎過程を確率過程モデルで記述する．筆者は確率過程 (時系列) の統計的推測（時系列解析）の研究にかかわってきたものであるが，時系列の最適推測論の上に乗った金融工学は，この分野において最も基礎的で重要な点であるにもかかわらず，わが国においては，まだまだ手薄で看過されてきた印象を受ける．特にわが国においては，確率過程モデルのモデル選択に関して，世界に先がけて，赤池弘次氏 (元 統計数理研究所長) が，1970 年初頭に赤池情報量規準 (AIC) を提案して，これが，きわめて広範な応用分野の確率モデルの選択問題で効力を発揮してきた歴史をもっている．赤池情報量規準の提案とその関連分野における北川源四郎氏 (現 統計数理研究所長) をはじめとする研究者たちの発展的研究での一連の貢献は，国際社会ですこぶる高く評価されていて，今や AIC は伊藤公式と同様に国際基礎用語となってきている．したがって，金融工学において，金融データを記述する確率モデルの適合の度合いの「よさ」の議論や，そのモデルを記述する母数の推定の最適性がもっと論ぜられてしかるべきと思われる．

　本書は，このような観点から金融工学を統計学の立場から解説を行うことを目的とし，数理統計学と時系列解析を基礎として金融工学への橋渡しを行う．このような金融工学を，本書では統計的金融工学と呼ぶことにする．本書を教科書として，大学生，大学院生に対して使用することも考えて，2～4 章は数理統計学の入門書，5～6 章は時系列解析の入門書として使えるように配慮した．また，予備知識としては大学 1～2 年次における微分積分学と線形代数の知識があれば十分である．

はしがき

　最後に，本書の執筆をお勧めいただいた法政大学工学部の浦谷 規教授に感謝いたします．同氏からは金融工学の基礎的な事柄に関していくつかのご教示をいただきました．

2005 年 1 月

谷 口 正 信

記　号

$\boldsymbol{N}$	自然数の全体
$\boldsymbol{Z}$	整数の全体
$\boldsymbol{R}$	実数の全体
$\boldsymbol{R}^n$	n 次元ユークリッド空間
$\mathcal{B}^n$	$\boldsymbol{R}^n$ 上の Borel 集合族
ϕ	空集合
A^c	集合 A の捕集合
$N(\mu, \sigma^2)$	平均 μ, 分散 σ^2 をもつ正規分布
$N(\boldsymbol{\mu}, \Sigma)$	平均ベクトル $\boldsymbol{\mu}$, 分散行列 Σ をもつ p 次元正規分布
$\chi^2(p)$	自由度 p のカイ 2 乗分布
$E(X)$	確率変数 X の期待値
$V(X)$	確率変数 X の分散
$E(\boldsymbol{X})$	確率ベクトル $\boldsymbol{X}$ の平均ベクトル
$V(\boldsymbol{X})$	確率ベクトル $\boldsymbol{X}$ の分散行列
$Cov(X, Y)$	確率変数 X と Y の共分散
$X_n \xrightarrow{p} X$	X_n は X に確率収束する
$X_n \xrightarrow{d} X$	X_n は X に分布収束する
$X_n \xrightarrow{a.s.} X$	X_n は X にほとんど確実に収束する
$l.i.m._{n \to \infty} X_n = X$	X_n は X に平均収束する
$\forall$	すべての
$a.e.$	ほとんど至るところ
$i.i.d.$	独立同分布に従う
χ_A	A の定義関数
I_p	$p \times p$ 恒等行列
A'	行列 A の転置
A^*	行列 A の共役転置
$tr(A)$	行列 A のトレース
A^{-1}	行列 A の逆行列
$det(A), |A|$	行列 A の行列式
$\|\cdot\|$	ユークリッドノルム

目 次

1. はじめに …………………………………………………………… 1

2. 確率の基礎 ………………………………………………………… 4
   2.1 確率空間，確率変数および確率分布 ……………………… 4
   2.2 多次元確率変数と独立性 …………………………………… 9
   2.3 期待値，特性関数および条件付分布 ……………………… 12
   2.4 確率変数列の収束および中心極限定理 …………………… 18

3. 統計的推測 ………………………………………………………… 27
   3.1 十分統計量 …………………………………………………… 27
   3.2 不偏推定量 …………………………………………………… 30
   3.3 有効推定量 …………………………………………………… 35
   3.4 漸近有効推定量 ……………………………………………… 42

4. 種々の統計手法 …………………………………………………… 50
   4.1 区間推定 ……………………………………………………… 50
   4.2 最強力検定 …………………………………………………… 54
   4.3 種々の検定 …………………………………………………… 62
   4.4 判別解析 ……………………………………………………… 67

5. 確率過程 …………………………………………………………… 76
   5.1 確率過程の基礎 ……………………………………………… 76
   5.2 スペクトル解析 ……………………………………………… 81

- 5.3 エルゴード性，混合性およびマルチンゲール 89
- 5.4 確率過程に対する極限定理 95

6. 時系列解析 99
- 6.1 種々の時系列モデル 100
- 6.2 時系列モデルの推測 112
- 6.3 ノンパラメトリック推定 131
- 6.4 時系列の予測 146
- 6.5 時系列回帰 153
- 6.6 長期記憶過程と非定常時系列 159
- 6.7 時系列の判別解析 168

7. 統計的金融工学入門 176
- 7.1 オプションの価格評価 176
- 7.2 ポートフォリオ 184
- 7.3 VaR 186
- 7.4 金融時系列の判別，クラスター解析 187

8. 補遺 191

参考文献 198

付表 201

索引 207

はじめに

　独立標本に関する統計学は，精緻な基礎理論＝数理統計学の上に発展し，またその応用は工学，医学，経済学，心理学など，膨大な領域に広がって総体として統計科学というべきものになってきている．さらにこの独立標本の統計学は，過去，現在，未来が影響しあっているという確率モデル(確率過程)の統計学(時系列解析)として，数理統計学を基礎に，現在も発展中である．

　近年，金融の世界はきわめて複雑な様相をみせてきており，従来の経済学と数学，確率，統計，オペレーションズ・リサーチなどを巻き込んだ巨大な複合領域を形成し，これらは金融工学と呼ばれる分野となってきている．たとえば，ある株価が未来の設定された時点で，ある価格より高ければ，その差額を利得とする権利があるとしよう．Black と Scholes は株価が幾何ブラウン運動という確率過程モデルに従うと想定して，この権利の適正な価格を評価した．これは Black-Scholes の公式と呼ばれ，金融工学の原点となっている．したがって，金融工学の基礎として株式などの金融資産を表す確率過程モデルが現実の金融データの世界を十分に記述しているか，ということが重要な基礎となっている．これは，まさに時系列解析のテーマであり，本書では，まず独立標本の数理統計学の解説を行い，次にそれに基づいた時系列の最適推測論，また検定や判別解析を解説する．したがって本書の特徴は，こういった統計的推測論の上に乗った金融工学への橋渡しを行うことである．

　まず，実際の株価のデータをみてみよう．図 1.1 は Hewlett-Packard 社の株式に対する 1984 年 2 月 2 日から 1991 年 12 月 31 日までの日次収益率をプロットしたものである．以後この観測系列を $X_1, X_2, ..., X_n$ で表す．まず初歩の解析として，次の標本自己相関関数

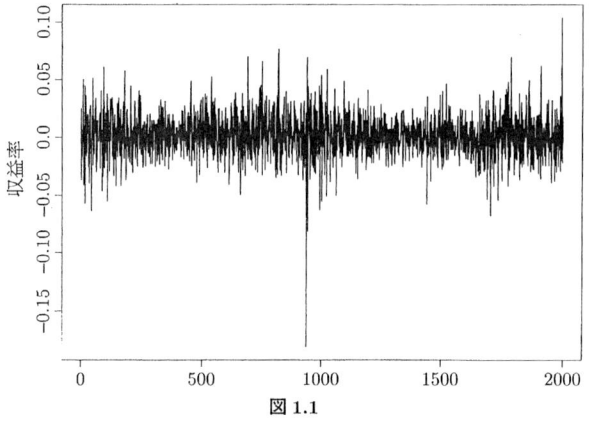

図 1.1

$$S_{X_t}(l) = \frac{\sum_{t=1}^{n-l}(X_{t+l} - \bar{X}_n)(X_t - \bar{X}_n)}{\sum_{t=1}^{n}(X_t - \bar{X}_n)^2} \quad (1.1)$$

の動きをみることが多い.ただし $\bar{X}_n = n^{-1}\sum_{t=1}^{n} X_t$ である.図 1.2 は $S_{X_t}(l)$ をプロットしたものである.一方,図 1.3 は X_t を 2 乗変換したもの X_t^2 の標本自己相関関数 $S_{X_t^2}(l)$ をプロットしたものである.標本自己相関関数は X_{t+l} と X_t の相関の強さを表す指標で $\{X_t\}$ が互いに独立,あるいは無相関ならば,$S_{X_t}(l)$ は $l = 0$ 以外は 0 に近い値となろう (確率・統計の基礎的な言葉の意味については次章以下をみられたい).実際,図 1.2 と図 1.3 をみると

(1) $\{X_t\}$ は無相関に近い,

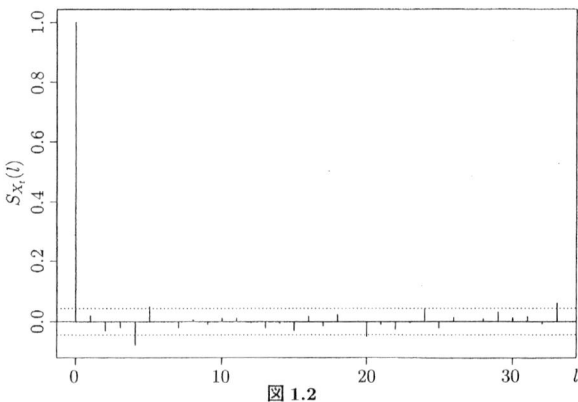

図 1.2

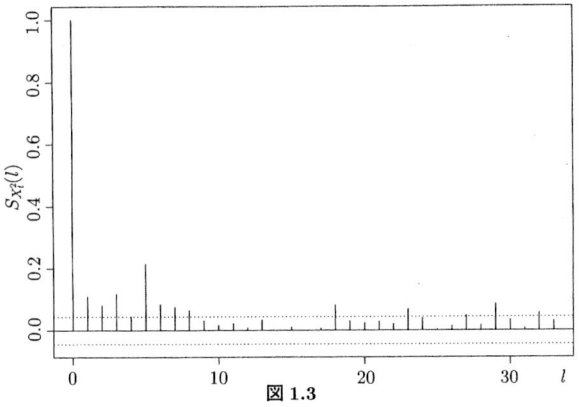

図 1.3

(2) $\{X_t^2\}$ は無相関ではない

ということがみえ，(1),(2) より $\{X_t\}$ は互いに独立でなく，しかも正規分布に従わない，つまり

(3) $\{X_t\}$ は非独立である，

(4) $\{X_t\}$ は非正規である

ことがわかる．これらの知見は，このデータだけにみられるのではなく，経済の実証分析の立場から，金融の収益率データにみられる一般的所見として知られている．Black と Scholes は収益率モデルとして幾何ブラウン運動を仮定したが，これは独立増分をもつ正規確率変数で表されており，(3) と (4) より，Black と Scholes が想定した世界は実際の金融データの世界を十分に記述していないといわざるをえない．

確率の基礎

近代確率論では，偶然現象の数学的模型を確率空間 $(\Omega, \mathcal{A}, P)$ で表現する．ここに，Ω はその確率現象のすべての可能な結果全体を表す集合で，$P(B)$ は Ω の部分集合 B に属する結果が起こる確率を表し，$\mathcal{A}$ は $P(B)$ が定義されるすべての B からなる集合族である．確率の諸概念は，すべてこの確率空間を基礎として数学的に記述される．

本章では，確率の基礎概念の説明を必要最小限に行う．測度・積分のごく簡単な解説は 8 章にまとめてあるが，さらに詳細に興味ある読者は，たとえば，西尾 (1978), Ash and Doléans-Dade(2000) などを参照されたい．

2.1 確率空間，確率変数および確率分布

サイコロを 1 回投げる試行において，起こりうる結果を出る目の数で表すと，その全体は $\Omega = \{1,2,3,4,5,6\}$ となる．偶数の目が出る事柄は $A = \{2,4,6\}$ と表せ，奇数の目が出る事柄は $B = \{1,3,5\}$ と表せる．まず A, B, Ω のように確率が定義される集合族を定義しよう．一般に確率現象のすべての可能な結果全体を Ω と表し，**標本空間** (sample space) という．これは任意の抽象的な集合でよい．確率が定義される集合は必ずしも Ω のすべての部分集合である必要はない．次の定義は，確率が定義される部分集合の族 $\mathcal{A}$ を規定するもので，$\mathcal{A}$ のもとを **事象** (event) という．

定義 2.1 Ω の部分集合からなる族 $\mathcal{A}$ が次の (A1)〜(A3) を満たすとき，Ω 上の **σ-加法族** (σ-field) という．

(A1) $\Omega \in \mathcal{A}$,
(A2) $A \in \mathcal{A}$ ならば $A^c \in \mathcal{A}$,
(A3) $A_1, A_2,... \in \mathcal{A}$ ならば $\cup_{i=1}^{\infty} A_i \in \mathcal{A}$.

次に確率を定義しよう．たとえば上述のサイコロを投げる試行を n 回行い，1 の目が a 回出たとすると，1 の目が出る相対頻度は a/n となる．したがって 1 の目が出る確率を

$$\left\lceil \lim_{n \to \infty} \right\rfloor \frac{a}{n}$$

で定義すればよいと思われるが，「$\lim_{n \to \infty}$」はサイコロを投げるという実験の極限で数学的定義としては，おおよそ不適切で数学的議論の上に乗らないものである．そこで以下の定義で述べるように確率は，相対頻度がもつべき基本性質を保有する $\mathcal{A}$ 上の集合関数として天下り式に定義される．

定義 2.2 Ω 上の σ-加法族 $\mathcal{A}$ 上で定義された集合関数 P が次の (P1)〜(P3) を満たすとき，$(\Omega, \mathcal{A})$ 上の **確率（測度）** (probability (measure)) という．

(P1) 任意の $A \in \mathcal{A}$ に対して $P(A) \geq 0$.
(P2) $P(\Omega) = 1$.
(P3) $A_1, A_2,... \in \mathcal{A}$ で，任意の $i, j\ (i \neq j)$ に対して $A_i \cap A_j = \phi$ ならば

$$P\left(\bigcup_{i=1}^{\infty} A_i\right) = \sum_{i=1}^{\infty} P(A_i).$$

以後，3 つの組 $(\Omega, \mathcal{A}, P)$ を **確率空間** (probability space) という．現代の確率，数理統計の議論はすべて定義 2.2 から出発しており，いわゆる測度論の上に乗っているのである．

(P1)〜(P3) から次の確率の基本性質が導かれる（演習問題 2.3）．

定理 2.1
(i) $P(\phi) = 0$.
(ii) $A_1,...,A_n \in \mathcal{A}$ で，任意の $i, j (i \neq j)$ に対して $A_i \cap A_j = \phi$ であるとき

$$P\left(\bigcup_{i=1}^{n} A_i\right) = \sum_{i=1}^{n} P(A_i).$$

(iii) $A \in \mathcal{A}$ に対して

$$P(A^c) = 1 - P(A).$$

(iv) $A \subset B$ ならば $P(A) \leq P(B)$.

(v) 任意の $A \in \mathcal{A}$ に対して $0 \leq P(A) \leq 1$.

(vi) 任意の $A_1, A_2, \ldots \in \mathcal{A}$ に対して

$$P\left(\bigcup_{i=1}^{\infty} A_i\right) \leq \sum_{i=1}^{\infty} P(A_i).$$

(vii) $A_1 \subset A_2 \subset \cdots \subset A_n \subset \cdots$, $A_n \in \mathcal{A}$ $(n=1,2,\ldots)$ ならば

$$P\left(\bigcup_{n=1}^{\infty} A_n\right) = \lim_{n \to \infty} P(A_n).$$

(viii) $A_1 \supset A_2 \supset \cdots \supset A_n \supset \cdots$, $A_n \in \mathcal{A}$ $(n=1,2,\ldots)$ ならば

$$P\left(\bigcap_{n=1}^{\infty} A_n\right) = \lim_{n \to \infty} P(A_n).$$

標本空間 Ω は抽象的な空間で，たとえばコインを 1 回投げるとき，$\Omega = \{$表,裏$\}$ としてもよい．このような場合，たとえば，表が出たとき 1, 裏が出たとき 0 をとる Ω 上の関数 X を考えると，事象が数値的に記述でき，便利である．もちろん X は，とりうる数値の集合の確率を定義できる関数でなくてはならないので，以下を満たす関数とする．

定義 2.3 確率空間 $(\Omega, \mathcal{A}, P)$ において，Ω 上で定義された実数値関数 $X = X(\omega)$ が，任意の $x \in \mathbf{R}$ に対して

$$\{\omega | \ X(\omega) \leq x\} \in \mathcal{A} \tag{2.1}$$

を満たすとき，X を **確率変数** (random variable) という．また，このとき

$$F_X(x) \equiv P(\{\omega | X(\omega) \leq x\}) \tag{2.2}$$

を X の **分布関数** (distribution function) という．

以後，$\boldsymbol{R}$ の任意の区間 $(a,b]$ を含む最小の σ-加法族を $\mathcal{B}$ で表し，**Borel 集合族** ということにする．Borel 集合族の定義で $(a,b]$ を開区間 (a,b) で置き換えてもよいことは，以下の関係

$$(a,b] = \bigcap_{n=1}^{\infty}\left(a, b+\frac{1}{n}\right), \quad (a,b) = \bigcup_{n=1}^{\infty}\left(a, b-\frac{1}{n}\right]$$

よりわかる．$\mathcal{B}$ の定義で，$(a,b]$ の種々の置き換えは演習問題 2.4 をみられたい．確率変数 X は (2.1) を満たすことで定義されたが，これは任意の $B \in \mathcal{B}$ に対して

$$\{\omega|\, X(\omega) \in B\} \in \mathcal{A} \tag{2.3}$$

を意味することが示せる．(2.3) を満たす X を **$\mathcal{A}$-可測関数** という．このとき

$$P_X(B) \equiv P\{X(\omega) \in B\}, \quad (B \in \mathcal{B}) \tag{2.4}$$

とすれば P_X は $\mathcal{B}$ 上の確率となり，数学的な 3 つの組で記述された確率空間 $(\boldsymbol{R}, \mathcal{B}, P_X)$ を誘導する．以後，P_X を X の **確率分布** (probability distribution) ということにする．

さて，ここで分布関数がもつ一般的性質をみておこう．

定理 2.2 分布関数 F_X について次が成り立つ．
(1) $x \leq y$ ならば $F_X(x) \leq F_X(y)$（単調性）．
(2) $x \searrow c$ ならば $F_X(x) \searrow F_X(c)$（右連続性）．
(3) $\lim_{x \to \infty} F_X(x) = 1$, $\lim_{x \to -\infty} F_X(x) = 0$．

証明
(1) $x \leq y$ ならば $(-\infty, x] \subset (-\infty, y]$．定理 2.1 の (iv) より

$$F_X(x) = P_X[(-\infty, x]] \leq P_X[(-\infty, y]] = F_X(y).$$

(2) $x_n \searrow c$ ならば $(-\infty, x_n]$ は減少しながら $\bigcap_{n=1}^{\infty}(-\infty, x_n] = (-\infty, c]$ となる．よって定理 2.1 の (viii) より $F_X(x_n) \searrow F_X(c)$．(1) より F_X は単調性をもつので $x \searrow c$ ならば $F_X(x) \searrow F_X(c)$ である．

(3) $x_n \nearrow \infty$ ならば $(-\infty, x_n]$ は増大しながら $\cup_{n=1}^{\infty}(-\infty, x_n] = \mathbf{R}$ となる. 定理 2.1 の (vii) より $F_X(x_n) \nearrow 1$. F_X の単調性より $\lim_{x \to \infty} F_X(x) = 1$. $\lim_{x \to -\infty} F(x) = 0$ も同様に示せる. □

確率分布 P_X が与えられたとき, 分布関数は (2.2) で定まるが, 逆に分布関数 F_X が与えられると, それを分布関数にもつ確率分布 P_X が一意に存在する. また, 上述の (1)〜(3) を満たす実数値関数 F に対して, $(\mathbf{R}, \mathcal{B})$ 上の確率変数 X および確率分布 P_X を構成して, X の分布関数が F になるようにできる (たとえば西尾, 1978).

定義 2.4

(i) 確率変数 X の確率分布 P_X に対して $\mathbf{R}$ の可算集合 $B = \{x_1, x_2, ...\}$ が存在して $P_X(B) = 1$ となるとき, X は **離散型** (discrete) **確率変数** という. これは $p(x_i) = P_X(\{x_i\})$ とすると $\sum_{i=1}^{\infty} p(x_i) = 1$ を意味し, 以後関数 $p(x)$ を X の **確率関数** (probability function) という.

(ii) 確率変数 X の分布関数を F_X とする. 任意の $x \in \mathbf{R}$ に対して非負 $\mathcal{B}$-可測関数 f_X が存在して

$$F_X(x) = \int_{-\infty}^{x} f_X(t) dt$$

と表せるとき, X は **連続型** (continuous) **確率変数**といい, f_x を X の **確率密度関数** (probability density function) という.

以下, 確率分布の具体的な例をみてみよう.

離散型分布の例:

(1) 二項分布. 確率関数が

$$p(x) = \binom{n}{x} \theta^x (1-\theta)^{n-x}, \quad (x = 0, 1, ..., n, \; 0 \leq \theta \leq 1)$$

で与えられる分布を **二項分布** (binomial distribution) といい, $B(n, \theta)$ で表す. 特に $B(1, \theta)$ を **ベルヌーイ分布** (Bernoulli distribution) という.

(2) **ポワソン分布**. 確率関数が

$$p(x) = \frac{e^{-\lambda}\lambda^x}{x!}, \quad (x = 0, 1, 2, ..., \lambda > 0)$$

で与えられる分布を**ポワソン分布** (Poisson distribution) といい，$P_o(\lambda)$ で表す．これは，ある時間内に起こる機械の故障数，電話がかかってくる回数，ある交差点における交通事故数などの確率分布として知られている．

連続型分布の例:

(3) **一様分布**. 確率密度関数が

$$f(x) = \begin{cases} 1/(b-a), & (x \in (a,b)), \\ 0, & (その他) \end{cases}$$

で与えられる分布を (a,b) 上の **一様分布** (uniform distribution) といい，$U(a,b)$ で表す．

(4) **指数分布**. 確率密度関数が

$$f(x) = \begin{cases} \theta e^{-\theta(x-\mu)}, & (x \geq \mu), \\ 0, & その他 \end{cases} \quad (0 < \theta, \ -\infty < \mu < \infty)$$

で与えられる分布を **指数分布** (exponential distribution) といい，$Exp(\theta, \mu)$ と書く．これは機械類の寿命を表す分布として知られている．

(5) **正規分布**. 確率密度関数が

$$f(x) = \frac{1}{\sqrt{2\pi}\sigma} \exp\left\{-\frac{1}{2\sigma^2}(x-\mu)^2\right\}, \quad (-\infty < \mu < \infty, \ 0 < \sigma)$$

で与えられる分布を **正規分布** (normal distribution) といい，$N(\mu, \sigma^2)$ で表す．種々の実験誤差が従う分布として知られている．また，観測数を増やしたときの統計の議論で現れる，最も基本的な分布となる．

2.2 多次元確率変数と独立性

実際問題では，多次元の変量の分布や変量間の影響の有無などを議論すること

が多い.本節では n 次元確率ベクトルの分布や,その成分の独立性を説明する.

定義 2.5 $X_1, X_2, ..., X_n$ を確率空間 $(\Omega, \mathcal{A}, P)$ 上の確率変数とするとき $\boldsymbol{X} = (X_1, X_2, ..., X_n)'$ を **n 次元確率ベクトル** (random vector) といい,関数

$$F_{X_1 \cdots X_n}(x_1, ..., x_n) = P(X_1 \le x_1,\ X_2 \le x_2, ..., X_n \le x_n),$$
$$(x_i \in \boldsymbol{R},\ i = 1, ..., n)$$

を $\boldsymbol{X}$ の **同時 (結合) 分布関数** (joint distribution function) という.$\{i_1, i_2, ..., i_k\}$, $(i_1 < i_2 < \cdots < i_k)$ を $\{1, 2, ..., n\}$ の部分集合とするとき

$$F_{X_{i_1} \cdots X_{i_k}}(x_{i_1}, ..., x_{i_k}) = F_{X_1 \cdots X_n}(\infty, ..., \infty, x_{i_1}, \infty, ..., \infty, x_{i_k}, \infty, ..., \infty)$$

を $(X_{i_1}, X_{i_2}, ..., X_{i_k})$ の **周辺分布関数** (marginal distribution function) という.

$\mathcal{B}^n$ を任意の n 次元の区間 $(a_1, b_1] \times \cdots \times (a_n, b_n]$ を含む最小の σ-加法族とするとき (2.4) と同様に

$$P_{\boldsymbol{X}}(\boldsymbol{B}) \equiv P\{\boldsymbol{X} \in \boldsymbol{B}\}, \qquad (\boldsymbol{B} \in \mathcal{B}^n) \tag{2.5}$$

を $\boldsymbol{X} = (X_1, X_2, ..., X_n)'$ の確率分布という.したがって $\boldsymbol{X}$ によって数学的な確率空間 $(\boldsymbol{R}^n, \mathcal{B}^n, P_{\boldsymbol{X}})$ が誘導される.

1 次元のときと同様にして,n 次元の場合も離散型分布と連続型分布が定義される.

定義 2.6

(i) n 次元確率ベクトル $\boldsymbol{X} = (X_1, X_2, ..., X_n)'$ の確率分布 $P_{\boldsymbol{X}}$ に対して $\boldsymbol{R}^n$ の可算集合 $\boldsymbol{A} = \{\boldsymbol{x}_1, \boldsymbol{x}_2, ...\}$ が存在して

$$P_{\boldsymbol{X}}(\boldsymbol{A}) = 1$$

となるとき,$\boldsymbol{X}$ は **n 次元離散型確率ベクトル**といい,$p(\boldsymbol{x}_i) = P_{\boldsymbol{X}}(\{\boldsymbol{x}_i\})$ を $\boldsymbol{X}$ の確率関数という.

(ii) n 次元確率ベクトル $\boldsymbol{X} = (X_1, X_2, ..., X_n)'$ の分布関数を $F_{X_1 X_2 \cdots X_n}$ とする．任意の $(x_1, x_2, ..., x_n)' \in \boldsymbol{R}^n$ に対して $\boldsymbol{R}^n$ 上の非負 $\mathcal{B}^n$-可測関数 $f_{X_1 X_2 \cdots X_n}$ が存在して

$$F_{X_1 X_2 \cdots X_n}(x_1, x_2, ..., x_n)$$
$$= \int_{-\infty}^{x_1} \int_{-\infty}^{x_2} \cdots \int_{-\infty}^{x_n} f_{X_1 X_2 \cdots X_n}(t_1, t_2, ..., t_n) dt_1 dt_2 \cdots dt_n$$

と表せるとき，$\boldsymbol{X}$ は n 次元連続型確率ベクトルであるといい，$f_{X_1 X_2 \cdots X_n}(\cdot)$ を $\boldsymbol{X}$ の n 次元同時 (結合) 確率密度関数 (joint probability density function) という．ここで，Radon-Nikodym の定理 (定理 A 8.4) より $f_{X_1 X_2 \cdots X_n}(\cdot)$ は a.e. に一意である．

代表的な n 次元連続型分布の例をあげておこう．

n 次元正規分布． $\boldsymbol{X} = (X_1, X_2, ..., X_n)'$ が次の n 次元同時確率密度関数

$$f_{\boldsymbol{X}}(\boldsymbol{x}) = \frac{1}{(2\pi)^{n/2} |\Sigma|^{1/2}} \exp\left\{-\frac{1}{2}(\boldsymbol{x} - \boldsymbol{\mu})' \Sigma^{-1} (\boldsymbol{x} - \boldsymbol{\mu})\right\} \quad (2.6)$$

をもつとき，$\boldsymbol{X}$ は n 次元正規分布に従うといい，$\boldsymbol{X} \sim N(\boldsymbol{\mu}, \Sigma)$ と表す．ただし，$\boldsymbol{x} = (x_1, x_2, ..., x_n)' \in \boldsymbol{R}^n$, $\boldsymbol{\mu} = (\mu_1, \mu_2, ..., \mu_n)'$, $\Sigma = \{\sigma_{ij}\}$ $(i, j = 1, ..., n)$ は $n \times n$ 正値行列である．

複数の確率変数が互いに影響を与えあってない状態を記述する概念として独立性がある．これは次のように定義される．

定義 2.7 確率変数 $X_1, X_2, ..., X_n$ の同時分布関数を $F_{X_1 \cdots X_n}$，各 X_i の周辺分布関数を F_{X_i} とする．任意の $x_i \in \boldsymbol{R}$ $(i = 1, 2, ..., n)$ に対して

$$F_{X_1 X_2 \cdots X_n}(x_1, x_2, ..., x_n) = F_{X_1}(x_1) F_{X_2}(x_2) \cdots F_{X_n}(x_n) \quad (2.7)$$

が成り立つとき，$X_1, X_2, ..., X_n$ は (互いに) 独立 (independent) であるという．

もし $X_1, X_2, ..., X_n$ が同時確率密度関数 $f_{X_1 X_2 \cdots X_n}$，各 X_i が確率密度関数 f_{X_i} をもち，互いに独立であるとすると，

$$F_{X_1X_2\cdots X_n}(x_1,x_2,...,x_n)$$
$$= F_{X_1}(x_1)F_{X_2}(x_2)\cdots F_{X_n}(x_n)$$
$$= \int_{-\infty}^{x_1} f_{X_1}(t_1)dt_1 \int_{-\infty}^{x_2} f_{X_2}(t_2)dt_2 \cdots \int_{-\infty}^{x_n} f_{X_n}(t_n)dt_n$$
$$= \int_{-\infty}^{x_1}\int_{-\infty}^{x_2}\cdots\int_{-\infty}^{x_n} f_{X_1}(t_1)f_{X_2}(t_2)\cdots f_{X_n}(t_n)dt_1dt_2\cdots dt_n.$$

したがって定義 2.6 (ii) より

$$f_{X_1X_2\cdots X_n}(t_1,t_2,...,t_n) \;=\; \prod_{i=1}^{n} f_{X_i}(t_i). \tag{2.8}$$

逆に，(2.8) ならば (2.7) がみえよう．よって以下を得る．

定理 2.3 $\boldsymbol{X}_n = (X_1, X_2, ..., X_n)'$ が連続型確率ベクトルであるとき，$X_1, X_2, ..., X_n$ が独立であるための必要十分条件は，任意の $(x_1, x_2, ..., x_n)' \in \boldsymbol{R}^n$ に対して

$$f_{X_1X_2\cdots X_n}(x_1,x_2,...,x_n) \;=\; \prod_{i=1}^{n} f_{X_i}(x_i) \tag{2.9}$$

が成り立つときである．正確には (2.9) が $\boldsymbol{R}^n$ 上 a.e. に成り立てばよい (8 章参照).

2.3 期待値，特性関数および条件付分布

確率・統計の主題をごく大まかにいえば，興味をもっている変量 X の確率分布 P_X に対して何らかの意見や判断を述べることである．しかしながら P_X は関数であるので X の観測系列から，一般には可算個以上の自由度をもった P_X を完全に推測することは難しい．そこで，P_X そのものでなく，P_X の特性量に関して意見をいう議論がしばしば行われる．最も代表的な特性量は期待値 (平均値)，分散である．

X は確率空間 $(\Omega, \mathcal{B}, P)$ 上の確率変数で分布関数 F をもつとする．X の**期待値 (平均値)**(expectation) $E(X)$ は，X の確率測度 P に関する積分

$$E(X) \;\equiv\; \int_{\Omega} X \, dP \tag{2.10}$$

で定義されるが，これは F に関する ルベーグ・スティルチェス積分

$$\int_{\boldsymbol{R}} x\, dF(x) \tag{2.11}$$

と表され，X が確率関数 $p(\cdot)$ をもつ離散型，もしくは確率密度関数 $f(x)$ をもつ連続型の場合は，

$$E(X) = \begin{cases} \sum_i x_i p(x_i) & \text{(離散型)}, \\ \int_{-\infty}^{\infty} x f(x)\, dx & \text{(連続型)} \end{cases} \tag{2.12}$$

となる．期待値の実体的理解は (2.12) で十分である．X の期待値 (平均値) は，X の分布の中心的位置を表す特性値である．X の変動やばらつきの大きさを表す特性量として **分散** (variance) がある．これは

$$\begin{aligned} V(X) &\equiv E[\{X - E(X)\}^2] \\ &= \int_{\boldsymbol{R}} (x - \mu)^2 dF(x), \qquad (\mu = E(X)) \end{aligned}$$

で定義される．

さらに一般的に，ベクトル値確率変数の関数の期待値も次のように定義される．$\boldsymbol{X} = (X_1, ..., X_n)'$ を n 次元確率ベクトルで分布関数 $F_{\boldsymbol{X}}(\boldsymbol{x})$，$\boldsymbol{x} \in \boldsymbol{R}^n$ をもつとし，$\varphi : \boldsymbol{R}^n \to \boldsymbol{R}$ は $\mathcal{B}^n$-可測関数とする．このとき $\varphi(\boldsymbol{X})$ の期待値は

$$E\{\varphi(\boldsymbol{X})\} \equiv \int_{\boldsymbol{R}^n} \varphi(\boldsymbol{x})\, dF_{\boldsymbol{X}}(\boldsymbol{x}) \tag{2.13}$$

で定義される．さらに φ はベクトル，行列値でもよい．(2.13) の右辺において $\varphi : \boldsymbol{R}^n \to \boldsymbol{R}^m$ で $\varphi(\boldsymbol{x}) = (\varphi_1(\boldsymbol{x}), ..., \varphi_m(\boldsymbol{x}))'$ ならば

$$E\{\varphi(\boldsymbol{X})\} \equiv \left[\int_{\boldsymbol{R}^n} \varphi_1(\boldsymbol{x})\, dF_{\boldsymbol{X}}(\boldsymbol{x}), ..., \int_{\boldsymbol{R}^n} \varphi_m(\boldsymbol{x})\, dF_{\boldsymbol{X}}(\boldsymbol{x})\right]' \tag{2.14}$$

と定義され，上式で $\varphi(\boldsymbol{X}) = \boldsymbol{X}$ としたときの $E(\boldsymbol{X})$ は $\boldsymbol{X}$ の **平均ベクトル** と呼ばれる．また $\varphi(\boldsymbol{X}) = \{\boldsymbol{X} - E(\boldsymbol{X})\}\{\boldsymbol{X} - E(\boldsymbol{X})\}'$ としたときの $E\{\varphi(\boldsymbol{X})\}$ を $V(\boldsymbol{X})$ と書き，$\boldsymbol{X}$ の **(共) 分散行列** と呼ぶ．$V(X)$ の (i,j) 成分を $Cov(X_i, X_j)$ と表し，X_i と X_j の **共分散** (covariance) と呼ぶ．

さて，ここで期待値の基本的性質をまとめておこう．期待値は基本的には (2.11) や (2.13) の積分量なので，積分のもつ性質をもつので証明は省略する (演習問題 2.6)．

定理 2.4 確率変数 X, Y が $P(X = Y) = 1$ を満たすとき $X = Y$ a.e. と書き，$P(X \leq Y) = 1$ であるとき $X \leq Y$ a.e. と書くことにする．このとき次が成り立つ．

(1) $E|X| < \infty$, $E|Y| < \infty$ であるとき，任意の $a, b \in \mathbf{R}$ に対して
$$E(aX + bY) = aE(X) + bE(Y).$$

(2) $X = c$ a.e. ならば $E(X) = c$. ただし c は定数.
(3) $X = Y$ a.e. ならば $E(X) = E(Y)$.
(4) $X \leq Y$ a.e. ならば $E(X) \leq E(Y)$.
(5) $|E(X)| \leq E|X|$.

次に期待値に関する基本的な不等式をあげておく．

定理 2.5 確率変数 X, Y について，次の (1)〜(4) が成り立つ．

(1)
$$E(|X + Y|^r) \leq c_r E(|X|^r) + c_r E(|Y|^r).$$
ここに r は正数で，$c_r = \begin{cases} 1, & (r \leq 1), \\ 2^{r-1}, & (r > 1). \end{cases}$

(2) (Hölder の不等式)
$$E(|XY|) \leq \{E(|X|^r)\}^{\frac{1}{r}} \{E(|Y|^s)\}^{\frac{1}{s}}.$$
ただし，$r > 1$ で $1/r + 1/s = 1$ を満たす．特に $r = s = 2$ のとき Schwarz の不等式と呼ばれる．

(3) g が凸関数で $E(X)$ が存在するとき
$$g[E(X)] \leq E\{g(X)\}.$$

(4) (Markov の不等式)．g が非負偶関数で，しかも $[0, \infty)$ 上単調非減少であるとき，任意の $a > 0$ に対して
$$P(|X| \geq a) \leq \frac{E\{g(X)\}}{g(a)}$$
となる．

2.3 期待値，特性関数および条件付分布

証明 (1)〜(3) は演習問題 2.7 に回すことにして，以下 (4) のみ示す．任意の $a > 0$ に対して $g(x)$ の仮定より

$$g(a)\,\chi_{\{|X|\geq a\}} \leq g(|X|)\,\chi_{\{|X|\geq a\}}$$
$$\leq g\{|X|\} = g(X).$$

定理 2.4 (4) より上の不等式で期待値をとると

$$E[g(a)\,\chi_{\{|X|\geq s\}}] \leq E\{g(X)\}$$

となる．ところで $E\{g(a)\,\chi_{\{|X|\geq a\}}\} = g(a)\,P(|X| \geq a)$ より題意を得る．□

確率分布に関する議論を行うとき，それ自体よりも，そのフーリエ変換で定義される関数で議論する方が便利なことがある．X を確率変数とする．各 $t \in \boldsymbol{R}$ に対して

$$\phi_X(t) = E\{e^{itX}\}, \qquad (i = \sqrt{-1}) \tag{2.15}$$

で定義される関数を X の**特性関数** (characteristic function) という．ベクトル値確率変数 $\boldsymbol{X} = (X_1, X_2, ..., X_n)'$ に対する特性関数は同様に

$$\phi(\boldsymbol{t}) = E\{e^{i\boldsymbol{t}'\boldsymbol{X}}\}, \qquad (\boldsymbol{t} \in \boldsymbol{R}^n)$$

で定義される．特性関数の役立つ場面は後に述べるとして，まずここで代表的な分布の平均，分散，そして特性関数がどのようになるか表 2.1 にまとめておく (演習問題 2.8)．

さて，次に条件付分布と条件付期待値について述べよう．

定義 2.8

(i) 離散型の確率ベクトル (X, Y) が同時確率関数 $p_{X,Y}(x, y)$ をもち，X と Y はそれぞれ確率関数 $p_X(x)$, $p_Y(y)$ をもつとする．このとき

$$p_{X|Y}(x|y) = \frac{p_{X,Y}(x, y)}{p_Y(y)} \tag{2.16}$$

を $Y = y$ を与えたときの X の**条件付確率関数** (conditional probability function) という．

表 2.1

分布名	記号	確率(密度)関数	平均	分散	特性関数
二項分布	$B(n,\theta)$	$\binom{n}{x}\theta^x(1-\theta)^{n-x}$, $x=0,1,...,n$, $0\leq\theta\leq 1$	$n\theta$	$n\theta(1-\theta)$	$\{\theta e^{it}+(1-\theta)\}^n$
ポワソン分布	$P_o(\lambda)$	$e^{-\lambda}\lambda^x(x!)^{-1}$, $x=0,1,2,...$, $\lambda>0$	λ	λ	$\exp[-\lambda(1-e^{it})]$
一様分布	$U(a,b)$	$\frac{1}{b-a}$, $x\in(a,b)$	$\frac{a+b}{2}$	$\frac{(b-a)^2}{12}$	$\frac{e^{ibt}-e^{iat}}{it(b-a)}$
指数分布	$Exp(\theta,\mu)$	$\theta e^{-\theta(x-\mu)}$, $x\geq\mu$, $0<\theta$, $-\infty<\mu<\infty$	$\mu+\frac{1}{\theta}$	$\frac{1}{\theta^2}$	$e^{i\mu t}(1-\frac{it}{\theta})^{-1}$
正規分布	$N(\mu,\sigma^2)$	$\frac{1}{\sqrt{2\pi}\sigma}e^{-\frac{(x-\mu)^2}{2\sigma^2}}$, $x\in\boldsymbol{R}$, $\mu\in\boldsymbol{R}$, $\sigma^2>0$	μ	σ^2	$e^{i\mu t-\frac{1}{2}\sigma^2 t^2}$
多次元正規分布	$N(\mu,\Sigma)$	$\frac{1}{(2\pi)^{\frac{n}{2}}\sqrt{\|\Sigma\|}}e^{-\frac{1}{2}(\boldsymbol{x}-\boldsymbol{\mu})'\Sigma^{-1}(\boldsymbol{x}-\boldsymbol{\mu})}$, $\boldsymbol{x}\in\boldsymbol{R}^n, \boldsymbol{\mu}\in\boldsymbol{R}^n, \Sigma$は正定値	$\boldsymbol{\mu}$	Σ	$e^{i\boldsymbol{\mu}'t-\frac{1}{2}t'\Sigma t}$

(ii) 連続型確率ベクトル (X,Y) が同時確率密度関数 $f_{X,Y}(x,y)$ をもち,X と Y はそれぞれ確率密度関数 $f_X(x)$, $f_Y(y)$ をもつとする.このとき

$$f_{X|Y}(x|y) = \frac{f_{X,Y}(x,y)}{f_y(y)} \qquad (2.17)$$

を $Y=y$ を与えたときの X の**条件付確率密度関数** (conditional probability density function) という.

(iii) 上述の (i),(ii) のもとで

$$E(X|Y=y) = \begin{cases} \sum_x x\, p_{X|Y}(x|y), & ((\text{i}) \text{ の離散型の場合}), \\ \int_{-\infty}^{\infty} x\, f_{X|Y}(x|y)\, dx, & ((\text{ii}) \text{ の連続型の場合}) \end{cases}$$

(2.18)

と定義し,これを $Y=y$ を与えたときの X の **条件付期待値** (conditional expectation) という.X,Y が n 次元ベクトル $\boldsymbol{X},\boldsymbol{Y}$ である場合も (i),(ii) の条件付確率(密度)関数も同様に定義できる.また (iii) より $E(\boldsymbol{X}|\boldsymbol{Y}=\boldsymbol{y})$, $\boldsymbol{y}\in\boldsymbol{R}^n$ や可測関数 $\varphi(\cdot)$ に対して $E\{\varphi(\boldsymbol{X})|\boldsymbol{Y}=\boldsymbol{y}\}$ も同様に定義できる.

条件付期待値 $E(X|Y=y)$ は y の関数なので,$h(y)$ と表すと $h(Y)$ は確率変数となる.これを以後 $E(X|Y)$ と表す.また $E\{\varphi(\boldsymbol{X})|\boldsymbol{Y}\}$ なども同様に定義される.

2.3 期待値，特性関数および条件付分布

定理 2.6 X, Y, Z は確率変数で $E|X| < \infty$, $E|Y| < \infty$ とする．a, b は任意の実定数とする．このとき

(1) $X \geq 0$ $a.e.$ ならば $E(X|Y) \geq 0$ $a.e.$,

(2) $E(1|Y) = 1$ $a.e.$,

(3) $E(aX + bY|Z) = aE(X|Z) + bE(Y|Z)$ $a.e.$,

(4) $E\{E(X|Y)\} = E(X)$,

(5) $E\{XY|Y\} = Y E\{X|Y\}$ $a.e.$

証明 条件付期待値を特徴づける性質 (4),(5) のみを離散分布の場合にチェックする．

(4) まず次を得る．

$$E\{E(X|Y)\} = \sum_y \left\{ \sum_x x \, p_{X|Y}(x|y) \right\} p_Y(y)$$
$$= \sum_y \left\{ \sum_x x \, p_{X,Y}(x,y) \right\}. \tag{2.19}$$

仮定より $E|X| < \infty$ なので，(2.19) で和の順序が交換できて，(2.19) は

$$\sum_x x \sum_y p_{X,Y}(x,y) = \sum_x x \, p_X(x) = E(X)$$

となる．よって (4) が示せた．

(5) $y, \tilde{y}$ を Y のとりうる任意の値とすると

$$E\{XY|Y = y\} = \sum_x \sum_{\tilde{y}} x\tilde{y} \, P(X = x, Y = \tilde{y}|Y = y)$$
$$= \sum_x \sum_{\tilde{y}} x\tilde{y} \, P(X = x, Y = \tilde{y}, Y = y)/P(Y = y)$$
$$= \sum_x xy \, P(X = x, Y = y)/P(Y = y)$$
$$= y \sum_x x \, p_{X|Y}(x|y)$$
$$= y \, E\{X|Y = y\}$$

となり，題意を意味する．□

条件付期待値を定義 2.8 で離散型分布と連続型分布に分けて定義したが，測度論的には Radon-Nikodym の定理 (定理 A 8.4) により統一的に定義できる．

X, Y を確率空間 $(\Omega, \mathcal{A}, P)$ 上の確率変数とする．$\mathcal{A}_Y \equiv \{Y^{-1}(B) : B \in \mathcal{B}\}$ とすると，これは σ-加法族となることがわかる．これを Y で生成された σ-加法族ということにする．φ を可測関数とするとき条件付期待値 $E\{\varphi(X)|Y\}$ は以下のように定義される．$A \in \mathcal{B}$ に対して

$$Q_Y(A) \equiv \int_{Y^{-1}(A)} \varphi(X)\, dP \qquad (2.20)$$

と定義すると，$P_Y(A)\,(\equiv P\{Y(\omega) \in A\}) = 0$ を満たす任意の $A \in \mathcal{B}$ に対して $Q_Y(A) = 0$ なので，Radon-Nikodym の定理より $\mathcal{A}_Y$-可測な関数 g が存在して

$$\int_{Y^{-1}(A)} \varphi(X)\, dP = \int_A g\, dP_Y \qquad (2.21)$$

と表せる．この g を $E\{\varphi(X)|Y\}$ あるいは $E\{\varphi(X)|\mathcal{A}_Y\}$ と書き，Y を与えたときの条件付期待値ということにする．特に $\varphi = \chi_B$，$B \in \mathcal{A}$ (B の定義関数) としたとき $E\{\chi_B|Y\}$ を $P(B|Y)$，あるいは $P(B|\mathcal{A}_Y)$ と書き，Y を与えたときの B の条件付確率という．定義 2.8 で述べた離散型と連続型の場合の条件付期待値は (2.21) の関係式を満たし，上述の測度論的定義と一致する．

2.4 確率変数列の収束および中心極限定理

$X_0, X_1, X_2, \ldots$ は，確率空間 $(\Omega, \mathcal{A}, P)$ 上の確率変数列とする．この確率変数列に対して次の 4 つの収束を定義する．

定義 2.9

(i) $\{X_n,\ n = 0, 1, 2, \ldots\}$ が

$$P\left\{\omega : \lim_{n \to \infty} X_n(\omega) = X_0(\omega)\right\} = 1$$

を満たすとき，$\{X_n,\ n = 1, 2, \ldots\}$ は X_0 に **ほとんど確実に** (almost surely) 収束するといい，$X_n \xrightarrow{a.s.} X_0$ と書く．

(ii) $\{X_n, n = 0, 1, 2, ...\} \subset L^p(\Omega) \equiv \{Y : E(|Y|^p) < \infty\}$ $(p \geq 1)$ が

$$\lim_{n \to \infty} E(|X_n - X_0|^p) = 0$$

を満たすとき, $\{X_n, n = 1, 2, ...\}$ は X_0 に **p 次平均収束する** (converge in pth mean) といい, $X_n \xrightarrow{L^p} X_0$ と書く.

(iii) 任意の $\epsilon > 0$ に対して

$$\lim_{n \to \infty} P(|X_n - X_0| \geq \epsilon) = 0$$

であるとき, $\{X_n, n = 1, 2, ...\}$ は X_0 に **確率収束する** (converge in probability) といい, $X_n \xrightarrow{p} X_0$ と表す.

以後 $X_n \xrightarrow{p} 0$ であるとき, $X_n = o_p(1)$ と書く. また任意の $\epsilon > 0$ に対して正数 $\delta(\epsilon)$ が存在して

$$P\{|X_n| \geq \delta(\epsilon)\} < \epsilon, \qquad (\forall n \in \boldsymbol{N})$$

であるとき, $X_n = O_p(1)$ と書くことにする.

(iv) F_n を X_n $(n = 0, 1, 2, ...)$ の分布関数とする. 任意の F_0 の連続点 x で

$$\lim_{n \to \infty} F_n(x) = F_0(x)$$

が成り立つとき, $\{X_n, n = 1, 2, ...\}$ は X_0 に **分布収束する** (converge in distribution) といい, $X_n \xrightarrow{d} X_0$, $F_n \xrightarrow{d} F_0$, $X_n \xrightarrow{d} F_0$ などと表記する.

これらの収束概念には次の関係がある.

定理 2.7

(1) $X_n \xrightarrow{L^p} X_0$ ならば $X_n \xrightarrow{p} X_0$ である.
(2) $X_n \xrightarrow{p} X_0$ ならば $X_n \xrightarrow{d} X_0$ である.
(3) $X_n \xrightarrow{a.s.} X_0$ ならば $X_n \xrightarrow{p} X_0$ である.

証明

(1) Markov の不等式 (定理 2.5(4)) で $g(x) = |x|^p$ とすると, 任意の $\epsilon > 0$ に対して

$$P(|X_n - X_0| \geq \epsilon) \leq \frac{E(|X_n - X_0|^p)}{\epsilon^p}$$

が成り立つ．よって $E(|X_n - X_0|^p) \to 0$ $(n \to \infty)$ より題意を得る．

(2) 定義 2.9(iv) の記号を用いると，任意の正数 ϵ に対して

$$\begin{aligned}
F_n(x) &= P\{X_n \leq x\} \\
&= P\{X_n \leq x, X_0 > x + \epsilon\} + P\{X_n \leq x, X_0 \leq x + \epsilon\} \\
&\leq P\{|X_n - X_0| \geq \epsilon\} + P\{X_0 \leq x + \epsilon\} \\
&= P\{|X_n - X_0| \geq \epsilon\} + F_0(x + \epsilon) \quad (2.22)
\end{aligned}$$

を得る．同様にして

$$F_0(x - \epsilon) - P\{|X_n - X_0| \geq \epsilon\} \leq F_n(x) \quad (2.23)$$

を示すことができる．ここで $X_n \xrightarrow{p} X_0$ より $P\{|X_n - X_0| \geq \epsilon\} \to 0$ $(n \to \infty)$ である．x を F_0 の連続点とすれば $\epsilon \to 0$ のとき $F_0(x - \epsilon)$ と $F_0(x + \epsilon)$ は $F_0(x)$ に収束する．ゆえに (2.22) と (2.23) より $\lim_{n \to \infty} F_n(x) = F_0(x)$ となる．

(3) まず

$$\left\{\omega : \lim_{n \to \infty} X_n(\omega) = X_0(\omega)\right\}$$
$$= \bigcap_{k=1}^{\infty} \bigcup_{l=1}^{\infty} \bigcap_{n=l}^{\infty} \left\{\omega : |X_n(\omega) - X_0(\omega)| < \frac{1}{k}\right\}$$

に注意しよう．この集合を S とすれば $X_n \xrightarrow{a.s.} X_0$ なので $P(S) = 1$ である．次に

$$\begin{aligned}
S_{k,l} &= \bigcap_{n=l}^{\infty} \left\{\omega : |X_n(\omega) - X_0(\omega)| < \frac{1}{k}\right\}, \\
S_k &= \bigcup_{l=1}^{\infty} S_{k,l}
\end{aligned}$$

とする．$S_{k,l}$ は各 k に対して l に関して単調に増大する集合列で，S_k は k に関して単調に減少する集合列である．よって定理 2.1 の (vii) と (viii) より

2.4 確率変数列の収束および中心極限定理

$$P(S_k) = \lim_{l \to \infty} P(S_{k,l}), \tag{2.24}$$

$$P(S) = \lim_{k \to \infty} P(S_k). \tag{2.25}$$

ここで S_k は減少列なので (2.25) より

$$P(S_k) = 1, \quad (k = 1, 2, \ldots) \tag{2.26}$$

である.任意に与えられた $\epsilon > 0$ に対して,$k^{-1} < \epsilon$ とすると $n \geq l$ のとき

$$\{\omega : |X_n(\omega) - X_0(\omega)| \geq \epsilon\}$$
$$\subset \{\omega : |X_n(\omega) - X_0(\omega)| \geq k^{-1}\} \subset \Omega \cap S_{k,l}^c.$$

ここで $l \to \infty$ とすれば,定理 2.1(iii), (2.24) と (2.26) より

$$P\{\omega : |X_n(\omega) - X_0(\omega)| \geq \epsilon\} \to 0, \quad (n \to \infty)$$

がわかる. □

独立な確率変数和に関する次の収束定理は,大数の (弱) 法則と呼ばれている.

定理 2.8 $X_1, X_2, X_3, \ldots$ は,独立な確率変数列で,平均 $E(X_j) = \mu$,分散 $V(X_j) = \sigma^2$ をもち,$\bar{X}_n = n^{-1} \sum_{j=1}^{n} X_j$ とする.このとき $\bar{X}_n \xrightarrow{p} \mu$ となる.

証明 まず $\bar{X}_n - \mu = n^{-1} \sum_{j=1}^{n} (X_j - \mu)$ である.演習問題 2.5 に注意すると $E\{(X_i - \mu)(X_j - \mu)\} = E(X_i - \mu)E(X_j - \mu) = 0 \ (i \neq j)$ なので

$$\begin{aligned}
E\{(\bar{X}_n - \mu)^2\} &= \frac{1}{n^2} \sum_{i=1}^{n} \sum_{j=1}^{n} E\{(X_i - \mu)(X_j - \mu)\} \\
&= \frac{1}{n^2} \sum_{i=1}^{n} E\{(X_i - \mu)^2\} + \frac{1}{n^2} \sum_{i \neq j} E\{(X_i - \mu)(X_j - \mu)\} \\
&= \frac{1}{n^2} \sum_{i=1}^{n} E\{(X_i - \mu)^2\} \\
&= \frac{\sigma^2}{n} \to 0, \quad (n \to \infty).
\end{aligned}$$

ゆえに定理 2.7 (1) より $\bar{X}_n \xrightarrow{p} \mu$ となる. □

注意 2.1 定理 2.8 の条件下で，もっと強い結果

$$\bar{X}_n \xrightarrow{a.s.} \mu$$

が成立する．これは大数の強法則と呼ばれている (証明は Ash and Doléans-Dade, 2000；西尾, 1978 など).

次に分布の収束と特性関数の収束の関係を示す定理を述べる (証明はたとえば西尾, 1978).

定理 2.9 $X_0, X_1, X_2, \ldots$ は，確率変数列とし，X_n ($n = 0, 1, 2, \ldots$) の特性関数を ϕ_n で表す．このとき任意の $t \in \mathbf{R}$ に対し $\phi_n(t) \to \phi_0(t)$ ならば $X_n \xrightarrow{d} X_0$ である．

独立な確率変数和 $X_1 + \cdots + X_n$ の分布は，各々の X_i の分布が正規分布でなくとも，n が大きくなると正規分布で近似できることを次の定理は述べている．

定理 2.10 (中心極限定理) $X_1, X_2, \ldots$ は，互いに独立で同分布に従う確率変数列で各々平均 $E(X_j) = \mu$，分散 $V(X_j) = \sigma^2$ をもち，$\bar{X}_n = n^{-1}\sum_{j=1}^{n} X_j$ とする．このとき

$$\frac{\sqrt{n}(\bar{X}_n - \mu)}{\sigma} \xrightarrow{d} N(0,1) \text{ (標準正規分布)}$$

となる．

証明 $S_n = \sqrt{n}(\bar{X}_n - \mu)/\sigma$ とすると $S_n = n^{-1/2}\sum_{j=1}^{n} Z_j$, $Z_j = (X_j - \mu)/\sigma$ と表せる．定理 2.9 より任意の $t \in \mathbf{R}$ に対して S_n の特性関数 $\phi_{S_n}(t)$ が $N(0,1)$ の特性関数 $\phi(t) = e^{-t^2/2}$ に収束することを示せばよい．Z_j は各々独立で平均 0, 分散 1 をもつので，Z_j の特性関数を $\phi_{Z_j}(t)$ とすれば，

$$\begin{aligned}
\phi_{S_n}(t) &= E\{e^{itS_n}\} \\
&= E\{e^{itn^{-\frac{1}{2}}\sum_{j=1}^{n} Z_j}\} \\
&= \prod_{j=1}^{n} E\left\{e^{i\frac{t}{\sqrt{n}}Z_j}\right\} \text{ (演習問題 2.9)}
\end{aligned}$$

2.4 確率変数列の収束および中心極限定理

$$= \prod_{j=1}^{n} \phi_{Z_j}\left(\frac{t}{\sqrt{n}}\right)$$
$$= \left\{\phi_{Z_1}\left(\frac{t}{\sqrt{n}}\right)\right\}^n, \quad (Z_j は同分布に従う) \qquad (2.27)$$

$\phi_{Z_1}(t/\sqrt{n})$ を原点のまわりで Taylor 展開して，演習問題 2.10 に注意すると，

$$\phi_{Z_1}\left(\frac{t}{\sqrt{n}}\right) = 1 - \frac{t^2}{2n} + \frac{t^2}{2n} R\left(\frac{t}{\sqrt{n}}\right) \qquad (2.28)$$

と書ける．ここに

$$\begin{aligned}
R\left(\frac{t}{\sqrt{n}}\right) &= \phi''_{Z_1}\left(\frac{ht}{\sqrt{n}}\right) - \phi''_{Z_1}(0) \\
&= -\left\{E\left(Z_1^2 e^{\frac{ihtZ_1}{\sqrt{n}}}\right) - E(Z_1^2)\right\}, \\
&= -E\left\{Z_1^2\left(e^{\frac{ihtZ_1}{\sqrt{n}}} - 1\right)\right\}, \quad (0 < h < 1)
\end{aligned}$$
$$(2.29)$$

と表される．また

$$\left|Z_1^2\left(e^{\frac{ihtZ_1}{\sqrt{n}}} - 1\right)\right| \leq 2Z_1^2, \quad (E(Z_1^2) = 1)$$

であるのでルベーグの収束定理 (定理 A 8.1) より (2.28) は

$$\phi_{Z_1}\left(\frac{t}{\sqrt{n}}\right) = 1 - \frac{t^2}{2n} + o\left(\frac{t^2}{n}\right)$$

となる．ゆえに (2.27) を思い出すと

$$\begin{aligned}
\phi_{S_n}(t) &= \left\{1 - \frac{t^2}{2n} + o\left(\frac{t^2}{n}\right)\right\}^n \\
&= \left(1 - \frac{t^2}{2n}\right)^n + n\, o\left(\frac{t^2}{n}\right) \\
&\to e^{-\frac{t^2}{2}}, \quad (n \to \infty)
\end{aligned}$$

となるので題意が示された．□

注意 2.2 定義 2.9 から定理 2.10 までの議論は，同様にしてベクトル値確率変数の議論にできる．$\boldsymbol{X}_1, \boldsymbol{X}_2, \boldsymbol{X}_3, \ldots$ を互いに独立で同分布に従う m 次元確率変

数列で $E(\boldsymbol{X}_1) = \boldsymbol{\mu}$, $V(\boldsymbol{X}_1) = \Sigma$ であるとし, $\bar{\boldsymbol{X}}_n = n^{-1}(\boldsymbol{X}_1 + \cdots + \boldsymbol{X}_n)$ とすれば, 定理 2.8 と 2.10 の結論は, それぞれ

$$\bar{\boldsymbol{X}}_n \xrightarrow{p} \boldsymbol{\mu}, \tag{2.30}$$

$$\sqrt{n}(\bar{\boldsymbol{X}}_n - \boldsymbol{\mu}) \xrightarrow{d} N(\boldsymbol{0}, \Sigma) \tag{2.31}$$

となる.

2. 演習問題

2.1 次を示せ.

$$\left(\bigcup_{i=1}^{\infty} A_i\right)^c = \bigcap_{i=1}^{\infty} A_i^c, \quad \left(\bigcap_{i=1}^{\infty} A_i\right)^c = \bigcup_{i=1}^{\infty} A_i^c.$$

2.2 $\mathcal{A}$ を σ-加法族とし, $A_1, A_2, \ldots \in \mathcal{A}$ とする. このとき次を示せ.

$$\phi \in \mathcal{A}, \quad \bigcup_{i=1}^{n} A_i \in \mathcal{A}, \quad \bigcap_{i=1}^{n} A_i \in \mathcal{A}, \quad \bigcap_{i=1}^{\infty} A_i \in \mathcal{A}.$$

2.3 定理 2.1 を証明せよ.

2.4 Borel 集合族 $\mathcal{B}$ は「任意の区間 $(a, b]$ を含む最小の σ-加法族」で定義されたが, $(a, b]$ を以下で置き換えても同等であることを示せ.
 (1) 任意の $[a, b]$, $a, b \in \boldsymbol{R}$,
 (2) 任意の $[a, b)$, $a, b \in \boldsymbol{R}$,
 (3) 任意の (a, ∞), $a \in \boldsymbol{R}$,
 (4) 任意の $[a, \infty)$, $a \in \boldsymbol{R}$,
 (5) 任意の $(-\infty, b)$, $b \in \boldsymbol{R}$,
 (6) 任意の $(-\infty, b]$, $b \in \boldsymbol{R}$.

2.5 確率変数 X, Y が独立で $E|X| < \infty$, $E|Y| < \infty$ ならば $E|XY| < \infty$ で

$$E(XY) = E(X)E(Y)$$

が成り立つことを示せ．

2.6 定理 2.4 を示せ．

2.7 定理 2.5 の (1)〜(3) を確かめよ．

2.8 表 2.1 の各分布に対して平均，分散，特性関数を実際に求めてみよ．

2.9 X, Y はそれぞれ特性関数 $\phi_X(t), \phi_Y(t)$ をもつ独立な確率変数とする．このとき $X+Y$ の特性関数 $\phi_{X+Y}(t)$ について

$$\phi_{X+Y}(t) = \phi_X(t)\phi_Y(t), \qquad (t \in \boldsymbol{R})$$

が成立することを示せ．

2.10 確率変数が，ある $n(\in \boldsymbol{N})$ に対して $E|X|^n < \infty$ であるとする．このとき，X の特性関数 $\phi_X(t)$ は n 回微分可能で

$$\phi_X^{(n)}(t) \equiv \frac{d^n}{dt^n}\phi_X(t) = E\{(iX)^n e^{itX}\}$$

が成り立つことを示せ．特に

$$E(X^n) = \frac{1}{i^n}\phi_X^{(n)}(0)$$

も確かめよ．

2.11 定理 2.5 の (1)〜(3) を示せ．

2.12 $X_0, X_1, X_2, \ldots$ を，確率空間 $(\Omega, \mathcal{A}, P)$ 上で定義された確率変数列とする．$g : (\boldsymbol{R}, \mathcal{B}^1) \to (\boldsymbol{R}, \mathcal{B}^1)$ が連続関数であるとき次を示せ．
(1) $X_n \xrightarrow{a.s.} X_0$ ならば $g(X_n) \xrightarrow{a.s.} g(X_0)$．
(2) $X_n \xrightarrow{p} X_0$ ならば $g(X_n) \xrightarrow{p} g(X_0)$．
(3) $X_n \xrightarrow{d} X_0$ ならば $g(X_n) \xrightarrow{d} g(X_0)$．

2.13 (Slutsky の補題)　確率変数列 $\{X_n, n = 0, 1, 2, ...\}$ と $\{Y_n, n = 1, 2, ...\}$ が $n \to \infty$ のとき $X_n \xrightarrow{d} X_0$, $Y_n \xrightarrow{p} c$ (c は定数) を満たすとする．このとき次を示せ．

(1) $X_n + Y_n \xrightarrow{d} X_0 + c$.

(2) $X_n Y_n \xrightarrow{d} cX_0$.

(3) $X_n / Y_n \xrightarrow{d} X_0/c$, $(c \neq 0)$.

2.14　確率変数列 $\{X_n, n = 1, 2, ...\}$ が，ある定数 c に対して $X_n \xrightarrow{d} c$ ならば $X_n \xrightarrow{p} c$ であることを示せ．

3 統計的推測

本章では，独立標本に基づく統計的推測のコンパクトな概説を行う．具体的には十分統計量の概念を説明し，それに基づいた最小分散不偏推定量を構成する．また不偏推定量の分散の下限を与える Cramér-Rao 限界を導出し，それを到達する有効推定量の議論をする．以上は標本数 n が固定されたときの議論であるが，n 標本からの推定量の正確な分布は求めるのは困難な場合が多い．このような場合 n を大きくしたときの推定論，つまり漸近推測論が見通しのよい結論を与える．したがって漸近推測論における推定の「よさ」を定義し，推定量の漸近最適性を述べる．

3.1 十分統計量

$X_1, X_2, ..., X_n$ は確率空間 $(\Omega, \mathcal{A}, P)$ 上の確率変数列で互いに独立で各々同一の確率分布をもつとする．$\boldsymbol{X} = (X_1, X_2, ..., X_n)'$ と表し，以後，これを大きさ n の標本と呼ぶことにする．$\boldsymbol{X}$ の確率分布を $P_{\boldsymbol{X}}(B) \equiv P\{\boldsymbol{X}^{-1}(B)\}$, $B \in \mathcal{B}^n$ と書くと，この場合 X_i は互いに独立であるので，各 X_i の確率分布 P_{X_i} の積，すなわち $P_{\boldsymbol{X}} = P_{X_1} \times \cdots \times P_{X_n}$ の形で表される．$\boldsymbol{X}$ によって誘導される確率空間は $(\boldsymbol{R}^n, \mathcal{B}^n, P_{\boldsymbol{X}})$ となる．これを n 次元標本空間と呼び，以後簡単のため $(\mathcal{X}, \mathcal{G}, \mathbb{P})$ と書く．$\mathbb{P}$ が $\mathbb{P}_\theta$ の形で記述されるとき θ を **母数** (parameter) といい，θ のとりうる値の集合を Θ で表し **母数空間** (parameter space) という．$\boldsymbol{X}$ の確率分布が $\mathbb{P}_\theta$ であるとき，以後 $\boldsymbol{X} \sim \mathbb{P}_\theta$ と表し，$\mathcal{P} = \{\mathbb{P}_\theta : \theta \in \Theta\}$ とする．**統計量** $T = T(\boldsymbol{X})$ は $T : (\mathcal{X}, \mathcal{G}) \to (\boldsymbol{R}^k, \mathcal{B}^k)$ なる $\mathcal{G}$-可測で θ に依存しない関数で定義する．最も基本的な統計量の一つである十分統計量は，次のように定義される．

定義 3.1 $X \sim \mathbb{P}_\theta$ とする. 任意の $A \in \mathcal{G}$ に対して統計量 $T = T(X)$ を与えたときの条件付確率 $\mathbb{P}_\theta(A|T)$ が $\theta(\in \Theta)$ に無関係であるとき, T は $\mathcal{P} = \{\mathbb{P}_\theta : \theta \in \Theta\}$ に対する**十分統計量** (sufficient statistic) であるという.

統計量が十分統計量であることをチェックするとき, 次の定理は大変便利である.

定理 3.1 (因子分解定理) X は確率空間 $(\mathcal{X}, \mathcal{G}, \mathbb{P}_\theta)$, $\theta \in \Theta$, 上の大きさ n の標本で, 確率密度関数 (離散型のときは確率関数) $f_\theta(x)$, $x \in \mathbf{R}^n$, をもつとする. このとき統計量 $T : X \to \mathbf{R}^k$ が十分統計量であるための必要十分条件は $f_\theta(x)$ が

$$f_\theta(x) = g_\theta\{T(x)\}h(x) \tag{3.1}$$

の形で表されるときである. ここに $g_\theta\{T(x)\}$ と $h(x)$ は非負可測関数で, $h(x)$ は θ に無関係な関数とする.

証明 X が離散型のときのみ示す. 一般の場合はたとえば Lehmann(1986) をみられたい. まず必要性を示す. T の確率関数を $p_T^\theta(t)$, $t \in \mathbf{R}^k$ とし, $T = t$ が与えられたときの X の条件付確率関数を $p(x|T = t)$, $x \in \mathbf{R}^n$ とすると, T が十分統計量であると仮定しているので $p(x|T = t)$ は θ に依存しない. 条件付確率関数の定義より $T(x) = t$ のとき

$$f_\theta(x) = p_T^\theta(t)p(x|T = t) \tag{3.2}$$

と表せる. 上式で $h(x) = p(x|T = t)$, $g_\theta\{T(x)\} = p_T^\theta(t)$ とおけば, (3.2) は (3.1) の形となる. 次に十分性を示す. まず

$$p_T^\theta(t) = \sum_{y:T(y)=t} f_\theta(y) = g_\theta(t) \sum_{y:T(y)=t} h(y)$$

に注意する. $T = t$ を与えたときの X の条件付確率関数は, $T(x) = t$ のとき

$$\frac{f_\theta(x)}{p_T^\theta(t)} = \frac{f_\theta(x)}{g_\theta(t) \sum_{y:T(y)=t} h(y)}$$
$$= \frac{g_\theta(t)h(x)}{g_\theta(t) \sum_{y:T(y)=t} h(y)}$$

$$= \frac{h(\boldsymbol{x})}{\sum_{\boldsymbol{y}:T(\boldsymbol{y})=\boldsymbol{t}} h(\boldsymbol{y})}$$

となり θ と無関係となる．したがって T は十分統計量である．□

さて，2~3 の具体的な十分統計量の例をみてみよう．

例 3.1 $X_1, X_2, ..., X_n$ は，互いに独立な確率変数列で各々確率関数 $p_\theta(x) = \theta^x(1-\theta)^{1-x}$, $x = 0, 1$ $(0 \leq \theta \leq 1)$ をもつとする．すなわち分布 $B(1, \theta)$ に従う．以後簡単のため上記の設定であれば $\{X_j\} \sim i.i.d.B(1, \theta)$ と表すことにする．$\boldsymbol{X} = (X_1, ..., X_n)'$, $\boldsymbol{x} = (x_1, ..., x_n)'$, $x_j \in \{0, 1\}$ とすると，$\boldsymbol{X}$ の同時確率関数は

$$f_\theta(\boldsymbol{x}) = \prod_{j=1}^{n} \theta^{x_j}(1-\theta)^{1-x_j} = \theta^{\sum_{j=1}^{n} x_j}(1-\theta)^{n-\sum_{j=1}^{n} x_j}$$

となる．したがって定理 3.1 で $T(\boldsymbol{x}) = \sum_{j=1}^{n} x_j$, $g_\theta\{T(\boldsymbol{x})\} = \theta^{T(\boldsymbol{x})}(1-\theta)^{n-T(\boldsymbol{x})}$, $h(\boldsymbol{x}) = \chi_A(\boldsymbol{x})$, $A = \{0, 1\}^n$ とすれば，$T(\boldsymbol{X}) = X_1 + \cdots + X_n$ が十分統計量となることがわかる．

例 3.2 $\{X_j\} \sim i.i.d.N(\theta, 1)$, $-\infty < \theta < \infty$ とする．この場合 $\boldsymbol{X} = (X_1, ..., X_n)'$ は同時確率密度関数

$$f_\theta(\boldsymbol{x}) = \left(\frac{1}{2\pi}\right)^{\frac{n}{2}} \exp\left\{-\frac{1}{2}\sum_{j=1}^{n}(x_j - \theta)^2\right\}, \quad (\boldsymbol{x} = (x_1, ..., x_n)' \in \boldsymbol{R}^n)$$

をもつ．$T(\boldsymbol{x}) = n^{-1}\sum_{j=1}^{n} x_j$ とすると

$$f_\theta(\boldsymbol{x}) = \exp\left\{nT(\boldsymbol{x})\theta - \frac{n\theta^2}{2}\right\} \times \left(\frac{1}{2\pi}\right)^{\frac{n}{2}} \exp\left\{-\frac{1}{2}\sum_{j=1}^{n} x_j^2\right\}$$

となる．よって定理 3.1 で $g_\theta\{T(\boldsymbol{x})\} = \exp\{nT(\boldsymbol{x}) - n\theta^2/2\}$, $h(\boldsymbol{x}) = (1/2\pi)^{n/2}\exp\{-1/2\sum_{j=1}^{n} x_j^2\}$ とおけば，$T(\boldsymbol{X})$ が十分統計量となることがわかる．

例 3.3 $\{X_j\} \sim i.i.d.N(\mu, \sigma^2)$, $-\infty < \mu < \infty$, $0 < \sigma^2 < \infty$ で $\theta = (\mu, \sigma^2)'$ とする．この場合 $\boldsymbol{X} = (X_1, ..., X_n)'$ の確率密度関数は

$$f_\theta(\boldsymbol{x}) = (\sqrt{2\pi}\sigma)^{-n} \exp\left\{-\frac{1}{2\sigma^2}\sum_{j=1}^n (x_j - \mu)^2\right\}$$
$$= (\sqrt{2\pi}\sigma)^{-n} \exp\left[-\frac{n}{2\sigma^2}\{s^2 + (\bar{x} - \mu)^2\}\right] \quad (3.3)$$

となる.ここに,$\bar{x} = n^{-1}\sum_{j=1}^n x_j$, $s^2 = n^{-1}\sum_{j=1}^n (x_j - \bar{x})^2$.ここで $T(\boldsymbol{x}) = (\bar{x}, s^2)'$ として (3.3) の右辺を $g_\theta\{T(\boldsymbol{x})\}$ とおき,$h(\boldsymbol{x}) = 1$ とすれば,定理 3.1 より

$$T(\boldsymbol{X}) = \left\{n^{-1}\sum_{j=1}^n X_j,\ n^{-1}\sum_{j=1}^n (X_j - \bar{X})^2\right\}'$$

が十分統計量となることがわかる.

十分統計量の意味するところを,例 3.1 で $n = 2$ のときみてみよう.

まず $X_1, X_2 \sim i.i.d. B(1, \theta)$ とする.統計量として,$T = T(\boldsymbol{X}) = X_1 + X_2$ を考える.T は確率関数

$$\binom{2}{x}\theta^x(1-\theta)^{2-x}, \quad (x = 0, 1, 2)$$

をもつ.ここで新しい確率変数 Y_1 と Y_2 を次のように定義する.

(i) $T = 0$ ならば $Y_1 = 0, Y_2 = 0$ と定義する.
(ii) $T = 2$ ならば $Y_1 = 1, Y_2 = 1$ と定義する.
(iii) $T = 1$ ならば公正なコインを投げて表が出れば $Y_1 = 1, Y_2 = 0$ とし,裏が出れば $Y_1 = 0, Y_2 = 1$ と定義する.このとき

「$\boldsymbol{Y} = (Y_1, Y_2)'$ の分布は $\boldsymbol{X} = (X_1, X_2)'$ の分布に等しくなる」 (3.4)

ことが示せる (演習問題 3.1).このことは θ の値を知らなくても十分統計量 T から $\boldsymbol{X}$ の分布が再構成できることを意味し,T が θ に関するすべての情報を含んでいるといえるだろう.

3.2 不偏推定量

まず $\boldsymbol{X} = (X_1, ..., X_n)' \sim \mathbb{P}_\theta, \theta \in \Theta$ とする.以下しばらく母数空間 Θ

3.2 不偏推定量

は R の部分集合とする．また $\mathbb{P}_\theta$ に関する期待値 $E(\cdot)$ や分散 $V(\cdot)$ が θ に依存することを強調するときには，それぞれ $E_\theta(\cdot)$, $V_\theta(\cdot)$ と表記する．

定義 3.2 統計量 $\psi(\boldsymbol{X})$ がすべての $\theta \in \Theta$ に対して $E_\theta\{\psi(\boldsymbol{X})\} = \theta$ を満たすとき $\psi(\boldsymbol{X})$ を θ の **不偏推定量** (unbiased estimator) という．

望ましい推定量としては，上述のように期待値が真値を当てていることが自然であるが，さらには $\psi(\boldsymbol{X})$ の値が真値 θ の値から遠くへ外れてばらつかないものが望まれよう．よって不偏推定量の中で分散を最小にする推定量を構成することを考える．次の定理は，そのための基礎を与えるものである．

定理 3.2 (Rao-Blackwell の定理) $\boldsymbol{X} \sim \mathbb{P}_\theta$, $\theta \in \Theta \subset \boldsymbol{R}$ で，$T = T(\boldsymbol{X})$ を十分統計量とする．$\hat{\theta}(\boldsymbol{X})$ を θ の任意の不偏推定量で分散 $V_\theta\{\hat{\theta}(\boldsymbol{X})\}$ が存在するものとする．$\tilde{\theta}(T) \equiv E_\theta\{\hat{\theta}(\boldsymbol{X})|T\}$ とするとき，次の (1) と (2) が成り立つ．
 (1) $\tilde{\theta}(T)$ は θ の不偏推定量である．
 (2) $V_\theta\{\tilde{\theta}(T)\} \leq V_\theta\{\hat{\theta}(\boldsymbol{X})\}$, $\theta \in \Theta$.

証明
 (1) T は十分統計量なので $E_\theta\{\hat{\theta}(\boldsymbol{X})|T\}$ は θ に依存しない．また定理 2.6 (4) より

$$E_\theta\{\tilde{\theta}(T)\} = E_T[E_\theta\{\hat{\theta}(\boldsymbol{X})|T\}]$$
$$= E_\theta\{\hat{\theta}(\boldsymbol{X})\} = \theta, \quad (\theta \in \Theta)$$

となり $\tilde{\theta}(T)$ は θ の不偏推定量となる．
 (2) 簡単のため $\hat{\theta} = \hat{\theta}(\boldsymbol{X})$, $\tilde{\theta} = \tilde{\theta}(T)$ と書く．定理 2.6(5) より，

$$E_\theta\{(\hat{\theta} - \tilde{\theta})\tilde{\theta}|T\} = \tilde{\theta} E_\theta\{(\hat{\theta} - \tilde{\theta})|T\} \ a.e.$$
$$= \tilde{\theta}(\tilde{\theta} - \tilde{\theta}) = 0 \ a.e.$$

となり

$$E_\theta\{(\hat{\theta} - \tilde{\theta})\tilde{\theta}\} = 0 \tag{3.5}$$

を得る．一方

$$V_\theta\{\hat{\theta}\} = E_\theta[(\tilde{\theta} - \theta + \hat{\theta} - \tilde{\theta})^2]$$
$$= E_\theta[(\tilde{\theta}-\theta)^2] + E_\theta[(\hat{\theta}-\tilde{\theta})^2] + 2E_\theta\{(\tilde{\theta}-\theta)(\hat{\theta}-\tilde{\theta})\}$$

であるので，(3.5) より，

$$V_\theta\{\hat{\theta}\} = E_\theta[(\tilde{\theta}-\theta)^2] + E_\theta[(\hat{\theta}-\tilde{\theta})^2]$$
$$\geq E_\theta[(\tilde{\theta}-\theta)^2]$$
$$= V_\theta\{\tilde{\theta}\}, \qquad (\theta \in \Theta)$$

を得る．□

十分性と並んで基本的な概念として完備性がある．これは次のように定義される．

定義 3.3 $X \sim \mathbb{P}_\theta, \theta \in \Theta$ とする．統計量 $T = T(X)$ の可測関数 $g(T)$ が任意の $\theta \in \Theta$ に対して $E_\theta\{g(T)\} = 0$ ならば $g(T) = 0$ *a.e.* を満たすとき，$T = T(X)$ は **完備** (complete) であるという．

例 3.4 $\{X_j\} \sim i.i.d.B(1,\theta), \theta \in \Theta = (0,1)$ とする．このとき $T = \sum_{j=1}^n X_j$ は二項分布 $B(n,\theta)$ に従い，確率関数

$$p(t) = \binom{n}{t}\theta^t(1-\theta)^{n-t}, \qquad (t = 0, 1, ..., n)$$

をもつ．したがって，任意の $\theta \in \Theta$ に対して

$$E_\theta\{g(T)\} = \sum_{t=0}^n g(t)\binom{n}{t}\theta^t(1-\theta)^{n-t}$$
$$= (1-\theta)^n \sum_{t=0}^n g(t)\binom{n}{t}\left(\frac{\theta}{1-\theta}\right)^t$$
$$= 0 \qquad (3.6)$$

が成り立つとすると，$\theta/(1-\theta)$ は $(0,\infty)$ の値を自由に動けるので

3.2 不偏推定量　　　　　　　　　33

を意味し，これは
$$g(t)\binom{n}{t} = 0, \quad (t=0,1,...,n)$$

を意味する．したがって T は完備である．□

例 3.5 $\{X_j\} \sim i.i.d.N(\theta,1)$, $\theta \in \Theta = (-\infty,\infty)$ とすると，$T = n^{-1}\sum_{j=1}^{n} X_j$ の分布は $N(\theta,n^{-1})$ となる (演習問題 3.2)．ここで

$$E_\theta\{g(T)\} = \int_{-\infty}^{\infty} g(t)\left(\frac{2\pi}{n}\right)^{-\frac{1}{2}} \exp\left\{-\frac{n}{2}(t-\theta)^2\right\} dt$$
$$= 0, \quad (\theta \in \Theta)$$

とすると

$$\int_{-\infty}^{\infty} g(t)\,e^{-\frac{nt^2}{2}}e^{n\theta t}\,dt \times e^{-\frac{n\theta^2}{2}} = 0, \quad (\theta \in \Theta)$$

となる．ところで上式の $\int_{-\infty}^{\infty} g(t)\exp\{-nt^2/2\}\exp\{n\theta t\}\,dt$ は $g(t)\exp\{-nt^2/2\}$ の Laplace 変換で，これがすべての $\theta \in \Theta$ で 0 となるので，

$$g(t)\,e^{-\frac{nt^2}{2}} = 0 \ a.e.$$

つまり，$g(t) = 0$ $a.e.$ を意味し，T が完備であることがわかる．□

定義 3.4 $X \sim \mathbb{P}_\theta$, $\theta \in \Theta$ とする．θ の任意の不偏推定量 $\psi(X)$ に対して

$$V_\theta\{\psi_0(X)\} \leq V_\theta\{\psi(X)\}, \quad (\theta \in \Theta)$$

を満たす θ の不偏推定量 $\psi_0(X)$ を θ の**一様最小分散不偏** (uniformly minimum variance unbiased : UMVU) **推定量**という．

次の定理は不偏推定論で最も基本的な結果である．

定理 3.3 (Lehmann-Scheffé の定理)　$X \sim \mathbb{P}_\theta$, $\theta \in \Theta$ とする．統計量 $T = T(X)$ は完備な十分統計量とする．このとき任意の不偏推定量 $\hat{\theta}(X)$ に対して

$$\tilde{\theta}(T) \equiv E_\theta\{\hat{\theta}(\boldsymbol{X})|T\}$$

と定義すると，$\tilde{\theta} = \tilde{\theta}(T)$ は UMVU 推定量となる．

証明　$\tilde{\theta}$ が θ の不偏推定量であることは明らか．よって θ の任意の不偏推定量を $u(\boldsymbol{X})$ とするとき

$$V_\theta(\tilde{\theta}) \leq V_\theta\{u(\boldsymbol{X})\}, \quad (\theta \in \Theta) \tag{3.7}$$

を示せばよい．まず $u_0(T) \equiv E_\theta\{u(\boldsymbol{X})|T\}$ とおくと，定理 3.2 より，任意の $\theta \in \Theta$ に対して

$$\begin{aligned} E_\theta\{u_0(T)\} &= \theta, \\ V_\theta\{u_0(T)\} &\leq V_\theta\{u(\boldsymbol{X})\} \end{aligned} \tag{3.8}$$

を得る．ところで

$$E_\theta\{\tilde{\theta}(T)\} = E_\theta\{u_0(T)\} \ (=\theta)$$

であったので

$$E_\theta\{\tilde{\theta}(T) - u_0(T)\} = 0, \quad (\theta \in \Theta). \tag{3.9}$$

統計量 T は完備であるので (3.9) より

$$\tilde{\theta}(T) = u_0(T) \ \ a.e.$$

となり

$$V_\theta\{u_0(T)\} = V_\theta\{\tilde{\theta}(T)\}.$$

よって (3.8) より (3.7) を得る．□

例 3.6　$\{X_j\} \sim i.i.d.B(1,\theta)$ で $\bar{X}_n = n^{-1}\sum_{j=1}^n X_j$ とすると，$\bar{X}_n$ は θ の不偏推定量になっている．また $T = \sum_{j=1}^n X_j$ は完備な十分統計量であったので定理 3.3 より $\bar{X}_n$ は θ の UMVU 推定量であることがわかる．

例 3.7 $\{X_j\} \sim i.i.d.N(\theta,1)$ で $\bar{X}_n = n^{-1}\sum_{j=1}^n X_j$ とすると,$E_\theta\{\bar{X}_n\}$ $= \theta$ となる.また $\bar{X}_n$ は完備十分統計量であることはすでにみたので,$\bar{X}_n$ は θ の UMVU 推定量であることがわかる.

3.3 有効推定量

本節では未知母数 $\theta(\in \Theta \subset \boldsymbol{R})$ を既知可測関数 $g : \Theta \to \boldsymbol{R}$ で変換した値 $g(\theta)$ の推定を行う.次の定理は不偏推定量の分散の下限を与えるものである.

定理 3.4 $\boldsymbol{X} \sim \mathbb{P}_\theta$,$\theta \in \Theta \subset \boldsymbol{R}$ で,$\boldsymbol{X}$ は確率密度関数 $f_\theta(\boldsymbol{x})$,$\boldsymbol{x} \in \boldsymbol{R}^n$ をもつとする.$T = T(\boldsymbol{X})$ を $g(\theta)$ の任意の不偏推定量とし

$$A(\phi,\theta) \equiv V_\theta\left[\frac{f_\phi(\boldsymbol{X})}{f_\theta(\boldsymbol{X})}\right]$$

とおくとき,不等式

$$V_\theta(T) \geq \sup_{\phi \in \Theta} \frac{\{g(\phi) - g(\theta)\}^2}{A(\phi,\theta)} \tag{3.10}$$

が成り立つ.

証明 T は不偏推定量なので

$$E_\phi\{T(\boldsymbol{X})\} = \int T(\boldsymbol{x})f_\phi(\boldsymbol{x})\,d\boldsymbol{x} = g(\phi), \quad (\phi \in \Theta)$$

となる.よって

$$\begin{aligned}E_\theta&\left[T(\boldsymbol{X})\left\{\frac{f_\phi(\boldsymbol{X})}{f_\theta(\boldsymbol{X})} - 1\right\}\right]\\&= \int T(\boldsymbol{x})\left\{\frac{f_\phi(\boldsymbol{x})}{f_\theta(\boldsymbol{x})} - 1\right\}f_\theta(\boldsymbol{x})\,d\boldsymbol{x}\\&= g(\phi) - g(\theta),\end{aligned}$$

となり,この左辺に Schwarz の不等式を適用すると,任意の $\phi \in \Theta$ に対して

$$V_\theta(T)\,V_\theta\left[\frac{f_\phi(\boldsymbol{X})}{f_\theta(\boldsymbol{X})}\right] \geq \{g(\phi) - g(\theta)\}^2 \tag{3.11}$$

を得る.したがって (3.11) より任意の $\phi \in \Theta$ に対して

$$V_\theta(T) \geq \frac{\{g(\phi) - g(\theta)\}^2}{A(\phi, \theta)}$$

となり題意を得る. □

さて,ここで $f_\theta(\boldsymbol{x})$ が θ に関して微分可能であるとしよう.統計的推測問題で最も基本的な量は次で定義される.

定義 3.5

$$\mathcal{F}_{\boldsymbol{X}}(\theta) \equiv E_\theta \left[\left\{ \frac{\partial}{\partial \theta} \log f_\theta(\boldsymbol{X}) \right\}^2 \right]$$

を **Fisher 情報量** (information measure) という ($\boldsymbol{X}$ が離散型確率変数のときは $f_\theta(\boldsymbol{x})$ はその確率関数と理解する).確率変数 X_j が $i.i.d.$ で X_1 が確率密度関数 (確率関数) $f_\theta(x)$ をもつとき,$\partial/\partial \theta$ と E_θ が交換可能ならば

$$\mathcal{F}_{\boldsymbol{X}}(\theta) = n\mathcal{F}(\theta) \tag{3.12}$$

となる (演習問題 3.3).ただし $\mathcal{F}(\theta) = E_\theta[\{(\partial/\partial \theta) \log f_\theta(X_1)\}^2]$.

定理 3.4 の不等式 (3.10) で $g(\theta)$ の導関数 $g'(\theta)$ が存在し,さらに

$$\lim_{\phi \to \theta} \frac{A(\phi, \theta)}{(\phi - \theta)^2} = J(\theta) \tag{3.13}$$

が存在すると仮定すれば不等式

$$V_\theta(T) \geq \{g'(\theta)\}^2 / J(\theta) \tag{3.14}$$

を得る.次に任意の $\theta \in \Theta$ に対して十分小さい $\epsilon > 0$ をとれば,任意の $\phi : |\phi - \theta| < \epsilon$ に対して

$$\left| \frac{f_\phi(\boldsymbol{x}) - f_\theta(\boldsymbol{x})}{(\phi - \theta) f_\theta(\boldsymbol{x})} \right| \leq G(\boldsymbol{x}, \theta), \tag{3.15}$$

$$E_\theta[G(\boldsymbol{X}, \theta)^2] < \infty \tag{3.16}$$

を満たす $G(,)$ が存在すると仮定する.このとき (3.13) にルベーグの収束定理 (定理 A 8.1) を適用すると

3.3 有効推定量

$$\begin{aligned}
J(\theta) &= \lim_{\phi \to \theta} \frac{A(\phi,\theta)}{(\phi-\theta)^2} \\
&= \lim_{\phi \to \theta} \int \frac{\{f_\phi(\boldsymbol{X}) - f_\theta(\boldsymbol{X})\}^2}{\{(\phi-\theta)f_\theta(\boldsymbol{X})\}^2} f_\theta(\boldsymbol{X})\,d\boldsymbol{X} \\
&= \int \left\{ \frac{\partial}{\partial \theta} \log f_\theta(\boldsymbol{X}) \right\}^2 f_\theta(\boldsymbol{X})\,d\boldsymbol{X} \\
&= \mathcal{F}_{\boldsymbol{X}}(\theta)
\end{aligned}$$

となり，これと (3.14) より

$$V_\theta(T) \geq \frac{\{g'(\theta)\}^2}{\mathcal{F}_{\boldsymbol{X}}(\theta)} \tag{3.17}$$

を得る．これを **Cramér-Rao の不等式** といい, (3.17) の右辺を **Cramér-Rao の下限** という．

上記では定理 3.4 を用いて Cramér-Rao の不等式を導いたが，$g(\theta)$ の不偏推定量 $T = T(\boldsymbol{X})$ がさらに $E_\theta\{T^2\} < \infty$ を満たすとき，次のようにして導くこともできる．まず不偏性より

$$\int T(\boldsymbol{x}) \frac{f_\phi(\boldsymbol{x}) - f_\theta(\boldsymbol{x})}{(\phi-\theta)f_\theta(\boldsymbol{x})} f_\theta(\boldsymbol{x})\,d\boldsymbol{x} = \frac{g(\phi) - g(\theta)}{\phi - \theta} \tag{3.18}$$

を満たす．また (3.15),(3.16) と Schwarz の不等式より

$$\begin{aligned}
\left| T(\boldsymbol{x}) \frac{f_\phi(\boldsymbol{x}) - f_\theta(\boldsymbol{x})}{(\phi-\theta)f_\theta(\boldsymbol{x})} \right| &\leq |T(\boldsymbol{x})G(\boldsymbol{x},\theta)|, \\
\{E_\theta |T(\boldsymbol{X})G(\boldsymbol{X},\theta)|\}^2 &\leq E_\theta\{T(\boldsymbol{X})^2\} \cdot E_\theta\{G(\boldsymbol{X},\theta)^2\} \\
&< \infty
\end{aligned}$$

を得る．(3.18) で両辺 $\phi \to \theta$ とすれば

$$\int T(\boldsymbol{x}) \frac{\frac{\partial}{\partial \theta} f_\theta(\boldsymbol{x})}{f_\theta(\boldsymbol{x})} f_\theta(\boldsymbol{x})\,d\boldsymbol{x} = g'(\theta)$$

すなわち

$$Cov\left[T, \frac{\frac{\partial}{\partial \theta} f_\theta(\boldsymbol{X})}{f_\theta(\boldsymbol{X})} \right] = g'(\theta) \tag{3.19}$$

を得る．(3.19) の左辺に Schwarz の不等式を適用すれば

$$V_\theta[T] \geq \frac{g'(\theta)^2}{\mathcal{F}_{\boldsymbol{X}}(\theta)} \tag{3.20}$$

を得る．

定義 3.6 (3.20) で等号が成立するとき，推定量 T は**有効** (efficient) 推定量という．

以上の議論をたどると，次の同値関係が成り立つことがわかる．

「T が有効推定量である」

$\Updownarrow$

「(3.20) の不等式で等号が成立 (Schwarz の不等式で等号が成立)」

$\Updownarrow$

「$T(\boldsymbol{x})$ と $\{(\partial/\partial\theta)f_\theta(\boldsymbol{x})\}/f_\theta(\boldsymbol{x})$ の間に線形関係が存在する．つまり $\boldsymbol{x}$ に無関係な $a_1(\theta)$ と $a_2(\theta)$ が存在して

$$T(\boldsymbol{x}) = a_1(\theta)\frac{\frac{\partial}{\partial\theta}f_\theta(\boldsymbol{x})}{f_\theta(\boldsymbol{x})} + a_2(\theta) \quad a.e.$$

と表せる」

$\Updownarrow$

「$T(\boldsymbol{x}) = a_1(\theta)\frac{\partial}{\partial\theta}\{\log f_\theta(\boldsymbol{x})\} + a_2(\theta) \quad a.e.$

と表せる」

$\Updownarrow$

「上式を θ に関して積分して $f_\theta(\boldsymbol{x})$ について解くと

$$f_\theta(\boldsymbol{x}) = \exp[g_1(\theta)T(\boldsymbol{x}) + g_2(\theta) + U(\boldsymbol{x})] \quad a.e.$$

の形となる」

したがって定理 3.1 より T は $\mathcal{P} = \{\mathbb{P}_\theta\}$ に関する十分統計量となる．

例 3.8 $\{X_j\} \sim i.i.d.N(\theta, \sigma^2)$ として，θ の推定のみに興味があるとする．$\boldsymbol{X} = (X_1, ..., X_n)'$ の確率密度関数は

$$f_\theta(\boldsymbol{x}) = \prod_{j=1}^n \frac{1}{\sqrt{2\pi}\sigma}\exp\left\{-\frac{1}{2\sigma^2}(x_j - \theta)^2\right\}, \quad (\boldsymbol{x} = (x_1, ..., x_n)' \in \boldsymbol{R}^n)$$

となる．Fisher 情報量は

$$\begin{aligned}
\mathcal{F}_{\boldsymbol{X}}(\theta) &= E_\theta\left[\left\{\frac{\partial}{\partial \theta}\log f_\theta(\boldsymbol{X})\right\}^2\right] \\
&= \sum_{j=1}^n E_\theta\left[\left\{\frac{\partial}{\partial \theta}\left(-\frac{(X_j-\theta)^2}{2\sigma^2}\right)\right\}^2\right] \quad (X_j \text{ の独立性より}) \\
&= \sum_{j=1}^n E_\theta\left[\left\{\frac{(X_j-\theta)}{\sigma^2}\right\}^2\right] = \frac{n}{\sigma^2} \quad\quad (3.21)
\end{aligned}$$

であるので，この場合の Cramér-Rao の下限は σ^2/n となる．θ の推定量として $\bar{X}_n = n^{-1}\sum_{j=1}^n X_j$ を考えると

$$\begin{aligned}
E_\theta\{\bar{X}_n\} &= \theta, \\
V_\theta\{\bar{X}_n\} &= \frac{\sigma^2}{n}
\end{aligned}$$

となるので，$\bar{X}_n$ の分散は Cramér-Rao の下限 σ^2/n に到達する．よって $\bar{X}_n$ は θ の有効推定量である．□

次の例を述べる前に，基本的な分布を説明しよう．$X_1, X_2, ..., X_n \sim i.i.d.$ $N(0,1)$ であるとき，$X \equiv X_1^2 + \cdots + X_n^2$ は自由度 n の **カイ 2 乗分布** に従うといい，$X \sim \chi^2(n)$ と表す．$X \sim \chi^2(n)$ のとき

$$E(X) = n, \quad V(X) = 2n \quad\quad (3.22)$$

であることがわかる (演習問題 3.4)．

例 3.9 $\{X_j\} \sim i.i.d.N(\mu,\theta)$ とし，μ と θ は双方未知であるが分散 θ の推定のみに興味があるとする．θ の推定量としては

$$S^2 = \frac{1}{n-1}\sum_{j=1}^n(X_j - \bar{X}_n)^2, \quad \bar{X}_n = n^{-1}\sum_{j=1}^n X_j \quad\quad (3.23)$$

が考えられる．S^2 に対して

$$\frac{(n-1)S^2}{\theta} \sim \chi^2(n-1) \quad\quad (3.24)$$

が成り立つ．実際 $\boldsymbol{X} = (X_1, ..., X_n)'$ を次の形の直交行列

$$T = \begin{pmatrix} \dfrac{1}{\sqrt{n}}, \cdots, \dfrac{1}{\sqrt{n}} \\ * \end{pmatrix} \qquad (3.25)$$

で変換したものを $\boldsymbol{Y} = (Y_1, ..., Y_n)' \equiv T\boldsymbol{X}$ とすると

$$\boldsymbol{Y} \sim N(T\boldsymbol{\mu}, \theta \boldsymbol{I}_n) \qquad (3.26)$$

となる (演習問題 3.5). ただし $\boldsymbol{I}_n$ は $n \times n$ 恒等行列で $\boldsymbol{\mu} = (\mu, ..., \mu)'$ ($n \times 1$ ベクトル) とする. 直交行列 T の構成の仕方より $T\boldsymbol{\mu} = (\sqrt{n}\mu, 0, ..., 0)'$ となり, また $\boldsymbol{Y}$ の分散行列は $\theta \boldsymbol{I}_n$ なので $Y_1, Y_2, ..., Y_n$ は互いに独立で, $Y_2, ..., Y_n \sim i.i.d. N(0, \theta)$ であることがわかる. ところで $\boldsymbol{Y}$ の定義より

$$\sum_{j=1}^{n} X_j^2 = \sum_{j=1}^{n} Y_j^2, \qquad Y_1 = \sqrt{n}\bar{X}_n$$

となり,

$$\sum_{j=2}^{n} Y_j^2 = \sum_{j=1}^{n} X_j^2 - Y_1^2 = \sum_{j=1}^{n} X_j^2 - n(\bar{X}_n)^2 = \sum_{j=1}^{n}(X_j - \bar{X}_n)^2 \quad (3.27)$$

を得る. このことより (3.24) がわかる. (3.24) の関係と演習問題 3.4 より

$$E_\theta(S^2) = \theta, \qquad V_\theta(S^2) = \dfrac{2\theta^2}{n-1} \qquad (3.28)$$

を得る. すでにみたように $\bar{X}_n, S^2$ は関与の分布族に対する十分統計量になっており, また完備性も示すことができる. よって定理3.3 より S^2 は θ の UMVU 推定量になっている. 次に θ に関する Fisher 情報量を求めよう. まず

$$f_\theta(\boldsymbol{x}) = \prod_{j=1}^{n} \dfrac{1}{\sqrt{2\pi\theta}} \exp\left\{-\dfrac{(x_j - \mu)^2}{2\theta}\right\}, \qquad (\boldsymbol{x} = (x_1, ..., x_n)') \quad (3.29)$$

であるので

$$\dfrac{\partial}{\partial \theta} \log f_\theta(\boldsymbol{X}) = \sum_{j=1}^{n} \left\{-\dfrac{1}{2\theta} + \dfrac{(X_j - \mu)^2}{2\theta^2}\right\}$$

となる. また $(X_j - \mu)^2/\theta \sim i.i.d. \chi^2(1)$ であるので

$$\mathcal{F}_X(\theta) = \sum_{j=1}^n E_\theta\left[\left\{\frac{(X_j-\mu)^2}{2\theta^2} - \frac{1}{2\theta}\right\}^2\right] = \frac{n}{2\theta^2} \quad \text{(演習問題 3.4)}$$

を得る．したがってこの場合の Cramér-Rao の下限は $2\theta^2/n$ となり，UMVU 推定量の分散 $2\theta^2/(n-1)$ より小さくなる．すなわち，この場合は UMVU 推定量が有効推定量とはならない例になっている．したがって，Cramér-Rao の下限は到達できる下限に必ずしもならないことに注意しよう．□

さて，今までは未知母数 θ が 1 次元の場合を議論してきたが，多次元の場合の議論が望まれる．そこで $\boldsymbol{X} = (X_1,...,X_n)' \sim \mathbb{P}_{\boldsymbol{\theta}},\ \boldsymbol{\theta} \in \Theta \subset \boldsymbol{R}^q$ で $\boldsymbol{\theta} = (\theta_1,...,\theta_q)'$ としよう．さらに $\boldsymbol{X}$ は連続型 (離散型) ならば確率密度関数 (確率関数) $f_{\boldsymbol{\theta}}(\boldsymbol{x})$ をもつとする．今，$\boldsymbol{\theta}$ の既知可測関数 $g:\Theta \to \boldsymbol{R}^r\ (r\leq q)$ の推定に興味があるとする．この場合 $g(\boldsymbol{\theta})$ の不偏推定量 $\boldsymbol{T}$ の Cramér-Rao の下限は，1 次元の場合と同様にして

$$\Delta\mathcal{F}_{\boldsymbol{X}}^{-1}(\boldsymbol{\theta})\Delta' \tag{3.30}$$

で与えられる．ここに
$$\Delta = \frac{\partial}{\partial\boldsymbol{\theta}'}g(\boldsymbol{\theta}) \quad (r\times q\ \text{行列}),$$

$$\mathcal{F}_{\boldsymbol{X}}(\boldsymbol{\theta}) = E_{\boldsymbol{\theta}}\left\{\frac{\partial}{\partial\boldsymbol{\theta}}\log f_{\boldsymbol{\theta}}(\boldsymbol{X})\frac{\partial}{\partial\boldsymbol{\theta}'}\log f_{\boldsymbol{\theta}}(\boldsymbol{X})\right\} \quad (q\times q\ \text{行列}) \tag{3.31}$$

とする．(3.30) が下限であるということの意味は，$g(\boldsymbol{\theta})$ の任意の不偏推定量 $\boldsymbol{T}$ の分散行列を $V_{\boldsymbol{\theta}}(\boldsymbol{T})$ とすると行列 $V_{\boldsymbol{\theta}}(\boldsymbol{T}) - \Delta\mathcal{F}_{\boldsymbol{X}}^{-1}(\boldsymbol{\theta})\Delta'$ が半正値行列になることを意味する．(3.31) の行列を Fisher 情報量行列という．$\{X_j\}$ が i.i.d. で X_1 が確率密度関数 (確率関数) $f_{\boldsymbol{\theta}}(x_1),\ x_1 \in \boldsymbol{R}$ をもつとき，

$$\mathcal{F}(\boldsymbol{\theta}) = E_{\boldsymbol{\theta}}\left\{\frac{\partial}{\partial\boldsymbol{\theta}}\log f_{\boldsymbol{\theta}}(X_1)\frac{\partial}{\partial\boldsymbol{\theta}'}\log f_{\boldsymbol{\theta}}(X_1)\right\}$$

とすると，$\partial/\partial\boldsymbol{\theta}$ と $E_{\boldsymbol{\theta}}$ が交換可能なら $\mathcal{F}_{\boldsymbol{X}}(\boldsymbol{\theta}) = n\mathcal{F}(\boldsymbol{\theta})$ と表せる．ゆえにこの場合の Cramér-Rao の下限は

$$\frac{1}{n}\Delta\mathcal{F}^{-1}(\boldsymbol{\theta})\Delta' \tag{3.32}$$

となる．

3.4 漸近有効推定量

前節の例 3.9 で,正規分布の分散の不偏推定量 $S^2 = (n-1)^{-1}\sum_{j=1}^{n}(X_j - \bar{X}_n)^2$ は UMVU ではあるが,有効推定量でないことをみた.実際,この場合

$$\{\text{Cramér-Rao の下限}\}/V_\theta(S^2) = \frac{n-1}{n} \qquad (3.33)$$

となり,有限の標本数では常に上式 < 1 となる.しかしながら $n \to \infty$ とすれば,上式 $\to 1$ となり,n が十分大きいとき S^2 は分散の推定量として,よい推定量になっている.本節では標本数 n が大きくなったときの推定量の「よさ」を議論する.

独立で同分布に従う確率変数列 $X_1, X_2, ..., X_n$ を並べたものを $\boldsymbol{X} = (X_1, ..., X_n)'$ とし,$\boldsymbol{X}$ が未知母数 $\boldsymbol{\theta} = (\theta_1, ..., \theta_q)' \in \Theta \subset \boldsymbol{R}^q$ に依存する確率分布 $\mathbb{P}_{n,\boldsymbol{\theta}}$ に従うとき,$\boldsymbol{X} \sim \mathbb{P}_{n,\boldsymbol{\theta}}, \boldsymbol{\theta} \in \Theta$ と書くことにする.前節では $\boldsymbol{\theta}$ の推定量として不偏推定量のクラスを考えたが,n を大きくする漸近理論では不偏推定量のクラスではなくて,次に定義される推定量のクラスを考える.

定義 3.7 $\boldsymbol{\theta}$ の推定量 $\hat{\boldsymbol{\theta}}_n = \hat{\boldsymbol{\theta}}_n(\boldsymbol{X})$ が,任意の $\boldsymbol{\theta} \in \Theta$,任意の $\epsilon > 0$ に対して

$$\lim_{n \to \infty} \mathbb{P}_{n,\boldsymbol{\theta}}\{\|\hat{\boldsymbol{\theta}}_n - \boldsymbol{\theta}\| > \epsilon\} = 0 \qquad (3.34)$$

であるとき $\hat{\boldsymbol{\theta}}_n$ は $\boldsymbol{\theta}$ の **一致推定量** (consistent estimator) であるという.ここに $\|\cdot\|$ はユークリッドノルムである.(3.34) は $\hat{\boldsymbol{\theta}}_n$ が $\boldsymbol{\theta}$ に確率収束することを意味しており,前章の記号を使うと $\hat{\boldsymbol{\theta}}_n \xrightarrow{p} \boldsymbol{\theta}$ と表せる.

各 X_j が確率密度関数 (確率関数) $f_{\boldsymbol{\theta}}(x), x \in \boldsymbol{R}$ をもち,$f_{\boldsymbol{\theta}}(x), x \in \boldsymbol{R}$ は $\boldsymbol{\theta}$ に関して微分可能であるとする.$\boldsymbol{X}$ は同時確率密度関数 (同時確率関数) $f_{n,\boldsymbol{\theta}}(\boldsymbol{x}) = \Pi_{j=1}^{n} f_{\boldsymbol{\theta}}(x_j), \boldsymbol{x} = (x_1, ..., x_n)'$ をもつ.さて

$$Z_n = \frac{1}{n}\frac{\partial}{\partial \boldsymbol{\theta}} \log f_{n,\boldsymbol{\theta}}(\boldsymbol{X}) \qquad (3.35)$$

とおこう．以下，Fisher 情報量行列

$$\mathcal{F}(\boldsymbol{\theta}) = E_{\boldsymbol{\theta}}\left[\left\{\frac{\partial}{\partial \boldsymbol{\theta}}\log f_{\boldsymbol{\theta}}(X_1)\frac{\partial}{\partial \boldsymbol{\theta}'}\log f_{\boldsymbol{\theta}}(X_1)\right\}\right]$$

が存在し，かつこれが正値行列であるとする．

定義 3.8 $\boldsymbol{\theta}$ の一致推定量 T_n が

$$\sqrt{n}\|T_n - \boldsymbol{\theta} - \mathcal{F}(\boldsymbol{\theta})^{-1}Z_n\| \xrightarrow{p} 0, \quad (n \to \infty) \tag{3.36}$$

を満たすとき T_n は $\boldsymbol{\theta}$ の **漸近有効** (asymptotically efficient) 推定量という．

この定義の意味するところはわかりにくいが，$T_n - \boldsymbol{\theta}$ の十分広いクラスの損失関数の期待値を最小にすることが知られている．本書は入門書なので，この議論は割愛する．興味ある読者は，たとえば Taniguchi and Kakizawa(2000) をみられたい．

ここでは，漸近有効性の意味するところを T_n の漸近分布でみてみよう．定理 2.7(2) と注意 2.2 より次の定理を得る．

定理 3.5 T_n が $\boldsymbol{\theta}$ の漸近有効推定量ならば

$$\sqrt{n}(T_n - \boldsymbol{\theta}) \xrightarrow{d} N(\mathbf{0}, \mathcal{F}(\boldsymbol{\theta})^{-1}), \quad (n \to \infty) \tag{3.37}$$

となる．

この定理より T_n が漸近有効なら T_n の漸近分布の分散行列が $\mathcal{F}(\boldsymbol{\theta})^{-1}$ となることがわかり，T_n は Cramér-Rao の下限を漸近的に到達している．

代表的な漸近有効推定量をみてみよう．まず $\boldsymbol{X} = (X_1, ..., X_n)' \sim \mathbb{P}_{n,\boldsymbol{\theta}}$, $\boldsymbol{\theta} = (\theta_1, ..., \theta_q)' \in \Theta \subset \boldsymbol{R}^q$ としよう．$\mathbb{P}_{n,\boldsymbol{\theta}}$ が連続型 (離散型) 分布であるとき，その確率密度関数 (確率関数) を $f_{n,\boldsymbol{\theta}}(\boldsymbol{x})$, $\boldsymbol{x} \in \boldsymbol{R}^n$ で表す．$f_{n,\boldsymbol{\theta}}(\boldsymbol{X})$ を $\boldsymbol{\theta}$ の関数と見なし，これを**尤度**(likelihood) という．以下 $l_n(\boldsymbol{\theta}) \equiv \log f_{n,\boldsymbol{\theta}}(\boldsymbol{X})$ と書く．

定義 3.9

$$l_n(\hat{\boldsymbol{\theta}}_n) = \sup_{\boldsymbol{\theta} \in \Theta} l_n(\boldsymbol{\theta}) \tag{3.38}$$

を満たす $\hat{\boldsymbol{\theta}}_n = \hat{\boldsymbol{\theta}}_n(\boldsymbol{X})$ を $\boldsymbol{\theta}$ の **最尤推定量** (maximum likelihood estimator：MLE) という.

もし上述の sup が Θ の内点で到達され，さらに $l_n(\boldsymbol{\theta})$ が $\boldsymbol{\theta}$ に関して微分可能なら $\hat{\boldsymbol{\theta}}_n$ は方程式

$$\frac{\partial}{\partial \boldsymbol{\theta}} l_n(\hat{\boldsymbol{\theta}}_n) = \mathbf{0} \tag{3.39}$$

を満たす. (3.39) を尤度方程式と呼び，尤度方程式を満たす推定量を $\boldsymbol{\theta}$ の **尤度方程式推定量** ということにする. 尤度が未知母数 $\boldsymbol{\theta}$ に関して滑らかなときには，尤度方程式推定量が MLE になっていることが多い.

例 3.10 $X_1, X_2, ..., X_n \sim i.i.d.N(\mu, \sigma^2)$, $-\infty < \mu < \infty$, $0 < \sigma^2 < \infty$ とし，$\boldsymbol{\theta} = (\mu, \sigma^2)'$ とする. 対数尤度は

$$l_n(\boldsymbol{\theta}) = -\frac{n}{2}\log(2\pi) - n\log\sigma - \frac{1}{2\sigma^2}\sum_{j=1}^n (X_j - \mu)^2 \tag{3.40}$$

となり尤度方程式は

$$\frac{\partial}{\partial \mu} l_n(\boldsymbol{\theta}) = \frac{1}{\sigma^2}\left\{\sum_{j=1}^n X_j - n\mu\right\} = 0, \tag{3.41}$$

$$\frac{\partial}{\partial \sigma^2} l_n(\boldsymbol{\theta}) = -\frac{n}{2\sigma^2} + \frac{1}{2\sigma^4}\sum_{j=1}^n (X_j - \mu)^2 = 0 \tag{3.42}$$

となる. (3.41) と (3.42) を満たす μ と σ^2 の尤度方程式推定量は，それぞれ

$$\hat{\mu}_n = \bar{X}_n \equiv n^{-1}\sum_{j=1}^n X_j, \qquad \hat{\sigma}_n^2 = n^{-1}\sum_{j=1}^n (X_j - \bar{X}_n)^2$$

で与えられる. ここで $\hat{\boldsymbol{\theta}}_n = (\hat{\mu}_n, \hat{\sigma}_n^2)'$ とすると $\hat{\boldsymbol{\theta}}_n$ は $\boldsymbol{\theta}$ の MLE となっている. 実際,

$$l_n(\hat{\boldsymbol{\theta}}_n) = -\frac{n}{2}\log(2\pi) - n\log\hat{\sigma}_n - \frac{n}{2},$$

$$l_n(\boldsymbol{\theta}) = -\frac{n}{2}\log(2\pi) - n\log\sigma - \frac{n\hat{\sigma}_n^2 + n(\bar{X}_n - \mu)^2}{2\sigma^2}$$

と書けるので，任意の $\boldsymbol{\theta} \in \Theta$ に対して

$$l_n(\hat{\boldsymbol{\theta}}_n) - l_n(\boldsymbol{\theta}) = \frac{n}{2}\left[\frac{\hat{\sigma}_n^2}{\sigma^2} - 1 - \log\frac{\hat{\sigma}_n^2}{\sigma^2}\right] + \frac{n(\bar{X}_n - \mu)^2}{2\sigma^2}$$
(不等式 $A - 1 - \log A \geq 0\ (A > 0)$ を用いて)
$$\geq \frac{n(\bar{X}_n - \mu)^2}{2\sigma^2} \geq 0$$

を得る．したがって $\hat{\boldsymbol{\theta}}_n$ は $l_n(\boldsymbol{\theta})$ の最大値を与える点となっており，$\boldsymbol{\theta}$ の MLE である．□

$X_1, X_2, ..., X_n$ は互いに独立な確率変数列で各々の分布が連続型 (離散型) であるとき，確率密度関数 (確率関数) $f_{\boldsymbol{\theta}_0}(x), \in \boldsymbol{R}$, $\boldsymbol{\theta}_0 \in \Theta \subset \boldsymbol{R}^q$ をもつとする．ここに，$\boldsymbol{\theta}_0$ は未知母数の真値を表す．以下の議論では $\boldsymbol{\theta}_0$ 以外の Θ の任意の点 $\boldsymbol{\theta} = (\theta_1, ..., \theta_q)'$ に対する記述が必要となるので，このような表記をする．以下の仮定をおく．

仮定 3.1
(i) $\partial \log f_{\boldsymbol{\theta}}(x)/\partial \theta_i$, $\partial^2 \log f_{\boldsymbol{\theta}}(x)/\partial \theta_i \partial \theta_j$, $\partial^3 \log f_{\boldsymbol{\theta}}(x)/\partial \theta_i \partial \theta_j \partial \theta_k$, $i, j, k = 1, ..., q$, $(x \in \boldsymbol{R})$ がすべての $\boldsymbol{\theta} \in \Theta$ に対して存在する．

(ii) $\boldsymbol{\theta} = \boldsymbol{\theta}_0$ で
$$E_{\boldsymbol{\theta}}\left[\frac{\partial}{\partial \boldsymbol{\theta}} \log f_{\boldsymbol{\theta}}(X_1)\right] = \boldsymbol{0}\ (q \times 1\ \text{ベクトル}),$$
$$E_{\boldsymbol{\theta}}\left[\frac{1}{f_{\boldsymbol{\theta}}(X_1)} \frac{\partial^2}{\partial \boldsymbol{\theta} \partial \boldsymbol{\theta}'} f_{\boldsymbol{\theta}}(X_1)\right] = \boldsymbol{0}\ (q \times q\ \text{行列}),$$
$$E_{\boldsymbol{\theta}}\left[\frac{\partial}{\partial \boldsymbol{\theta}} \log f_{\boldsymbol{\theta}}(X_1) \frac{\partial}{\partial \boldsymbol{\theta}'} \log f_{\boldsymbol{\theta}}(X_1)\right] > 0\ (q \times q\ \text{正値行列})$$

となる．

(iii) 任意の $\boldsymbol{\theta} \in \Theta$ に対して
$$\left|\frac{\partial^3}{\partial \theta_i \partial \theta_j \partial \theta_k} \log f_{\boldsymbol{\theta}}(x)\right| \leq M(x), \quad (i, j, k = 1, ..., q),$$
$$E_{\boldsymbol{\theta}} M(X_1) \leq K < \infty$$

を満たす $M(x)$, K が存在する.

(iv) $\boldsymbol{\theta} \neq \boldsymbol{\theta}^*$ ならば, 集合 $\{x : f_{\boldsymbol{\theta}}(x) \neq f_{\boldsymbol{\theta}^*}(x)\}$ は $\boldsymbol{\theta} = \boldsymbol{\theta}$ のもとで正の確率をもつ.

定理 3.6 仮定 3.1 のもとで $\boldsymbol{\theta}_0$ の尤度方程式推定量 $\hat{\boldsymbol{\theta}}_n = (\hat{\theta}_{n,1}, ..., \hat{\theta}_{n,q})'$ で $\boldsymbol{\theta}_0 = (\theta_{0,1}, ..., \theta_{0,q})'$ の一致推定量なるものが存在する.

証明 演習問題 3.10 と仮定 3.1(iv) より, 任意のベクトル $\boldsymbol{\delta} = (\delta_1, ..., \delta_q)'$, $\delta_j > 0$, $j = 1, ..., q$ に対して

$$E_{\boldsymbol{\theta}_0}\left\{\log \frac{f_{\boldsymbol{\theta}_0 - \boldsymbol{\delta}}(X_1)}{f_{\boldsymbol{\theta}_0}(X_1)}\right\} < 0, \quad E_{\boldsymbol{\theta}_0}\left\{\log \frac{f_{\boldsymbol{\theta}_0 + \boldsymbol{\delta}}(X_1)}{f_{\boldsymbol{\theta}_0}(X_1)}\right\} < 0 \quad (3.43)$$

であることがわかる (演習問題 3.11). したがって $l_n(\boldsymbol{\theta}) = \sum_{j=1}^n \log f_{\boldsymbol{\theta}}(X_j)$ とすると大数の強法則 (注意 2.1, 定理 2.8) より, $n \to \infty$ としたとき

$$\frac{1}{n}\left[l_n(\boldsymbol{\theta}_0 - \boldsymbol{\delta}) - l_n(\boldsymbol{\theta}_0)\right] \xrightarrow{a.s.} c_1 < 0, \quad (3.44)$$

$$\frac{1}{n}\left[l_n(\boldsymbol{\theta}_0 + \boldsymbol{\delta}) - l_n(\boldsymbol{\theta}_0)\right] \xrightarrow{a.s.} c_2 < 0 \quad (3.45)$$

が成り立つ. したがって, $l_n(\boldsymbol{\theta})$ は n を大きくしていけば, 点 $\boldsymbol{\theta}_0$ において, 点 $\boldsymbol{\theta}_0 \pm \boldsymbol{\delta}$ における値よりも $a.s.$ に大きい値をとる. $l_n(\boldsymbol{\theta})$ は $\boldsymbol{\theta}$ に関して連続であるので, $\boldsymbol{\theta}_0 - \boldsymbol{\delta}$ と $\boldsymbol{\theta}_0 + \boldsymbol{\delta}$ を結ぶ線分上で極大値をとる. また $l_n(\boldsymbol{\theta})$ は $\boldsymbol{\theta}$ に関して微分可能であるので, この極大をとる点で, その導関数は $\boldsymbol{0}$ となる. ここで $\boldsymbol{\delta}$ は任意の正の成分をもつベクトルであったので, 題意が示された. □

定理 3.7 仮定 3.1 のもとで定理 3.6 の主張を満たす尤度方程式推定量 $\hat{\boldsymbol{\theta}}_n$ は, $\boldsymbol{\theta}_0$ の漸近有効推定量となり

$$\sqrt{n}\,(\hat{\boldsymbol{\theta}}_n - \boldsymbol{\theta}_0) \xrightarrow{d} N(\boldsymbol{0}, \mathcal{F}(\boldsymbol{\theta}_0)^{-1})$$

が成り立つ. ここに

$$\mathcal{F}(\boldsymbol{\theta}_0) = E_{\boldsymbol{\theta}_0}\left\{\frac{\partial}{\partial \boldsymbol{\theta}} \log f_{\boldsymbol{\theta}_0}(X_1) \frac{\partial}{\partial \boldsymbol{\theta}'} \log f_{\boldsymbol{\theta}_0}(X_1)\right\} \quad \text{(Fisher 情報量行列)}$$

である.

3.4 漸近有効推定量

証明 $\hat{\boldsymbol{\theta}}_n$ は尤度方程式

$$\frac{\partial}{\partial \boldsymbol{\theta}} l_n(\hat{\boldsymbol{\theta}}_n) = \mathbf{0} \tag{3.46}$$

を満たすので, (3.46) の左辺を $\boldsymbol{\theta}_0$ のまわりで Taylor 展開して

$$\mathbf{0} = \frac{\partial}{\partial \boldsymbol{\theta}} l_n(\boldsymbol{\theta}_0) + \frac{\partial^2}{\partial \boldsymbol{\theta} \partial \boldsymbol{\theta}'} l_n(\boldsymbol{\theta}_0)(\hat{\boldsymbol{\theta}}_n - \boldsymbol{\theta}_0) + A_n \tag{3.47}$$

を得る. ただし

$$A_n = \frac{1}{2}\left[(\hat{\boldsymbol{\theta}}_n - \boldsymbol{\theta}_0)' \frac{\partial}{\partial \theta_1} \frac{\partial^2}{\partial \boldsymbol{\theta} \partial \boldsymbol{\theta}'} l_n(\boldsymbol{\theta}^*)(\hat{\boldsymbol{\theta}}_n - \boldsymbol{\theta}_0), ..., \right.$$
$$\left. (\hat{\boldsymbol{\theta}}_n - \boldsymbol{\theta}_0)' \frac{\partial}{\partial \theta_q} \frac{\partial^2}{\partial \boldsymbol{\theta} \partial \boldsymbol{\theta}'} l_n(\boldsymbol{\theta}^*)(\hat{\boldsymbol{\theta}}_n - \boldsymbol{\theta}_0)\right]'$$

で $\boldsymbol{\theta}^*$ は $\boldsymbol{\theta}_0$ と $\hat{\boldsymbol{\theta}}_n$ を結ぶ線分上にある. (3.47) を $\hat{\boldsymbol{\theta}}_n - \boldsymbol{\theta}_0$ について解くと

$$\sqrt{n}(\hat{\boldsymbol{\theta}}_n - \boldsymbol{\theta}_0) = -\left[\frac{1}{n}\frac{\partial^2}{\partial \boldsymbol{\theta} \partial \boldsymbol{\theta}'} l_n(\boldsymbol{\theta}_0) + B_n\right]^{-1} \frac{1}{\sqrt{n}}\frac{\partial}{\partial \boldsymbol{\theta}} l_n(\boldsymbol{\theta}_0) \tag{3.48}$$

と表せる. ここに, B_n は $q \times q$ の行列で各成分の絶対値は

$$\sum_{j=1}^{q} \left|\hat{\theta}_{n,j} - \theta_{0,j}\right| \times \max_{1 \le i,k,l \le q} \frac{1}{n}\sum_{j=1}^{n}\left|\frac{\partial^3}{\partial \theta_i \partial \theta_k \partial \theta_l} f_{\boldsymbol{\theta}^*}(X_j)\right| \tag{3.49}$$

で押さえられる. 仮定 3.1 (iii) と $\hat{\boldsymbol{\theta}}_n$ は, $\boldsymbol{\theta}_0$ の一致推定量であるので $B_n \xrightarrow{p} \mathbf{0}$ となり, (3.48) より

$$\sqrt{n}(\hat{\boldsymbol{\theta}}_n - \boldsymbol{\theta}_0) - \mathcal{F}(\boldsymbol{\theta}_0)^{-1} \frac{1}{\sqrt{n}}\frac{\partial}{\partial \boldsymbol{\theta}} l_n(\boldsymbol{\theta}_0)$$
$$= -\left[\left\{\frac{1}{n}\frac{\partial^2}{\partial \boldsymbol{\theta} \partial \boldsymbol{\theta}'} l_n(\boldsymbol{\theta}_0) + B_n\right\}^{-1} + \mathcal{F}(\boldsymbol{\theta}_0)^{-1}\right] \frac{1}{\sqrt{n}}\frac{\partial}{\partial \boldsymbol{\theta}} l_n(\boldsymbol{\theta}_0) \tag{3.50}$$

を得る. 仮定 3.1 (ii) より

$$E_{\boldsymbol{\theta}_0}\left\{\frac{1}{n}\frac{\partial^2}{\partial \boldsymbol{\theta} \partial \boldsymbol{\theta}'} l_n(\boldsymbol{\theta}_0)\right\} = -\mathcal{F}(\boldsymbol{\theta}_0)$$

となるので $(1/n)(\partial^2/\partial \boldsymbol{\theta} \partial \boldsymbol{\theta}') l_n(\boldsymbol{\theta}_0)$ に大数の法則を適用し, $(1/\sqrt{n})(\partial/\partial \boldsymbol{\theta}) l_n(\boldsymbol{\theta}_0)$ に中心極限定理 (注意 2.2) を適用すると, 演習問題 2.13, 2.14 より, (3.50) の右辺は $\mathbf{0}$ に確率収束することがわかる. よって題意を得る. □

3. 演習問題

3.1 (3.4) の命題を確かめよ．

3.2 $\{X_j\} \sim i.i.d.N(\theta,1)$ ならば $n^{-1}\sum_{j=1}^n X_j$ の分布は $N(\theta,n^{-1})$ となることを示せ．

3.3 (3.12) を示せ．

3.4 $X \sim \chi^2(n)$ のとき
$$E(X) = n, \quad V(X) = 2n$$
であることを示せ．

3.5 n 次元確率ベクトル $\boldsymbol{X}$ が $N(\boldsymbol{\mu},\Sigma)$ に従うとき，A を $m \times n$ $(m \leq n)$ 定数行列，$\boldsymbol{a}$ を $m \times 1$ 定数ベクトルとすれば，$\boldsymbol{Y} \equiv A\boldsymbol{X} + \boldsymbol{a}$ は正規分布 $N(A\boldsymbol{\mu}+\boldsymbol{a}, A\Sigma A')$ に従うことを示せ．

3.6 $\{X_j\} \sim i.i.d.P_o(\lambda)$ (ポワソン分布) であるとき，λ の UMVU 推定量を求めよ．

3.7 $\{X_j\} \sim i.i.d.Exp(1/\theta,0)$ (指数分布) であるとき，θ の UMVU 推定量を求めよ．

3.8 $\{X_j\} \sim i.i.d.P_o(\lambda)$ であるとき，λ の MLE を求めよ．

3.9 $\{X_j\} \sim i.i.d.U(0,\theta)$ (一様分布) であるとき，θ の MLE を求めよ．

3.10 $f(x), g(x)$ を 2 つの確率密度関数とするとき，
$$\int_R f(x) \log\left\{\frac{f(x)}{g(x)}\right\} dx \geq 0$$

が成立し，等号は $f(x) = g(x)$ a.e. のときのみ成立することを示せ．

3.11 不等式 (3.43) が成立することを示せ．

4

種々の統計手法

　前章では統計的モデルの未知母数の推測を議論したが，本章ではさらに種々の統計手法の説明を行う．具体的には，区間推定，検定問題，判別解析を取り扱う．前章の推測は未知母数の値を標本に基づいて，ある値であると推測する方式 (点推定) であったが，本章ではある確率精度で未知母数が標本に基づくある区間に入るように区間を定める方式 (区間推定) の議論を行う．

　得られた標本が従う確率分布を規定する仮説が正しいか否かを，標本に基づいて判断することを仮説検定という．仮説の正否の判断をするため統計量を用いるが，これを検定統計量という．この検定統計量の最適性に関する基礎理論を解説する．また仮説検定には種々のタイプがあり，これらの紹介もあわせて行う．

　統計手法にはきわめて多種多様なものがあり，本書ではとてもそれらのすべてを網羅できないが，章末では最近重要さが増してきた判別解析を紹介する．これは，ある標本 X が，いくつかの確率分布で記述されるカテゴリーに属することがわかっているが，そのどれに属するかがわからないとき，どのカテゴリーに属するかを，できるだけ高い確率で判別する方式を見出す解析である．これは医学診断や，特に金融工学では，企業の格付け問題に応用され，近年重要さを増してきている．

4.1 区 間 推 定

　まず $X = (X_1, ..., X_n)' \sim \mathbb{P}_\theta,\ \theta \in \Theta$(開区間)$\subset R$ としよう．$0 < \alpha < 1$ とするとき，Θ 内の θ に依存しない閉区間 $[l(X), u(X)]$ が，任意の $\theta \in \Theta$ に対して

4.1 区間推定

$$\mathbb{P}_\theta\{l(\boldsymbol{X}) \leq \theta \leq u(\boldsymbol{X})\} \geq 1-\alpha \qquad (4.1)$$

を満たすとき，$[l(\boldsymbol{X}), u(\boldsymbol{X})]$ を **信頼係数** $(1-\alpha)$ の θ の **信頼区間** (confidence interval) という．また $l(\boldsymbol{X})$, $u(\boldsymbol{X})$ は **信頼限界** (confidence limit) と呼ばれる．通常 α としては 0.05, 0.1, 0.01 などが用いられる．(4.1) の関係式は確率頻度 $(1-\alpha)$ で未知母数 θ の値が区間 $[l(\boldsymbol{X}), u(\boldsymbol{X})]$ の範囲にあることを意味し，このような信頼区間での未知母数の推測方式を **区間推定** (interval estimation) という．もちろん，信頼区間としては区間の長さが短いものが望まれよう．

θ が q 次元ベクトル $\boldsymbol{\theta}$ の場合も，同様な議論ができ，任意の $\boldsymbol{\theta} \in \Theta \subset \boldsymbol{R}^q$ に対して，Θ 内の集合 $C(\boldsymbol{X})$ が存在し

$$\mathbb{P}_{\boldsymbol{\theta}}\{\boldsymbol{\theta} \in C(\boldsymbol{X})\} \geq 1-\alpha \qquad (4.2)$$

を満たすとき，$C(\boldsymbol{X})$ を **信頼係数** $(1-\alpha)$ の $\boldsymbol{\theta}$ の**信頼集合** (confidence set) という．以下，本節では簡単のため 1 次元母数 θ の場合の議論をする．また信頼区間 (集合) の議論は，次節以下で述べる検定問題と密接な関係があり，信頼区間 (集合) の「よさ」に関する議論は，検定の「よさ」を述べたあと 4.3 節で行う．したがって本節では，種々の設定での具体的な信頼区間の構成を述べる．

信頼区間を構成する方法としては θ に依存する標本の関数 $S_\theta(\boldsymbol{X})$ で，その分布が θ に依存しないものを用いる．以下の 3 例では $\{X_j\} \sim i.i.d.N(\mu, \sigma^2)$ で $\boldsymbol{X} = (X_1, ..., X_n)'$ として，μ と σ^2 に関する信頼区間を求める．

例 4.1 (σ^2 が既知の場合) 標本平均 $\bar{X}_n = n^{-1}\sum_{j=1}^n X_j$ は $N(\mu, \sigma^2/n)$ に従う．このことより

$$S_\mu(\boldsymbol{X}) \equiv \frac{\sqrt{n}(\bar{X}_n - \mu)}{\sigma}$$

は $N(0,1)$ に従い，分布が μ に依存しない．したがって任意の $\alpha \in (0,1)$ に対して

$$\mathbb{P}_\mu\{-z_{\alpha/2} \leq S_\mu(\boldsymbol{X}) \leq z_{\alpha/2}\} = 1-\alpha \qquad (4.3)$$

とできる．ここに $z_{\alpha/2}$ は $N(0,1)$ の上側 $100(\alpha/2)\%$ 点とする．なお具体的な α の値に対して正規分布やその他の基本的な分布のパーセント点は巻末の付表にある．また $\mathbb{P}_\mu\{S_\mu(\boldsymbol{X}) \in [a,b]\} = 1-\alpha$ となる区間を $[-z_{\alpha/2}, z_{\alpha/2}]$ とし

たのは，正規分布は対称性と単峰性をもつので区間幅 $b - a$ が最小になるのは $b = z_{\alpha/2}$, $a = -z_{\alpha/2}$ であることによる．(4.3) の左辺の事象を μ について解いた形にすると，(4.3) は

$$\mathbb{P}_\mu \left\{ \bar{X}_n - \frac{\sigma \cdot z_{\alpha/2}}{\sqrt{n}} \leq \mu \leq \bar{X}_n + \frac{\sigma \cdot z_{\alpha/2}}{\sqrt{n}} \right\} = 1 - \alpha \quad (4.4)$$

となり，信頼係数 $(1 - \alpha)$ の μ の信頼区間は

$$\left[\bar{X}_n - \frac{\sigma \cdot z_{\alpha/2}}{\sqrt{n}} \leq \mu \leq \bar{X}_n + \frac{\sigma \cdot z_{\alpha/2}}{\sqrt{n}} \right] \quad (4.5)$$

である．□

上述の例のように σ^2 が既知であるのは現実的でないので，σ^2 が未知の場合を考えてみよう．そのため次の分布が必要となる．

定義 4.1 $Y \sim N(0,1)$, $Z \sim \chi^2(n)$ で，かつ互いに独立であるとき確率変数

$$T \equiv \frac{Y}{\sqrt{\frac{Z}{n}}} \quad (4.6)$$

が従う分布を **自由度 n の t-分布** といい，以後 $T \sim t(n)$ と表す．$t(n)$ の確率密度関数の具体的な形については，演習問題 4.2 をみよ．

例 4.2 (σ^2 が未知の場合) この場合，まず 3 章の例 3.9 を思い出そう．標本分散を

$$\hat{\sigma}_n^2 = \frac{1}{n-1} \sum_{j=1}^n (X_j - \bar{X}_n)^2$$

とすると

$$\frac{\hat{\sigma}_n^2}{\sigma^2} \sim \frac{1}{n-1} \chi^2(n-1) \quad (4.7)$$

と表せる．したがって

$$S_\mu^* \equiv \frac{\sqrt{n}(\bar{X}_n - \mu)}{\hat{\sigma}_n}$$

とすると

$$S_\mu^* = \frac{\frac{\sqrt{n}(\bar{X}_n - \mu)}{\sigma}}{\sqrt{\frac{\hat{\sigma}_n^2}{\sigma^2}}} \quad (4.8)$$

と書け, (4.8) 右辺の分子は分布 $N(0,1)$ に従い, 分母は $\sqrt{\chi^2(n-1)/(n-1)}$ に従うので, 定義 4.1 より

$$S_\mu^* \sim t(n-1) \tag{4.9}$$

となる. 例 4.1 と同様にして $t_{\alpha/2}(n-1)$ を $t(n-1)$ 分布の上側 $100(\alpha/2)\%$ 点とすると

$$\mathbb{P}_{\mu,\sigma^2}\{-t_{\alpha/2}(n-1) \le S_\mu^* \le t_{\alpha/2}(n-1)\} = 1-\alpha$$

となり, μ について解いた形に書き直すと

$$\mathbb{P}_{\mu,\sigma^2}\left\{\bar{X}_n - \frac{t_{\alpha/2}(n-1)\cdot\hat{\sigma}_n}{\sqrt{n}} \le \mu \le \bar{X}_n + \frac{t_{\alpha/2}(n-1)\cdot\hat{\sigma}_n}{\sqrt{n}}\right\} = 1-\alpha$$

となる. ゆえに信頼係数 $(1-\alpha)$ の μ の信頼区間は

$$\left[\bar{X}_n - \frac{t_{\alpha/2}(n-1)\cdot\hat{\sigma}_n}{\sqrt{n}},\ \bar{X}_n + \frac{t_{\alpha/2}(n-1)\cdot\hat{\sigma}_n}{\sqrt{n}}\right] \tag{4.10}$$

となる (具体的な数値例は演習問題 4.3 をみよ). □

例 4.3 (σ^2 の信頼区間) 標本分散 $\hat{\sigma}_n^2 = (n-1)^{-1}\sum_{j=1}^n(X_j-\bar{X}_n)^2$ に対して (4.7) の関係, つまり, $(n-1)\hat{\sigma}_n^2/\sigma^2 \sim \chi^2(n-1)$ が成り立った. したがって, $\chi_\alpha^2(n-1)$ を $\chi^2(n-1)$ 分布の上側 $100\alpha\%$ 点とすれば,

$$\mathbb{P}_{\mu,\sigma^2}\left\{\chi_{1-\alpha/2}^2(n-1) \le \frac{(n-1)\hat{\sigma}_n^2}{\sigma^2} \le \chi_{\alpha/2}^2(n-1)\right\} = 1-\alpha$$

となり,

$$\mathbb{P}_{\mu,\sigma^2}\left\{\frac{(n-1)\hat{\sigma}_n^2}{\chi_{\alpha/2}^2(n-1)} \le \sigma^2 \le \frac{(n-1)\hat{\sigma}_n^2}{\chi_{1-\alpha/2}^2(n-1)}\right\} = 1-\alpha$$

となる. よって区間

$$\left[\frac{(n-1)\hat{\sigma}_n^2}{\chi_{\alpha/2}^2(n-1)},\ \frac{(n-1)\hat{\sigma}_n^2}{\chi_{1-\alpha/2}^2(n-1)}\right]$$

が信頼係数 $(1-\alpha)$ の信頼区間となる. □

以上は連続型分布に対する信頼区間の話であったが, 離散型分布の場合の例もあげておこう.

例 4.4 (比率の区間推定)　$\{X_j\} \sim i.i.d. B(1,\theta)$ (ベルヌーイ分布) とする．このとき $\sum_{j=1}^n X_j$ は二項分布 $B(n,\theta)$ に従い，$\bar{X}_n = n^{-1}\sum_{j=1}^n X_j$ は平均 θ，分散 $n^{-1}\theta(1-\theta)$ をもつ．$n \to \infty$ のとき，中心極限定理 (定理 2.10) より，

$$S_\theta(\boldsymbol{X}) \equiv \frac{\sqrt{n}(\bar{X}_n - \theta)}{\sqrt{\theta(1-\theta)}} \xrightarrow{d} N(0,1) \qquad (4.11)$$

となる．そこで n が十分大きいとき，正規分布のパーセント点 z_α (例 4.1) を用いると，近似的に

$$\mathbb{P}\left\{-z_{\alpha/2} \le \frac{\sqrt{n}(\bar{X}_n - \theta)}{\sqrt{\theta(1-\theta)}} \le z_{\alpha/2}\right\} \approx 1 - \alpha \qquad (4.12)$$

を得る．上式の事象を θ について解くと，信頼係数 $(1-\alpha)$ の近似的な θ の信頼区間は

$$\left[\left\{1 + \frac{(z_{\alpha/2})^2}{n}\right\}^{-1}\left\{\bar{X}_n + \frac{(z_{\alpha/2})^2}{2n} - \frac{z_{\alpha/2}}{\sqrt{n}}\sqrt{\bar{X}_n(1-\bar{X}_n) + \frac{z_{\alpha/2}^2}{4n}}\right\},\right.$$
$$\left.\left\{1 + \frac{(z_{\alpha/2})^2}{n}\right\}^{-1}\left\{\bar{X}_n + \frac{(z_{\alpha/2})^2}{2n} + \frac{z_{\alpha/2}}{\sqrt{n}}\sqrt{\bar{X}_n(1-\bar{X}_n) + \frac{z_{\alpha/2}^2}{4n}}\right\}\right]$$
$$(4.12)$$

となるが，少々混み入ったものになるので，(4.11) の分母 $\sqrt{\theta(1-\theta)}$ をその一致推定量 $\sqrt{\bar{X}_n(1-\bar{X}_n)}$ で置き換えたものを考えると，Slutsky の補題 (演習問題 2.13) より

$$S_\theta^*(\boldsymbol{X}) \equiv \frac{\sqrt{n}(\bar{X}_n - \theta)}{\sqrt{\bar{X}_n(1-\bar{X}_n)}} \xrightarrow{d} N(0,1) \qquad (4.13)$$

を得る．(4.13) に基づくと，θ の信頼係数 $(1-\alpha)$ の近似的信頼区間は

$$\left[\bar{X}_n - \frac{z_{\alpha/2}\sqrt{\bar{X}_n(1-\bar{X}_n)}}{\sqrt{n}},\ \bar{X}_n + \frac{z_{\alpha/2}\sqrt{\bar{X}_n(1-\bar{X}_n)}}{\sqrt{n}}\right] \qquad (4.14)$$

で与えられることがわかる．□

4.2　最強力検定

得られた標本が従う確率分布を記述する，ある想定された仮説の真偽を標本に基

づいて調べることを,仮説検定という. $\boldsymbol{X} = (X_1, ..., X_n)' \sim \mathbb{P}_{\boldsymbol{\theta}}, \boldsymbol{\theta} \in \Theta \subset \boldsymbol{R}^q$ とする.今, $\boldsymbol{\theta}$ がある想定された Θ の部分集合 $\Theta_0 \subset \Theta$ に入るか否かを調べたいとするとき次の仮説

$$H : \boldsymbol{\theta} \in \Theta_0, \quad A : \boldsymbol{\theta} \in \Theta_1 \equiv \Theta \cap \Theta_0^c \tag{4.15}$$

を考え,H であるか A であるかを判断することを,H を A に対して**検定** (test) するという.H を**帰無仮説** (null hypothesis),A を**対立仮説** (alternative hypothesis) という.Θ_0 が1点のみからなるときを**単純仮説** (simple hypothesis),そうでないときを**複合仮説** (composite hypothesis) という.Θ_1 についても同様である.$\boldsymbol{X}$ のとりうるすべての値の集合を $\mathcal{X}$ とする.通常の基本的な検定方式は $\mathcal{X}$ を $\mathcal{X} = W \cup W^c$ の2つの領域 W, W^c に分割し,$\boldsymbol{X}$ の実現値 $\boldsymbol{x}$ が $\boldsymbol{x} \in W$ であるとき仮説 H を棄却し,$\boldsymbol{x} \in W^c$ であるとき H を受容する方式で行われる.このとき W を**棄却域** (critical region),W^c を**受容域** (acceptance region) という.

検定方式には,(i) H が正しいにもかかわらずそれを棄却する誤りと,(ii) A が正しいにもかかわらず H を受容する誤りが起こる.(i) を**第 I 種の誤り**,(ii) を**第 II 種の誤り**という.一般に一方の誤りの確率を小さくすれば,他方のそれが大きくなり,両者とも小さくすることはできない.以下,「よい」検定方式を,より一般的な形で定義する.$\phi(\boldsymbol{x})$ は $\mathcal{X}$ 上の可測関数で $0 \leq \phi(\boldsymbol{x}) \leq 1$, $\boldsymbol{x} \in \mathcal{X}$ を満たすとする.実現値 $\boldsymbol{X} = \boldsymbol{x}$ を得たとき確率 $\phi(\boldsymbol{x})$ で H を棄却する検定方式を考える.これは $\phi(\boldsymbol{x})$ を集合 W の定義関数とすれば,上述の検定方式になっている.この $\phi(\boldsymbol{x})$ を**検定(関数)**(critical function) という.$\phi(\boldsymbol{x})$ が $\mathcal{X}$ の部分集合の定義関数であるとき**非確率化検定** (nonrandomized test) といい,そうでない場合を**確率化検定** (randomized test) という.以後 $\phi(\boldsymbol{X})$ を**検定統計量**ということにする.検定 ϕ を用いたときの第 I 種の誤りの確率は

$$E_{\boldsymbol{\theta}}\{\phi(\boldsymbol{X})\}, \quad (\boldsymbol{\theta} \in \Theta_0) \tag{4.16}$$

となり,第 II 種の誤りの確率は

$$E_{\boldsymbol{\theta}}\{1 - \phi(\boldsymbol{X})\} = 1 - E_{\boldsymbol{\theta}}\{\phi(\boldsymbol{X})\}, \quad (\boldsymbol{\theta} \in \Theta_1) \tag{4.17}$$

となる.「よい」検定として,まず第 I 種の誤りの確率の Θ_0 上での上限を,$\alpha \in (0,1)$ なる α で十分小さい値 (たとえば 0.1, 0.05, 0.001 など) 以下に抑えるもの,つまり

$$\sup_{\boldsymbol{\theta} \in \Theta_0} E_{\boldsymbol{\theta}}\{\phi(\boldsymbol{X})\} \leq \alpha \tag{4.18}$$

なる検定を考える.(4.18) を満たす検定 ϕ を **(有意) 水準 $\boldsymbol{\alpha}$ の検定** (level α test) と呼ぶ.次にこの検定の中で第 II 種の誤りの確率 (4.17) を最小にする,つまり,それは

$$E_{\boldsymbol{\theta}}\{\phi(\boldsymbol{X})\}, \qquad (\boldsymbol{\theta} \in \Theta_1)$$

を $\boldsymbol{\theta} \in \Theta_1$ の関数とみて,これを最大にするものを求める.関数 $\beta_\phi(\boldsymbol{\theta}) \equiv E_{\boldsymbol{\theta}}\{\phi(\boldsymbol{X})\}$, $\boldsymbol{\theta} \in \Theta_1$ を検定 ϕ の **検出力関数** (power function) という.したがって,「よい検定」は次のように定義される.

定義 4.2 水準 α の検定 ϕ の中で検出力 $\beta_\phi(\boldsymbol{\theta})$ を任意の $\boldsymbol{\theta} \in \Theta_1$ に対して最大にする ϕ を,有意水準 α の **一様最強力検定** (uniformly most powerful test : UMP 検定) という.特に,帰無仮説と対立仮説がともに単純仮説であるとき,UMP 検定を,単に水準 α の **最強力検定** (MP 検定) という.

まず MP 検定を求める最も基本的な定理を述べる.以下簡単のため $\boldsymbol{X}$ は確率密度関数 $f_{\boldsymbol{\theta}}(\boldsymbol{x})$ をもつとして話を進めるが,離散型の場合は $f_{\boldsymbol{\theta}}(\boldsymbol{x})$ を確率関数と思って進めばよい.

定理 4.1 (Neyman-Pearson の定理) $\boldsymbol{X} = (X_1, ..., X_n)' \sim \mathbb{P}_{\boldsymbol{\theta}}$, $\boldsymbol{\theta} \in \Theta \subset \boldsymbol{R}^q$ とし,$f_{\boldsymbol{\theta}}(\boldsymbol{x})$, $\boldsymbol{x} \in \boldsymbol{R}^n$ を $\boldsymbol{X}$ の確率密度関数とする.検定問題

$$H : \boldsymbol{\theta} = \boldsymbol{\theta}_0, \qquad A : \boldsymbol{\theta} = \boldsymbol{\theta}_1, \ (\boldsymbol{\theta}_1 \neq \boldsymbol{\theta}_0) \tag{4.19}$$

に対する水準 α ($\alpha \in (0,1)$) の MP 検定 $\phi_0(\boldsymbol{x})$ は次式で与えられる.

$$\phi_0(\boldsymbol{x}) = \begin{cases} 1, & (f_{\boldsymbol{\theta}_1}(\boldsymbol{x}) > k f_{\boldsymbol{\theta}_0}(\boldsymbol{x}) \text{ のとき}), \\ \gamma, & (f_{\boldsymbol{\theta}_1}(\boldsymbol{x}) = k f_{\boldsymbol{\theta}_0}(\boldsymbol{x}) \text{ のとき}), \\ 0, & (f_{\boldsymbol{\theta}_1}(\boldsymbol{x}) < k f_{\boldsymbol{\theta}_0}(\boldsymbol{x}) \text{ のとき}). \end{cases} \tag{4.20}$$

4.2 最強力検定

ただし γ と k $(0 \leq \gamma \leq 1, k \geq 0)$ は次式

$$E_{\boldsymbol{\theta}_0}\{\phi_0(\boldsymbol{X})\} = \alpha$$

から定まる定数である.

証明 まず

$$\begin{aligned}
B_1 &\equiv \{\boldsymbol{x} \in \boldsymbol{R}^n : f_{\boldsymbol{\theta}_1}(\boldsymbol{x}) > k f_{\boldsymbol{\theta}_0}(\boldsymbol{x})\}, \\
B_2 &\equiv \{\boldsymbol{x} \in \boldsymbol{R}^n : f_{\boldsymbol{\theta}_1}(\boldsymbol{x}) = k f_{\boldsymbol{\theta}_0}(\boldsymbol{x})\}, \\
B_3 &\equiv \{\boldsymbol{x} \in \boldsymbol{R}^n : f_{\boldsymbol{\theta}_1}(\boldsymbol{x}) < k f_{\boldsymbol{\theta}_0}(\boldsymbol{x})\}
\end{aligned}$$

とする. $\phi(\boldsymbol{x})$ を検定問題 (4.19) に対する任意の水準 α の検定とすると

$$E_{\boldsymbol{\theta}_0}\{\phi(\boldsymbol{X})\} \leq \alpha \tag{4.21}$$

を満たす. 一方 (4.20) より

$$\begin{aligned}
E_{\boldsymbol{\theta}_1}&\{\phi_0(\boldsymbol{X})\} - E_{\boldsymbol{\theta}_1}\{\phi(\boldsymbol{X})\} \\
&= \int_{\boldsymbol{R}^n} \{\phi_0(\boldsymbol{x}) - \phi(\boldsymbol{x})\} f_{\boldsymbol{\theta}_1}(\boldsymbol{x})\, d\boldsymbol{x} \\
&= \int_{B_1} \{1 - \phi(\boldsymbol{x})\} f_{\boldsymbol{\theta}_1}(\boldsymbol{x})\, d\boldsymbol{x} \\
&\quad + \int_{B_2} \{\gamma - \phi(\boldsymbol{x})\} f_{\boldsymbol{\theta}_1}(\boldsymbol{x})\, d\boldsymbol{x} \\
&\quad + \int_{B_3} \{-\phi(\boldsymbol{x})\} f_{\boldsymbol{\theta}_1}(\boldsymbol{x})\, d\boldsymbol{x} \\
&\geq \int_{B_1} \{1 - \phi(\boldsymbol{x})\} k f_{\boldsymbol{\theta}_0}(\boldsymbol{x})\, d\boldsymbol{x} \\
&\quad + \int_{B_2} \{\gamma - \phi(\boldsymbol{x})\} k f_{\boldsymbol{\theta}_0}(\boldsymbol{x})\, d\boldsymbol{x} \\
&\quad + \int_{B_3} \{-\phi(\boldsymbol{x})\} k f_{\boldsymbol{\theta}_0}(\boldsymbol{x})\, d\boldsymbol{x} \\
&= k \int_{B_1} \{1 - \phi(\boldsymbol{x})\} f_{\boldsymbol{\theta}_0}(\boldsymbol{x})\, d\boldsymbol{x} \\
&\quad + k \int_{B_2} \{\gamma - \phi(\boldsymbol{x})\} f_{\boldsymbol{\theta}_0}(\boldsymbol{x})\, d\boldsymbol{x}
\end{aligned}$$

$$+ k \int_{B_3} \{-\phi(\boldsymbol{x})\} f_{\boldsymbol{\theta}_0}(\boldsymbol{x})\, d\boldsymbol{x}$$
$$= k \int_{\boldsymbol{R}^n} \{\phi_0(\boldsymbol{x}) - \phi(\boldsymbol{x})\} f_{\boldsymbol{\theta}_0}(\boldsymbol{x})\, d\boldsymbol{x}$$
$$= k[E_{\boldsymbol{\theta}_0}\{\phi_0(\boldsymbol{X})\} - E_{\boldsymbol{\theta}_0}\{\phi(\boldsymbol{X})\}]$$
$$= k[\alpha - E_{\boldsymbol{\theta}_0}\{\phi(\boldsymbol{X})\}] \geq 0 \quad ((4.21) \text{ より})$$

を得る．したがってこれは $E_{\boldsymbol{\theta}_1}\{\phi_0(\boldsymbol{x})\} \geq E_{\boldsymbol{\theta}_1}\{\phi(\boldsymbol{X})\}$ を意味し，ϕ_0 は水準 α の MP 検定となる．□

さて，具体的な分布で MP 検定をみてみよう．

例 4.5 $X_1, X_2, ..., X_n \sim i.i.d. N(\theta, \sigma^2)$ で σ^2 は既知とする．このとき検定問題

$$H: \theta = \theta_0, \qquad A: \theta = \theta_1, \qquad (\theta_1 > \theta_0) \qquad (4.22)$$

に対する MP 検定を求める．まず $\boldsymbol{X} = (X_1, ..., X_n)'$ の確率密度関数は

$$f_\theta(\boldsymbol{x}) = \left(\frac{1}{\sqrt{2\pi}\sigma}\right)^n \exp\left[-\frac{1}{2\sigma^2} \sum_{j=1}^n (x_j - \theta)^2\right], \qquad (\boldsymbol{x} = (x_1, ..., x_n)')$$

で与えられるので

$$\log\left[\frac{f_{\theta_1}(\boldsymbol{x})}{f_{\theta_0}(\boldsymbol{x})}\right] = -\frac{1}{2\sigma^2}\left[\sum_{j=1}^n (x_j - \theta_1)^2 - \sum_{j=1}^n (x_j - \theta_0)^2\right]$$
$$= \frac{(\theta_1 - \theta_0)}{\sigma^2}\left(\bar{x}_n - \frac{\theta_0 + \theta_1}{2}\right), \qquad \left(\bar{x}_n = n^{-1} \sum_{j=1}^n x_j\right) \qquad (4.23)$$

となる．ここで

$$f_{\theta_1}(\boldsymbol{x}) > k f_{\theta_0}(\boldsymbol{x}) \iff \log\frac{f_{\theta_1}(\boldsymbol{x})}{f_{\theta_0}(\boldsymbol{x})} > \log k$$
$$\iff \bar{x}_n > k' \quad ((4.23) \text{ より})$$

である．$\boldsymbol{X}$ は連続型確率変数なので $\bar{X}_n (\equiv n^{-1} \sum_{j=1}^n X_j) = k'$ である確率は 0 となるので，MP 検定の形は

$$\phi_0(\boldsymbol{x}) = \begin{cases} 1, & \bar{x}_n > k' \\ 0, & \bar{x}_n < k' \end{cases}$$

となる. 定数 k' は

$$\alpha = P_{\theta_0}\{\bar{X}_n > k'\} \tag{4.24}$$

から定められる. (4.24) は

$$\alpha = P_{\theta_0}\left\{\frac{\sqrt{n}(\bar{X}_n - \theta_0)}{\sigma} > \frac{\sqrt{n}(k' - \theta_0)}{\sigma}\right\} \tag{4.25}$$

と書き直せ, $\theta = \theta_0$ のもとで, $\sqrt{n}(\bar{X}_n - \theta_0)/\sigma \sim N(0,1)$ であるので $\Phi(z) = \int_{-\infty}^{z}(2\pi)^{-1/2}\exp[-x^2/2]\,dx$ とすると, (4.25) は

$$\alpha = 1 - \Phi\left[\frac{\sqrt{n}(k' - \theta_0)}{\sigma}\right]$$

となり, 標準正規分布の上側 α% 点を z_α とすると

$$\frac{\sqrt{n}(k' - \theta_0)}{\sigma} = z_\alpha \quad \text{つまり} \quad k' = \theta_0 + \frac{z_\alpha \sigma}{\sqrt{n}}$$

を得る. よって水準 α の MP 検定は

$$\phi_0(\boldsymbol{x}) = \begin{cases} 1, & \bar{x}_n > \theta_0 + \frac{z_\alpha \sigma}{\sqrt{n}} \\ 0, & \bar{x}_n < \theta_0 + \frac{z_\alpha \sigma}{\sqrt{n}} \end{cases} \tag{4.26}$$

となる. 次に ϕ_0 の検出力は次のようになる.

$$\beta_{\phi_0}(\theta_1) \equiv E_{\theta_1}\{\phi_0(\boldsymbol{X})\} = P_{\theta_1}\left\{\bar{X}_n > \theta_0 + \frac{z_\alpha \sigma}{\sqrt{n}}\right\}$$
$$= P_{\theta_1}\left\{\frac{\sqrt{n}(\bar{X}_n - \theta_1)}{\sigma} > z_\alpha - \frac{\sqrt{n}(\theta_1 - \theta_0)}{\sigma}\right\}. \tag{4.27}$$

$\theta = \theta_1$ のとき, $\sqrt{n}(\bar{X}_n - \theta_1)/\sigma \sim N(0,1)$ なので, (4.27) より, 平均の差 $\theta_1 - \theta_0\ (>0)$ が大きいほど検出力が大きくなる. また標本数 n が大きくなっても検出力が大きくなることがわかる. □

離散型分布では以下のようになる.

例 4.6 $X_1, X_2, ..., X_n \sim i.i.d. B(1, \theta)$ (ベルヌーイ分布) とする. このとき検定問題

$$H : \theta = \theta_0, \qquad A : \theta = \theta_1, \qquad (\theta_1 > \theta_0) \qquad (4.28)$$

に対する MP 検定を求める. まず $\boldsymbol{X} = (X_1, ..., X_n)'$ の確率関数は

$$f_\theta(\boldsymbol{x}) = \prod_{j=1}^n \theta^{x_j}(1-\theta)^{1-x_j}, \qquad (\boldsymbol{x} = (x_1, ..., x_n)') \qquad (4.29)$$

で与えられるので

$$\log \frac{f_{\theta_1}(\boldsymbol{x})}{f_{\theta_0}(\boldsymbol{x})} = \left\{\sum_{j=1}^n x_j\right\} \log\left\{\frac{\theta_1(1-\theta_0)}{(1-\theta_1)\theta_0}\right\} + n \log\left\{\frac{1-\theta_1}{1-\theta_0}\right\}$$

となる. $\theta_1 > \theta_0$ としたので

$$f_{\theta_1}(\boldsymbol{x}) > k f_{\theta_0}(\boldsymbol{x}) \iff \log\left[\frac{f_{\theta_1}(\boldsymbol{x})}{f_{\theta_0}(\boldsymbol{x})}\right] > k'$$
$$\iff \sum_{j=1}^n x_j > k''$$

である. よって水準 α の MP 検定は

$$\phi_0(\boldsymbol{x}) = \begin{cases} 1, & (\sum_{j=1}^n x_j > k''), \\ \gamma, & (\sum_{j=1}^n x_j = k''), \\ 0, & (\sum_{j=1}^n x_j < k''), \end{cases} \qquad (4.30)$$

の形になる. ここで γ と k'' を

$$\alpha = E_{\theta_0}\{\phi_0(\boldsymbol{X})\}$$
$$= P_{\theta_0}\left\{\sum_{j=1}^n X_j > k''\right\} + \gamma P_{\theta_0}\left\{\sum_{j=1}^n X_j = k''\right\} \qquad (4.31)$$

から定める. $\sum_{j=1}^n X_j$ は $\theta = \theta_0$ のとき二項分布 $B(n, \theta_0)$ に従うので, (4.31) は

$$\alpha = \sum_{j=k''+1}^n \binom{n}{j}\theta_0^j(1-\theta_0)^{n-j} + \gamma \binom{n}{k''}\theta_0^{k''}(1-\theta_0)^{n-k''} \qquad (4.32)$$

となる. まず k'' を

$$\sum_{j=k''+1}^{n}\binom{n}{j}\theta_0^j(1-\theta_0)^{n-j} \le \alpha < \sum_{j=k''}^{n}\binom{n}{j}\theta_0^j(1-\theta_0)^{n-j} \quad (4.33)$$

を満たす整数と定め,これを k_0 と書くと γ は

$$\gamma = \left[\alpha - \sum_{j=k_0+1}^{n}\binom{n}{j}\theta_0^j(1-\theta_0)^{n-j}\right]\bigg/\binom{n}{k_0}\theta_0^{k_0}(1-\theta_0)^{n-k_0} \quad (4.34)$$

で定められる.一昔前までは,この手続きは n がきわめて小さいとき以外は容易でなかったので,$\sum X_j$ の正規近似を用いた議論もあったが,最近は種々の統計ソフトがあるので,上述の k'' と γ を定める計算は手軽にできる.それどころか,上述の議論を全く知らなくても n 回の試行中,何回事象 $\{X_j=1\}$ が起きれば与えられた水準で H が棄却できるかが,たちどころにわかる時代になっている. □

例 4.5 と 4.6 において,検定 (4.26) と (4.30) は,ともに対立仮説の値 θ_1 に依存していない.したがってこれらの検定は検定問題

$$H : \theta = \theta_0, \quad A : \theta > \theta_0$$

に対する UMP 検定になっている.以上をより一般的にまとめたのが次の定理である.

定理 4.2 $\boldsymbol{X} = (X_1, ..., X_n)'$ が次の形の確率密度関数

$$f_\theta(\boldsymbol{x}) = c(\theta)e^{Q(\theta)T(\boldsymbol{x})}h(\boldsymbol{x}), \quad (\boldsymbol{x} = (x_1,...,x_n)') \quad (4.35)$$

をもつとする.ただし $\theta \in \Theta$ で Θ は $\boldsymbol{R}$ の区間で $Q(\theta)$ は Θ 上の増加関数とする.このとき検定問題

$$H : \theta = \theta_0, \quad A : \theta > \theta_0 \quad (4.36)$$

に対する水準 α の UMP 検定 ϕ_0 は次式で与えられる.

$$\phi_0(\boldsymbol{x}) = \begin{cases} 1, & (T(\boldsymbol{x}) > k \text{ のとき}), \\ \gamma, & (T(\boldsymbol{x}) = k \text{ のとき}), \\ 0, & (T(\boldsymbol{x}) < k \text{ のとき}). \end{cases} \quad (4.37)$$

ただし k と γ $(k \geq 0,\ 0 \leq \gamma \leq 1)$ は

$$E_{\theta_0}\{\phi_0(\boldsymbol{x})\} = \alpha \tag{4.38}$$

から定まる定数である．

証明 単純仮説の検定問題

$$H: \theta = \theta_0, \qquad A': \theta = \theta_1, \qquad (\theta_1 > \theta_0) \tag{4.39}$$

に対する MP 検定は定理 4.1 の形で与えられた．$Q(\theta)$ が増加関数なので

$$f_{\theta_1}(\boldsymbol{x}) > k f_{\theta_0}(\boldsymbol{x}) \iff T(\boldsymbol{x}) > k'$$

となる．よって (4.39) に対する MP 検定は (4.37) で与えられる．ここに k' は (4.38) から定まる．また検定 ϕ_0 は θ_1 に依存しない．したがって ϕ_0 は $A: \theta > \theta_0$ に対する UMP 検定となっている．□

4.3 種々の検定

前節では特殊な仮説に対して MP 検定，UMP 検定を求めたが，複合仮説に対しては，一般に UMP 検定が存在しないことが知られている．しかしながら検定のクラスを限定すれば，そのクラスの中で一様最強力な検定が存在するので，本節ではその結果の紹介をする．

$\boldsymbol{X} \sim \mathbb{P}_{\boldsymbol{\theta}},\ \boldsymbol{\theta} \in \Theta \subset \boldsymbol{R}^q$ とし，Θ_0 は Θ の部分集合とする．このとき検定問題

$$H: \boldsymbol{\theta} \in \Theta_0, \qquad A: \boldsymbol{\theta} \in \Theta_1 \equiv \Theta - \Theta_0 \tag{4.40}$$

を考える．これに対する水準 α の検定 ϕ でその検出力が，すべての $\boldsymbol{\theta} \in \Theta_1$ に対して

$$\beta_\phi(\boldsymbol{\theta}) \equiv E_{\boldsymbol{\theta}}\{\phi(\boldsymbol{X})\} \geq \alpha \tag{4.41}$$

を満たすものを水準 α の **不偏検定** (unbiased test) という．水準 α の不偏検定の中で検出力を一様に最大にするものを **一様最強力不偏** (uniformly most powerful unbiased : UMPU) 検定という．正規分布の平均，分散に関する検

定問題の UMPU 検定は求められており，これらは応用上重要であるので，以下の例で結果のみ述べる．UMPU 検定になることの証明に興味のある読者は Lehmann(1986) を参照されたい．以下の 2 例では $X_1, X_2, ..., X_n \sim i.i.d.$ $N(\mu, \sigma^2)$ で

$$\bar{X}_n = n^{-1} \sum_{j=1}^n X_j, \qquad \hat{\sigma}_n^2 = \frac{1}{n-1} \sum_{j=1}^n (X_j - \bar{X}_n)^2,$$

$$T(\boldsymbol{X}) = \frac{\sqrt{n}(\bar{X}_n - \mu_0)}{\hat{\sigma}_n} \tag{4.42}$$

とする．μ_0 は与えられた定数とし，$\boldsymbol{X} = (X_1, ..., X_n)'$，$\boldsymbol{x} = (x_1, ..., x_n)'$ とおく．

例 4.7 (片側 t 検定) 次のような仮説

$$H: \mu \leq \mu_0, \qquad A: \mu > \mu_0 \tag{4.43}$$

を **片側仮説** という．(4.43) を検定する問題に対して検定

$$\phi(\boldsymbol{x}) = \begin{cases} 1, & (T(\boldsymbol{x}) > t_\alpha(n-1) \text{ のとき}), \\ 0, & (T(\boldsymbol{x}) < t_\alpha(n-1) \text{ のとき}) \end{cases} \tag{4.44}$$

を **片側 t 検定** と呼び，これは水準 α の UMPU 検定となる．ただし $t_\alpha(n-1)$ は自由度 $(n-1)$ の t-分布の上側 $100\alpha\%$ 点である．□

例 4.8 (両側 t 検定) 次のような仮説

$$H: \mu = \mu_0, \qquad A: \mu \neq \mu_0 \tag{4.45}$$

を **両側仮説** という．(4.45) を検定する問題に対して検定

$$\phi(\boldsymbol{x}) = \begin{cases} 1, & (|T(\boldsymbol{x})| > t_{\alpha/2}(n-1) \text{ のとき}), \\ 0, & (|T(\boldsymbol{x})| < t_{\alpha/2}(n-1) \text{ のとき}) \end{cases} \tag{4.46}$$

を **両側 t 検定** と呼び，これは水準 α の UMPU 検定となる．□

統計の問題で，2 つの標本があり，これらの分布の差異について判断をしたいといったことがある．これを 2 標本問題という．以下正規分布における 2 標本問題の

UMPU 検定を考えよう. $X_1, X_2, ..., X_m \sim i.i.d.N(\mu_1, \sigma^2)$, $Y_1, Y_2, ..., Y_n \sim i.i.d.N(\mu_2, \sigma^2)$ とし, $\boldsymbol{X} = (X_1, ..., X_m)'$ と $\boldsymbol{Y} = (Y_1, ..., Y_n)'$ は互いに独立で, 以下 $\boldsymbol{x} = (x_1, ..., x_m)'$, $\boldsymbol{y} = (y_1, ..., y_n)'$ と書くことにする. さらに

$$\bar{X}_m = \frac{1}{m}\sum_{j=1}^m X_j, \qquad \bar{Y}_n = \frac{1}{n}\sum_{j=1}^n Y_j,$$

$$\hat{\sigma}_X^2 = \frac{1}{m-1}\sum_{j=1}^m (X_j - \bar{X}_m)^2, \qquad \hat{\sigma}_Y^2 = \frac{1}{n-1}\sum_{j=1}^n (Y_j - \bar{Y}_n)^2,$$

$$T(\boldsymbol{X}, \boldsymbol{Y}) = \frac{(\bar{X}_m - \bar{Y}_n)\Big/\sqrt{\frac{1}{m} + \frac{1}{n}}}{\sqrt{\frac{(m-1)\hat{\sigma}_X^2 + (n-1)\hat{\sigma}_Y^2}{m+n-2}}}$$

と定義する.

例 4.9 (2 標本片側 t 検定)　検定問題

$$H : \mu_1 \leq \mu_2, \qquad A : \mu_1 > \mu_2 \tag{4.47}$$

に対して

$$\phi(\boldsymbol{x}, \boldsymbol{y}) = \begin{cases} 1, & (T(\boldsymbol{x}, \boldsymbol{y}) > t_\alpha(m+n-2) \text{ のとき}), \\ 0, & (T(\boldsymbol{x}, \boldsymbol{y}) < t_\alpha(m+n-2) \text{ のとき}) \end{cases} \tag{4.48}$$

は水準 α の UMPU 検定となる. □

例 4.10 (2 標本両側 t 検定)　検定問題

$$H : \mu_1 = \mu_2, \qquad A : \mu_1 \neq \mu_2 \tag{4.49}$$

に対して

$$\phi(\boldsymbol{x}, \boldsymbol{y}) = \begin{cases} 1, & (|T(\boldsymbol{x}, \boldsymbol{y})| > t_{\alpha/2}(m+n-2) \text{ のとき}), \\ 0, & (|T(\boldsymbol{x}, \boldsymbol{y})| < t_{\alpha/2}(m+n-2) \text{ のとき}) \end{cases} \tag{4.50}$$

は水準 α の UMPU 検定となる. □

次は 2 つの標本の分散の差異の検定を行う. そのために次の分布を定義する.

定義 4.3 $X \sim \chi^2(m)$, $Y \sim \chi^2(n)$ で X と Y は独立であるとき確率変数

$$F \equiv \frac{\frac{1}{m}X}{\frac{1}{n}Y}$$

が従う分布を **自由度 (m, n) の F-分布** といい，以後 $F \sim F(m, n)$ と表す．$F(m, n)$ の確率密度関数の具体的な形については，演習問題 4.5 をみよ．

以下，$X_1, X_2, ..., X_m \sim i.i.d.N(\mu_1, \sigma_1^2)$, $Y_1, Y_2, ..., Y_n \sim i.i.d.N(\mu_2, \sigma_2^2)$ で $\boldsymbol{X} = (X_1, ..., X_m)'$ と $\boldsymbol{Y} = (Y_1, ..., Y_n)'$ は独立とする．

例 4.11 検定問題

$$h: \sigma_1^2 \leq \sigma_2^2, \quad A: \sigma_1^2 > \sigma_2^2 \tag{4.51}$$

を考えよう．

$$F(\boldsymbol{x}, \boldsymbol{y}) \equiv \frac{\sum_{j=1}^{m}(x_j - \bar{x}_m)^2/(m-1)}{\sum_{j=1}^{n}(y_j - \bar{y}_n)^2/(n-1)}$$

とする．ただし $\boldsymbol{x} = (x_1, ..., x_m)'$, $\boldsymbol{y} = (y_1, ..., y_n)'$, $\bar{x}_m = m^{-1}\sum_{j=1}^{m} x_j$, $\bar{y}_n = n^{-1}\sum_{j=1}^{n} y_j$ である．このとき検定

$$\phi(\boldsymbol{x}, \boldsymbol{y}) = \begin{cases} 1, & (F(\boldsymbol{x}, \boldsymbol{y}) > F_\alpha(m-1, n-1) \text{ のとき}), \\ 0, & (F(\boldsymbol{x}, \boldsymbol{y}) < F_\alpha(m-1, n-1) \text{ のとき}) \end{cases} \tag{4.52}$$

は水準 α の UMPU 検定となる．□

4.1 節で信頼区間 (集合) の構成の仕方を述べたが，その「よさ」に関する議論はなかった．実は信頼区間 (集合) の「よさ」に関する議論と一様最強力不偏検定の話は密接に結びついている．まず $\boldsymbol{X} \sim \mathbb{P}_{\boldsymbol{\theta}}$, $\boldsymbol{\theta} \in \Theta \subset \boldsymbol{R}^q$ としよう．また $\boldsymbol{X}$ のとりうる値 $\boldsymbol{x}$ のすべての集合を $\mathcal{X}$ とする．信頼係数 $(1-\alpha)$ の $\boldsymbol{\theta}$ の信頼集合 $C(\boldsymbol{X})$ は

$$\mathbb{P}_{\boldsymbol{\theta}}\{\boldsymbol{\theta} \in C(\boldsymbol{X})\} \geq 1 - \alpha \tag{4.53}$$

で定義された．$C(\boldsymbol{X})$ が，さらに，任意の $\boldsymbol{\theta}'$, $\boldsymbol{\theta}$ ($\boldsymbol{\theta}' \neq \boldsymbol{\theta}$) $\in \Theta$ に対して

$$\mathbb{P}_{\boldsymbol{\theta}'}\{\boldsymbol{\theta} \in C(\boldsymbol{X})\} \leq 1 - \alpha \tag{4.54}$$

を満たすとき **不偏信頼集合** という．信頼係数 $(1-\alpha)$ の不偏信頼集合の中ですべての θ, θ' $(\theta \neq \theta') \in \Theta$ に対して (4.54) を最小にする $C_0(\boldsymbol{X})$ を **一様最強力信頼集合**(区間) という．さて $C_0(\boldsymbol{X})$ を構成してみよう．検定問題

$$H : \boldsymbol{\theta} = \boldsymbol{\theta}_0, \quad A : \boldsymbol{\theta} \neq \boldsymbol{\theta}_0 \tag{4.55}$$

の水準 α の UMPU 検定が存在するとし，この受容域を $W^c(\boldsymbol{\theta}_0)$ とする．$\boldsymbol{x} \in \mathcal{X}$ に対して

$$I(\boldsymbol{x}) \equiv \{\boldsymbol{\theta} : \boldsymbol{x} \in W^c(\boldsymbol{\theta})\} \tag{4.56}$$

とすると

$$\boldsymbol{x} \in W^c(\boldsymbol{\theta}) \iff \boldsymbol{\theta} \in I(\boldsymbol{x}) \tag{4.57}$$

つまり

$$\mathbb{P}_{\boldsymbol{\theta}}\{\boldsymbol{X} \in W^c(\boldsymbol{\theta})\} = \mathbb{P}_{\boldsymbol{\theta}}\{\boldsymbol{\theta} \in I(\boldsymbol{X})\} \tag{4.58}$$

となる．不偏検定の定義を思い出すと，$\boldsymbol{\theta} \neq \boldsymbol{\theta}'$ に対して

$$\mathbb{P}_{\boldsymbol{\theta}}\{\boldsymbol{X} \in W^c(\boldsymbol{\theta})\} = \mathbb{P}_{\boldsymbol{\theta}}\{\boldsymbol{\theta} \in I(\boldsymbol{X})\} \geq 1 - \alpha, \tag{4.59}$$

$$\mathbb{P}_{\boldsymbol{\theta}'}\{\boldsymbol{X} \in W^c(\boldsymbol{\theta})\} = \mathbb{P}_{\boldsymbol{\theta}'}\{\boldsymbol{\theta} \in I(\boldsymbol{X})\} \leq 1 - \alpha. \tag{4.60}$$

ここで $J(\boldsymbol{X})$ を (4.53),(4.54) を満たす任意の不偏信頼集合とし，これに対応する受容域を $U^c(\boldsymbol{\theta})$ とすると，もちろん

$$\mathbb{P}_{\boldsymbol{\theta}}\{\boldsymbol{X} \in U^c(\boldsymbol{\theta})\} = \mathbb{P}_{\boldsymbol{\theta}}\{\boldsymbol{\theta} \in J(\boldsymbol{X})\} \geq 1 - \alpha,$$

$$\mathbb{P}_{\boldsymbol{\theta}'}\{\boldsymbol{X} \in U^c(\boldsymbol{\theta})\} = \mathbb{P}_{\boldsymbol{\theta}'}\{\boldsymbol{\theta} \in J(\boldsymbol{X})\} \leq 1 - \alpha$$

である．ところで $W^c(\boldsymbol{\theta})$ は水準 α の UMPU 検定の受容域であったので

$$\mathbb{P}_{\boldsymbol{\theta}'}\{\boldsymbol{X} \in U(\boldsymbol{\theta})\} \leq \mathbb{P}_{\boldsymbol{\theta}'}\{\boldsymbol{X} \in W(\boldsymbol{\theta})\}, \quad (\boldsymbol{\theta} \neq \boldsymbol{\theta}')$$

となり，任意の $\boldsymbol{\theta} \neq \boldsymbol{\theta}' \in \Theta$ に対して

$$\mathbb{P}_{\boldsymbol{\theta}'}\{\boldsymbol{\theta} \in I(\boldsymbol{X})\} = \mathbb{P}_{\boldsymbol{\theta}'}\{\boldsymbol{X} \in W^c(\boldsymbol{\theta})\}$$
$$\leq \mathbb{P}_{\boldsymbol{\theta}'}\{\boldsymbol{X} \in U^c(\boldsymbol{\theta})\} = \mathbb{P}_{\boldsymbol{\theta}'}\{\boldsymbol{\theta} \in J(\boldsymbol{X})\}$$

が成立し，UMPU 検定の受容域に対応する信頼集合 $I(\boldsymbol{X})$ が一様最強力信頼集合になる．□

例 4.12 例 4.8 の設定で UMPU 検定が与えられたので，正規分布の平均 μ に対する水準 $(1-\alpha)$ の一様最強力信頼区間は

$$\left[\bar{X}_n - \frac{\hat{\sigma}_n}{\sqrt{n}}t_{\alpha/2}(n-1), \ \ \bar{X}_n + \frac{\hat{\sigma}_n}{\sqrt{n}}t_{\alpha/2}(n-1)\right]$$

となる．□

4.4 判 別 解 析

統計学には多種多様の手法があるが，本節では，近年金融の分野でも重要性が増してきた判別解析を多変量正規標本に重点を置いてコンパクトに説明する．判別解析は，ある標本 $\boldsymbol{X}$ が確率分布で記述されるいくつかのカテゴリーに属することがわかっているが，そのどれに属するかわからない状況で，どのカテゴリーに属するかを，できるだけ高い確率で見出そうとする解析である．

まずカテゴリーの総数が 2 である場合を考えよう．m 次元確率ベクトル $\boldsymbol{X}$ は確率密度関数 $f(\boldsymbol{x})$, $\boldsymbol{x} \in \boldsymbol{R}^m$ をもつとする．$f(\boldsymbol{x})$ は次の 2 つのカテゴリー $\Pi_j, j=1,2$ のどちらかに入ることがわかっているとする．

$$\Pi_1 : f(\boldsymbol{x}) = f_1(\boldsymbol{x}), \qquad \Pi_2 : f(\boldsymbol{x}) = f_2(\boldsymbol{x}). \tag{4.61}$$

$\boldsymbol{X} = \boldsymbol{x}$ が観測されたとき，$\boldsymbol{R}^m$ を $\boldsymbol{R}^m = \mathcal{R}_1 \cup \mathcal{R}_2$ なる排反な領域 $\mathcal{R}_1, \mathcal{R}_2$ に分割して，$\boldsymbol{x} \in \mathcal{R}_1$ ならば $\boldsymbol{X}$ は Π_1 に属し，$\boldsymbol{x} \in \mathcal{R}_2$ ならば $\boldsymbol{X}$ は Π_2 に属すると判定を下すことにする．このとき $\boldsymbol{X}$ を **判別方式** (classification rule) $\mathcal{R} = (\mathcal{R}_1, \mathcal{R}_2)$ で判別するということにする．当然「よい」判別方式を求めることが望まれる．$\mathcal{R}$ に対して確率

$$P(j|k) \equiv \int_{\mathcal{R}_j} f_k(\boldsymbol{x}) \, d\boldsymbol{x}, \qquad j,k = 1,2 \ (j \neq k) \tag{4.62}$$

は，$\boldsymbol{X}$ が本当は Π_k に属するにもかかわらず Π_j $(j \neq k)$ に判別されたときの**誤判別確率** (misclassification probability) である．ここでは，これらの和

$$P(2|1) + P(1|2) \tag{4.63}$$

を最小にする $\mathcal{R}$ を求め，これを **最適判別方式** (optimal classification rule) と呼ぶことにする．さて (4.63) は

$$\int_{\mathcal{R}_2} f_1(\boldsymbol{x})\,d\boldsymbol{x} + \int_{\mathcal{R}_1} f_2(\boldsymbol{x})\,d\boldsymbol{x}$$
$$= \int_{\mathcal{R}_2} \{f_1(\boldsymbol{x}) - f_2(\boldsymbol{x})\}\,d\boldsymbol{x} + \int_{\boldsymbol{R}^m} f_2(\boldsymbol{x})\,d\boldsymbol{x} \quad (4.64)$$

となるので,上式の右辺第1項の積分を最小にする $\mathcal{R}_2$ を求めればよい.これは $f(\boldsymbol{x}) - f_2(\boldsymbol{x}) < 0$ を満たす $\boldsymbol{x}$ をすべて含み,$f_1(\boldsymbol{x}) - f_2(\boldsymbol{x}) \geq 0$ なる $\boldsymbol{x}$ を含まないとき最小になる.ゆえに次の定理を得る.

定理 4.3 (4.61) に対する判別問題の最適判別方式は

$$\mathcal{R}_1 = \{\boldsymbol{x} \in \boldsymbol{R}^m : f_1(\boldsymbol{x}) \geq f_2(\boldsymbol{x})\}, \quad (4.65)$$
$$\mathcal{R}_2 = \{\boldsymbol{x} \in \boldsymbol{R}^m : f_1(\boldsymbol{x}) < f_2(\boldsymbol{x})\} \quad (4.66)$$

で与えられる.

さて,上述の結果を具体的な分布でみてみよう.

例 4.13 ($N(\boldsymbol{\mu}^{(1)}, \Sigma)$ と $N(\boldsymbol{\mu}^{(2)}, \Sigma)$ の判別) 確率密度関数 $f_i(\boldsymbol{x})$ $(i=1,2)$ が

$$f_i(\boldsymbol{x}) = (2\pi)^{-\frac{m}{2}} |\Sigma|^{-\frac{1}{2}} \exp\left\{-\frac{1}{2}(\boldsymbol{x} - \boldsymbol{\mu}^{(i)})'\Sigma^{-1}(\boldsymbol{x} - \boldsymbol{\mu}^{(i)})\right\} \quad (4.67)$$

で与えられるとする.ただし Σ は $m \times m$ 正値行列で $\boldsymbol{\mu}^{(i)} = (\mu_1^{(i)}, ..., \mu_m^{(i)})'$ とする.この場合,(4.65) と (4.66) で与えられる最適判別方式 $\mathcal{R}$ は

$$\begin{aligned}
\mathcal{R}_1 &= \Big\{\boldsymbol{x} \in \boldsymbol{R}^m : \boldsymbol{x}'\Sigma^{-1}(\boldsymbol{\mu}^{(1)} - \boldsymbol{\mu}^{(2)}) \\
&\quad -\frac{1}{2}(\boldsymbol{\mu}^{(1)} + \boldsymbol{\mu}^{(2)})'\Sigma^{-1}(\boldsymbol{\mu}^{(1)} - \boldsymbol{\mu}^{(2)}) \geq 0\Big\}, \\
\mathcal{R}_2 &= \Big\{\boldsymbol{x} \in \boldsymbol{R}^m : \boldsymbol{x}'\Sigma^{-1}(\boldsymbol{\mu}^{(1)} - \boldsymbol{\mu}^{(2)}) \\
&\quad -\frac{1}{2}(\boldsymbol{\mu}^{(1)} + \boldsymbol{\mu}^{(2)})'\Sigma^{-1}(\boldsymbol{\mu}^{(1)} - \boldsymbol{\mu}^{(2)}) < 0\Big\} \quad (4.68)
\end{aligned}$$

となる (演習問題 4.7).さて,この方式の誤判別確率を評価するため,確率変数

$$U = \boldsymbol{X}'\Sigma^{-1}(\boldsymbol{\mu}^{(1)} - \boldsymbol{\mu}^{(2)}) - \frac{1}{2}(\boldsymbol{\mu}^{(1)} + \boldsymbol{\mu}^{(2)})'\Sigma^{-1}(\boldsymbol{\mu}^{(1)} - \boldsymbol{\mu}^{(2)}) \quad (4.69)$$

を定義する．これは**判別関数** (discriminant function) と呼ばれる．以下 $f_i(\boldsymbol{x})$ ($i = 1, 2$) のもとでの期待値，分散をそれぞれ $E_i(\cdot)$, $V_i(\cdot)$ と表すことにすると，

$$\begin{aligned}
E_1(U) &= \boldsymbol{\mu}^{(1)\prime}\Sigma^{-1}(\boldsymbol{\mu}^{(1)} - \boldsymbol{\mu}^{(2)}) - \frac{1}{2}(\boldsymbol{\mu}^{(1)} + \boldsymbol{\mu}^{(2)})'\Sigma^{-1}(\boldsymbol{\mu}^{(1)} - \boldsymbol{\mu}^{(2)}) \\
&= \frac{1}{2}(\boldsymbol{\mu}^{(1)} - \boldsymbol{\mu}^{(2)})'\Sigma^{-1}(\boldsymbol{\mu}^{(1)} - \boldsymbol{\mu}^{(2)}), \quad (4.70)\\
V_1(U) &= V_1\{(\boldsymbol{\mu}^{(1)} - \boldsymbol{\mu}^{(2)})'\Sigma^{-1}\boldsymbol{X}\} \\
&= (\boldsymbol{\mu}^{(1)} - \boldsymbol{\mu}^{(2)})'\Sigma^{-1}V_1(\boldsymbol{X})\Sigma^{-1}(\boldsymbol{\mu}^{(1)} - \boldsymbol{\mu}^{(2)}) \\
&= (\boldsymbol{\mu}^{(1)} - \boldsymbol{\mu}^{(2)})'\Sigma^{-1}(\boldsymbol{\mu}^{(1)} - \boldsymbol{\mu}^{(2)}) \quad (4.71)
\end{aligned}$$

となる．ここに表れた量

$$\Delta^2 \equiv (\boldsymbol{\mu}^{(1)} - \boldsymbol{\mu}^{(2)})'\Sigma^{-1}(\boldsymbol{\mu}^{(1)} - \boldsymbol{\mu}^{(2)}) \quad (4.72)$$

は分布 $N(\boldsymbol{\mu}^{(1)}, \Sigma)$ と $N(\boldsymbol{\mu}^{(2)}, \Sigma)$ の間の**マハラノビス距離** (Mahalanobis distance) と呼ばれる．したがって $\boldsymbol{X} \sim N(\boldsymbol{\mu}^{(1)}, \Sigma)$ のとき $U \sim N(\frac{1}{2}\Delta^2, \Delta^2)$ となる．同様に $\boldsymbol{X} \sim N(\boldsymbol{\mu}^{(2)}, \Sigma)$ のときは

$$U \sim N\left(-\frac{1}{2}\Delta^2, \Delta^2\right) \quad (4.73)$$

となる (演習問題 4.8)．以上より (4.68) の $\mathcal{R} = \{\mathcal{R}_1, \mathcal{R}_2\}$ による誤判別確率は

$$\begin{aligned}
P(2|1) &= \int_{-\infty}^{0} \frac{1}{\sqrt{2\pi}\Delta} e^{-\frac{1}{2}\left(z - \frac{\Delta^2}{2}\right)^2/\Delta^2} dz = \int_{-\infty}^{-\frac{\Delta}{2}} \frac{1}{\sqrt{2\pi}} e^{-\frac{z^2}{2}} dz, \\
P(1|2) &= \int_{0}^{\infty} \frac{1}{\sqrt{2\pi}\Delta} e^{-\frac{1}{2}\left(z + \frac{\Delta^2}{2}\right)^2/\Delta^2} dz = \int_{\frac{\Delta}{2}}^{\infty} \frac{1}{\sqrt{2\pi}} e^{-\frac{z^2}{2}} dz
\end{aligned}$$

となり，$\Phi(x) = \int_{-\infty}^{x} (2\pi)^{-1/2} e^{-z^2/2} dz$ とすると

$$P(2|1) + P(1|2) = 2\left[1 - \Phi\left(\frac{\Delta}{2}\right)\right] \quad (4.74)$$

となる．したがってマハラノビス距離 Δ が大きいほど上式は $\searrow 0$ となり，U に基づく判別が良好に行われることを意味する．□

さて，以上では判別されるべき 2 つのカテゴリーを記述する $f_i(\boldsymbol{x})$ ($i = 1, 2$) は既知であると仮定した．実際問題では，むしろ未知の場合が多い．このよう

なとき，Π_1 に属することがわかっている標本 $\boldsymbol{X}^{(1)} \equiv (\boldsymbol{X}_1^{(1)}, \boldsymbol{X}_2^{(1)}, ..., \boldsymbol{X}_{n_1}^{(1)})'$ と Π_2 に属することがわかっている標本 $\boldsymbol{X}^{(2)} \equiv (\boldsymbol{X}_1^{(2)}, \boldsymbol{X}_2^{(2)}, ..., \boldsymbol{X}_{n_2}^{(2)})'$ があれば，これから $f_i(\boldsymbol{x})$ を推定し，上述の判別に持ち込めばよい．このような標本 $\boldsymbol{X}^{(1)}$, $\boldsymbol{X}^{(2)}$ を **予備標本** (trainning sample) という．例 4.13 の設定では (4.69) の U を用いて判別すればよいが，この場合 $\boldsymbol{\mu}^{(1)}$, $\boldsymbol{\mu}^{(2)}$ と Σ は未知なので $\boldsymbol{X}^{(1)}$ と $\boldsymbol{X}^{(2)}$ から，これらを推測する必要がある．そこで U における未知母数 $\boldsymbol{\mu}^{(1)}$, $\boldsymbol{\mu}^{(2)}$, Σ に，それぞれ

$$\bar{\boldsymbol{X}}^{(1)} \equiv n_1^{-1} \sum_{j=1}^{n_1} \boldsymbol{X}_j^{(1)}, \quad \bar{\boldsymbol{X}}^{(2)} \equiv n_2^{-1} \sum_{j=1}^{n_2} \boldsymbol{X}_j^{(2)},$$

$$S \equiv \frac{1}{n_1 + n_2 - 2} \left[\sum_{j=1}^{n_1} \left(\boldsymbol{X}_j^{(1)} - \bar{\boldsymbol{X}}^{(1)} \right) \left(\boldsymbol{X}_j^{(1)} - \bar{\boldsymbol{X}}^{(1)} \right)' \right.$$
$$\left. + \sum_{j=1}^{n_2} \left(\boldsymbol{X}_j^{(2)} - \bar{\boldsymbol{X}}^{(2)} \right) \left(\boldsymbol{X}_j^{(2)} - \bar{\boldsymbol{X}}^{(2)} \right)' \right]$$

を代入した **差込** (plug-in) **判別関数**

$$\hat{U} \equiv \boldsymbol{X}' S^{-1} \left(\bar{\boldsymbol{X}}^{(1)} - \bar{\boldsymbol{X}}^{(2)} \right) - \frac{1}{2} \left(\bar{\boldsymbol{X}}^{(1)} + \bar{\boldsymbol{X}}^{(2)} \right)' S^{-1} \left(\bar{\boldsymbol{X}}^{(1)} - \bar{\boldsymbol{X}}^{(2)} \right) \tag{4.75}$$

を用いる．したがって $\hat{U} \geq 0$ ならば $\boldsymbol{X}$ は Π_1 からの標本と判別し，$\hat{U} < 0$ ならば $\boldsymbol{X}$ は Π_2 からの標本と判別する．この場合の誤判別確率の正確な評価は難しいが，n_1 と n_2 が大きいとき，$\hat{U}$ の漸近分布を考えると簡単である．実際，大数の法則と演習問題 2.12 より

$$\bar{\boldsymbol{X}}^{(1)} \xrightarrow{p} \boldsymbol{\mu}^{(1)}, \quad (n_1 \to \infty),$$
$$\bar{\boldsymbol{X}}^{(2)} \xrightarrow{p} \boldsymbol{\mu}^{(2)}, \quad (n_2 \to \infty),$$
$$S \xrightarrow{p} \Sigma, \quad (n_1, n_2 \to \infty) \tag{4.76}$$

である (演習問題 4.9)．したがって Slutsky の補題 (演習問題 2.13) より

$$\hat{U} \xrightarrow{d} U, \quad (n_1, n_2 \to \infty) \tag{4.77}$$

となる．ただし

4.4 判別解析

$$U \sim \begin{cases} N\left(\dfrac{\Delta^2}{2}, \Delta^2\right), & (X \in \Pi_1), \\ N\left(-\dfrac{\Delta^2}{2}, \Delta^2\right), & (X \in \Pi_2). \end{cases}$$

よって $\hat{U}$ の誤判別確率は漸近的に U に基づく誤判別確率に近づく．

今まで X の分散行列 Σ は Π_1 と Π_2 のもとで等しいと仮定してきたが，異なる場合は次のように議論ができる．カテゴリー Π_i $(i=1,2)$ で規定される X の確率密度関数が

$$f_i(x) = (2\pi)^{-\frac{m}{2}} |\Sigma_i|^{-\frac{1}{2}} \exp\left\{-\frac{1}{2}\left(x - \mu^{(i)}\right)' \Sigma_i^{-1} \left(x - \mu^{(i)}\right)\right\} \quad (4.78)$$

で与えられるとする．ただし $\mu^{(i)}, \Sigma_i$ $(i=1,2)$ は既知とする．この場合定理 4.3 で与えられる最適な判別方式 $\mathcal{R} = \{\mathcal{R}_1, \mathcal{R}_2\}$ は

$$\begin{aligned} \mathcal{R}_1 &= \left\{x \in \mathbf{R}^n : \log\left(\frac{|\Sigma_1|}{|\Sigma_2|}\right) + \left(x - \mu^{(1)}\right)' \Sigma_1^{-1} \left(X - \mu^{(1)}\right) \right. \\ &\qquad \left. - \left(x - \mu^{(2)}\right)' \Sigma_2^{-1} \left(X - \mu^{(2)}\right) \le 0\right\}, \\ \mathcal{R}_2 &= \left\{x \in \mathbf{R}^n : \log\left(\frac{|\Sigma_1|}{|\Sigma_2|}\right) + \left(x - \mu^{(1)}\right)' \Sigma_1^{-1} \left(X - \mu^{(1)}\right) \right. \\ &\qquad \left. - \left(x - \mu^{(2)}\right)' \Sigma_2^{-1} \left(X - \mu^{(2)}\right) > 0\right\} \end{aligned}$$

となる．しかしながら $\mu^{(i)}, \Sigma_i$ が未知の場合は予備標本が必要となる．前述と同様に Π_i から予備標本 $X^{(i)}$ が得られているとし

$$\begin{aligned} D\left(\mu^{(1)}, \mu^{(2)}, \Sigma_1, \Sigma_2\right) &\equiv \log\left(\frac{|\Sigma_1|}{|\Sigma_2|}\right) + \left(X - \mu^{(1)}\right)' \Sigma_1^{-1} \left(X - \mu^{(1)}\right) \\ &\quad - \left(X - \mu^{(2)}\right)' \Sigma_2^{-1} \left(X - \mu^{(2)}\right) \end{aligned}$$

とおく．そこで

$$\hat{D} \equiv D\left(\bar{X}^{(1)}, \bar{X}^{(2)}, S_1, S_2\right)$$

と定義する．ここに $S_i = (n_i-1)^{-1} \sum_{j=1}^{n_i} (X_j - \bar{X}^{(i)})(X_j - \bar{X}^{(i)})'$, $i=1,2$. したがって，この場合 $\hat{D} \le 0$ ならば $X \in \Pi_1$, $\hat{D} > 0$ ならば $X \in \Pi_2$ と判別すればよい．

さらに Taniguchi(1994) は, $\boldsymbol{X}$ が正規分布も含む, より一般的な指数型分布に従い, その確率密度関数が $f(\boldsymbol{x};\boldsymbol{\theta})$ で与えられるときカテゴリー

$$\Pi_1 : f\left(\boldsymbol{x};\boldsymbol{\theta}^{(1)}\right), \qquad \Pi_2 : f\left(\boldsymbol{x};\boldsymbol{\theta}^{(2)}\right)$$

に対する判別問題を考え

$$\hat{W} \equiv \log\left\{\frac{f\left(\boldsymbol{X};\hat{\boldsymbol{\theta}}^{(1)}\right)}{f\left(\boldsymbol{X};\hat{\boldsymbol{\theta}}^{(2)}\right)}\right\}$$

なる判別関数に基づく判別を行った. ここに $\hat{\boldsymbol{\theta}}^{(i)}$ $(i=1,2)$ は Π_i における大きさ n_i の予備標本に基づく $\boldsymbol{\theta}^{(i)}$ の一致推定量とする. そこで $\hat{W}$ に基づく誤判別確率の予備標本に関する期待値を n_i^{-2} のオーダーまで評価し, 実は $\hat{\boldsymbol{\theta}}^{(i)}$ としては $\boldsymbol{\theta}^{(i)}$ の最尤推定量ととれば, これが最小になることを示した. この結果は正規分布の判別誤差に関する種々の結果を特殊な場合として含んでいる.

今まで 2 つのカテゴリーに判別する問題を考えたが, より一般的に p 個のカテゴリーに判別する問題も同様に考えられる. m 次元確率ベクトル $\boldsymbol{X}$ が確率密度関数 $f(\boldsymbol{x})$, $\boldsymbol{x} \in \boldsymbol{R}^m$ をもつとする. $f(\boldsymbol{x})$ は次の p 個のカテゴリー

$$\Pi_i : f(\boldsymbol{x}) = f_i(\boldsymbol{x}), \qquad (i=1,...,p) \tag{4.79}$$

のどれかに入ることがわかっているとする. $\boldsymbol{X} = \boldsymbol{x}$ が観測されたとき $\boldsymbol{R}^m$ を p 個の排反な領域 $\mathcal{R}_1,...,\mathcal{R}_p$ ($\boldsymbol{R}^m = \cup_i \mathcal{R}_i$) に分割して $\boldsymbol{x} \in \mathcal{R}_i$ ならば $\boldsymbol{X}$ は Π_i に属すると判別することにする. この判別方式 $\mathcal{R} = \{\mathcal{R}_1,...,\mathcal{R}_p\}$ による誤判別確率は

$$M(\mathcal{R}) \equiv \sum_{i=1}^{p} \sum_{j=1,j\neq i}^{p} P(j|i) \tag{4.80}$$

である. ここに

$$P(j|i) = \int_{\mathcal{R}_j} f_i(\boldsymbol{x})\,d\boldsymbol{x}.$$

次に

$$h_j(\boldsymbol{x}) = \sum_{i=1,i\neq j} f_i(\boldsymbol{x})$$

とおくと

$$M(\mathcal{R}) = \sum_{j=1}^{p} \int_{\mathcal{R}_j} h_j(\boldsymbol{x}) \, d\boldsymbol{x} \qquad (4.81)$$

と書ける．判別方式 $\mathcal{R}^* = \{\mathcal{R}_1^*, ..., \mathcal{R}_p^*\}$ として

$$\mathcal{R}_k^* = \left\{\boldsymbol{x} \in \boldsymbol{R}^m : \sum_{i=1, i \neq k} f_i(\boldsymbol{x}) \leq \sum_{i=1, i \neq j} f_i(\boldsymbol{x}), \; j = 1, ..., p \; (j \neq k)\right\} \qquad (4.82)$$

とすると

$$M(\mathcal{R}) - M(\mathcal{R}^*) = \sum_{j=1}^{p} \int_{\mathcal{R}_j} \left\{h_j(\boldsymbol{x}) - \min_{1 \leq i \leq p} h_i(\boldsymbol{x})\right\} d\boldsymbol{x} \geq 0 \quad (4.83)$$

を意味する．ここで $\sum_{i=1, i \neq k, j}^{p} f_i(\boldsymbol{x})$ から (4.82) の $\mathcal{R}_k^*$ を定義する不等式の両辺を引くと

$$f_j(\boldsymbol{x}) \leq f_k(\boldsymbol{x}), \qquad j = 1, ..., p \; (j \neq k)$$

を得る．以上をまとめると，次のように定理 4.3 の p カテゴリーへの拡張が得られる．

定理 4.3′ 判別問題 (4.79) に対して判別方式 $\mathcal{R}^* = \{\mathcal{R}_1^*, ..., \mathcal{R}_p^*\}$ を

$$\mathcal{R}_k^* = \{\boldsymbol{x} \in \boldsymbol{R}^m : f_k(\boldsymbol{x}) \geq f_j(\boldsymbol{x}), \; j = 1, ..., p \; (j \neq k)\} \qquad (4.84)$$

で定義すると，これは誤判別確率 $M(\mathcal{R})$ を最小にする最適なものになる．□

4. 演習問題

4.1 $Z \sim \chi^2(n)$ であるとき Z の確率密度関数は

$$f(z) = 2^{-\frac{n}{2}} \Gamma\left(\frac{n}{2}\right)^{-1} z^{\frac{n}{2}-1} e^{-\frac{z}{2}}, \qquad (z > 0)$$

で与えられることを示せ．

4.2 (4.6) において
  (i) (Y, Z) の同時確率密度関数を求めよ．

(ii) 変換 $(Y, Z) \to (T, Z)$ を考え，(T, Z) の同時確率密度関数を求めよ (定理 A 8.6 (変数変換公式) を使う).

(iii) T の確率密度関数が

$$f(t) = \frac{\Gamma\left(\frac{n+1}{2}\right)}{\sqrt{n\pi}\,\Gamma\left(\frac{n}{2}\right)} \left(1 + \frac{t^2}{n}\right)^{-\frac{n+1}{2}}, \quad (-\infty < t < \infty)$$

で与えられることを示せ ($t(n)$-分布の確率密度関数).

4.3 各々独立に正規分布 $N(\mu, \sigma^2)$ に従うと想定される大きさ 10 の標本の値が

0.53, 1.51, 1.55, 2.57, 1.16, 0.66, 1.61, 0.74, 0.59, 2.01

であった. μ の信頼係数 0.95 の信頼区間を求めよ.

4.4 A 君がコインを 20 回投げたところ，次の結果を得た. ただし 1 は表，0 は裏が出たことを意味する.

1 0 1 1 1 0 1 0 1 1 1 1 0 0 1 1 1 1 1 1

このとき例 4.6 の検定を用いて，このコインが公正か否か水準 0.95 で検定せよ.

4.5 自由度 (m, n) の F-分布の確率密度関数は

$$f(x) = \frac{\Gamma\left(\frac{m+n}{2}\right) m^{\frac{m}{2}} n^{\frac{n}{2}}}{\Gamma\left(\frac{m}{2}\right)\Gamma\left(\frac{n}{2}\right)} \frac{x^{\frac{m}{2}-1}}{(mx+n)^{\frac{m+n}{2}}}, \quad (x > 0)$$

で与えられることを示せ.

4.6 A 大学と B 大学の男子新入生 10 名を無作為に抽出して身長を測定したデータは，それぞれ次のようになった.

A 大学 : 173.7, 170.5, 164.1, 169.9, 178.1, 174.3, 174.5, 174.2, 177.4, 165.5

B 大学 : 177.4, 186.2, 179.1, 175.1, 178.6, 179.5, 168.4, 174.0, 182.8, 174.2

これらのデータがそれぞれ $N(\mu_A, \sigma^2)$, $N(\mu_B, \sigma^2)$ に従うとして検定問題

$$H : \mu_A = \mu_B, \qquad A : \mu_A \neq \mu_B$$

を考え，H が有意水準 0.05 で棄却できるか否かを述べよ．また有意水準 0.01 ではどうか．

4.7　例 4.13 の最適な $\mathcal{R} = \{\mathcal{R}_1, \mathcal{R}_2\}$ が (4.68) で与えられることを確かめよ．

4.8　(4.73) が成立することを確かめよ．

4.9　(4.76) において，$n_1, n_2 \to \infty$ のとき $S \xrightarrow{p} \Sigma$ であることを示せ．

5 確率過程

今までの章では，標本を構成する確率変数列 $X_1, X_2, ..., X_n$ は互いに独立で同分布に従うとしてきた．これは，たとえば X_t がサイコロを投げる試行において第 t 回目の試行結果を表す確率変数とすれば，各試行結果は他の試行結果に影響を及ぼさないと想定でき，自然な設定に思われる．また $X_1, ..., X_n$ が，ある学年の男子生徒から n 人の生徒を無作為に抽出して測った身長のデータであるとしても，この設定は自然に思われる．しかしながら X_t が，ある株価の現在の時刻 t での値を表す確率変数とした場合，当然ながら，過去，現在，未来の状態が従属している (影響しあっている) と想定する方が自然であろう．また X_t が時刻 t でのある地点の気温，あるいはある生体の筋電波の値などを表すとしても，過去，現在，未来の値を表す確率変数が互いに影響を及ぼしあっていると想定するのが当然であろう．

確率過程はこのような，時とともに変動する，しかも，過去，現在，未来が互いに従属していると想定できる系列の数学的モデルとして生まれた．本章では確率過程の基礎概念——定常性，スペクトル構造，エルゴード性，混合性，マルチンゲールなど——の解説を行う．また確率過程の観測系列に基づく統計量の正確な分布を求めることは大変困難な場合が多く，観測系列の長さ n を大きくしたとき $(n \to \infty)$ の統計量の動きを記述できる種々の極限定理も紹介する．

5.1 確率過程の基礎

確率過程は，時とともに変動する偶然量の数学モデルとして生まれたものである．各時刻 $t \in \mathbf{Z}$ に対して確率空間 $(\Omega, \mathcal{A}, P)$ 上の確率変数 X_t が対応しているとき，確率変数の族 $\{X_t : t \in \mathbf{Z}\}$ を $(\Omega, \mathcal{A}, P)$ 上の **確率過程** (stochastic process) という.ここで時刻 t は離散的で Z に属するとしたが, t が連続的な時刻を表し $t \in [0, \infty)$, $t \in R$ のようにしてもよいが,以下,主に $t \in Z$ の場合を議論するので,何もことわりがなければ $t \in Z$ とする.上述の定義で X_t はどのような確率変数であってもよいが,数学的,統計的解析を行うには,やはりある種の規則性,不変性を仮定する必要がある.その最も基本的なものが定常性である.

定義 5.1 確率過程 $\{X_t : t \in Z\}$ が **強定常過程** (strictly stationary process) であるとは,同時分布関数

$$F_{t_1,...,t_n}(x_1, ..., x_n) \equiv P\{X_{t_1} \le x_1, ..., X_{t_n} \le x_n\} \tag{5.1}$$

が任意の $n \in N$, 任意の $t_1, ..., t_n, h \in Z$, および任意の $(x_1, ..., x_n)' \in R^n$ に対して

$$F_{t_1,...,t_n}(x_1, ..., x_n) = F_{t_1+h,...,t_n+h}(x_1, ..., x_n) \tag{5.2}$$

を満たすときである.ここで (5.2) は $\boldsymbol{X}_0 \equiv (X_{t_1}, ..., X_{t_n})'$ と $\boldsymbol{X}_h \equiv (X_{t_1+h}, ..., X_{t_n+h})'$ の確率分布 $P\{\boldsymbol{X}_0^{-1}(\cdot)\}$ と $P\{\boldsymbol{X}_h^{-1}(\cdot)\}$ が,それぞれ等しいことを意味する.

もし $\{X_t\}$ が強定常過程ならば,X_t の分布関数は任意の時点 t で同じであり,また $X_{t_1}, ..., X_{t_n}$ の同時分布関数は時点差 $t_2 - t_1, ..., t_n - t_{n-1}$ のみに依存する (演習問題 5.1).次に強定常過程の例をみてみよう.まず,確率変数列 $..., X_{-1}, X_0, X_1, X_2, ...$ が i.i.d. 確率変数列ならば,当然 $\{X_t : t \in Z\}$ は条件 (5.2) を満たすので,i.i.d. 確率変数列は最も単純な強定常過程の例となっていることに注意しておこう.

例 5.1 $\{X_t : t \in Z\}$ は強定常過程とする.可測関数 $\phi : R^q \to R$ に対して

$$Y_t = \phi(X_t, X_{t-1}, ..., X_{t-q})$$

によって $\{Y_t\}$ が定義されるとする.このとき任意の $n \in N$, 任意の $t_1, ..., t_n, h \in Z$ に対して $\boldsymbol{Y}_h \equiv (Y_{t_1+h}, ..., Y_{t_n+h})'$ とすると,$\{X_t\}$ の強定常性より

$$P\{\boldsymbol{Y}_h^{-1}(B)\} = P\{\boldsymbol{Y}_0^{-1}(B)\}, \quad (\forall B \in \mathcal{B}^n)$$

が示せ，$\{Y_t : t \in \boldsymbol{Z}\}$ は強定常過程となる．この結果の特別な場合で，$u_1, u_2, ...$ を i.i.d. 確率変数列とする．実定数 $\alpha_0, \alpha_1, ..., \alpha_q$ に対して X_t を

$$X_t = \alpha_0 u_t + \alpha_1 u_{t-1} + \cdots + \alpha_q u_{t-q} \tag{5.3}$$

で定義すると，$\{X_t : t \in \boldsymbol{Z}\}$ は強定常過程となることがわかる．このとき $\{X_t : t \in \boldsymbol{Z}\}$ は **q 次の移動平均** (moving average) 過程であるといい，以後 $\{X_t\} \sim MA(q)$ と書くことにする．□

強定常性の概念は，数学的には基本的で自然なものであるが，統計的立場からみると確率過程の任意の有限時点の同時分布は通常未知で，これらがすべて規定されているという仮定は強すぎる．そこでもう少しゆるい定常性を考える．

定義 5.2 確率過程 $\{X_t : t \in \boldsymbol{Z}\}$ が，任意の $t, s \in \boldsymbol{Z}$ に対して
(i) $E\{|X_t|^2\} < \infty$,
(ii) $E\{X_t\} = c$ (c は t に無関係な定数),
(iii) $Cov(X_t, X_s) \equiv E[\{X_t - E(X_t)\}\overline{\{X_s - E(X_s)\}}] = R(t-s)$
 ($R(s-t)$ は時間差 $(s-t)$ のみの関数)

を満たすとき，**弱定常過程** (weakly stationary process) であるといい，関数 $R(\cdot)$ を **共分散関数** (covariance function) という．ここで X_t は複素数値をとる確率変数も許すので，(iii) で複素共役 $\overline{\{\cdot\}}$ を用いている．□

さて，(5.1) で定義される同時分布が任意の $n \in \boldsymbol{N}$ で n 次元正規分布に従うとき，確率過程 $\{X_t : t \in \boldsymbol{Z}\}$ を **正規過程** (Gaussian process) という．正規過程においては強定常性と弱定常性が同等であることは，$(X_{t_1}, ..., X_{t_n})$ と $(X_{t_1+h}, ..., X_{t_n+h})$ の同時分布が，これらの平均ベクトルと共分散行列のみで記述され，弱定常性を仮定すれば，それらが相等しくなることからわかるだろう．以後，主に弱定常過程を取り扱うので，これを単に **定常過程** (stationary process) と呼ぶことにする．

例 5.2 確率変数 U は $[-\pi, \pi]$ 上の一様分布に従っているとする. 実定数 R と λ に対して

$$X_t = R\cos(\lambda t + U), \qquad (t \in \mathbf{Z}) \tag{5.4}$$

と定義する. このとき

$$E(X_t) = 0,$$
$$Cov(X_t, X_s) = \frac{1}{2}R^2 \cos\{\lambda(t-s)\}, \qquad (\forall t, s \in \mathbf{Z}) \tag{5.5}$$

となる (演習問題 5.2). よって (5.4) で定義される $\{X_t : t \in \mathbf{Z}\}$ は定常過程となる. □

例 5.3 例 5.1 の (5.3) で定義された確率過程は

$$X_t = \alpha_0 u_t + \alpha_1 u_{t-1} + \cdots + \alpha_q u_{t-q} \tag{5.6}$$

であった. ここで u_t が平均 0, 分散 σ^2 をもつとすると,

$$E(X_t) = 0,$$
$$Cov(X_t, X_s) = \begin{cases} \sigma^2 \sum_{j=0}^{q-|t-s|} \alpha_j \alpha_{j+|t-s|}, & (0 \leq |t-s| \leq q \text{ のとき}), \\ 0, & (|t-s| > q \text{ のとき}) \end{cases}$$
$$\tag{5.7}$$

となる (演習問題 5.2). したがってこの MA(q) 過程は共分散関数 (5.7) をもつ定常過程である. □

以上は定常過程の例であったが, 定常でない確率過程, つまり **非定常過程** (nonstationary process) の例を対比のためあげておこう.

例 5.4 $u_1, u_2, \ldots$ は i.i.d. 確率変数列で各々平均 0, 分散 σ^2 をもつとする. 2 つの確率過程を次のように定義する.

$$X_t = \beta_0 + \beta_1 t + \cdots + \beta_p t^p + u_t, \qquad (t \in \mathbf{Z}), \tag{5.8}$$
$$Y_t = \sum_{j=1}^{t} u_j, \qquad (t \in \mathbf{N}). \tag{5.9}$$

図 5.1

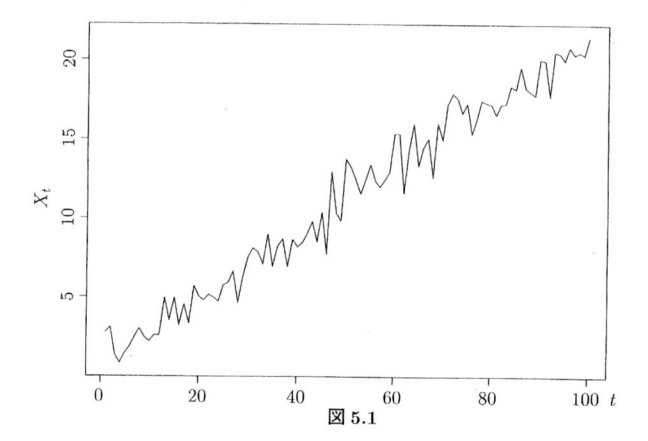

ただし $\beta_0, ..., \beta_p$ は実定数とする. 容易にわかるように

$$E(X_t) = \beta_0 + \beta_1 t + \cdots + \beta_p t^p, \qquad (5.10)$$

$$Cov(X_t, X_s) = \begin{cases} \sigma^2, & (t = s \text{ のとき}), \\ 0, & (t \neq s \text{ のとき}) \end{cases} \qquad (5.11)$$

となり, $\{X_t\}$ は, 定義 5.2 の (ii) を満たさない. したがって非定常過程となる. 実際 $u_t \sim i.i.d.N(0,1)$ なる正規乱数から $X_t = 1 + 0.2t + u_t$ を生成して, $t = 1, 2, ..., 100$ に対してプロットしたものが図 5.1 である. 平均値が $1 + 0.2t$ なので時間が大きくなるとともに値が大きくなり, 各時点 t で u_t の誤差変動が加わっている様子がみえる. □

次に, (5.9) の Y_t について $h \in \boldsymbol{N}$, $s = t + h$ とすると以下を得る.

$$E(Y_t) = 0, \qquad (5.12)$$

$$\begin{aligned} Cov(Y_t, Y_{t+h}) &= Cov\left(\sum_{j=1}^{t} u_j, \sum_{k=1}^{t+h} u_k\right) \\ &= Cov\left(\sum_{j=1}^{t} u_j, \sum_{k=1}^{t} u_k\right) \\ &= \sigma^2 t. \end{aligned} \qquad (5.13)$$

5.2 スペクトル解析

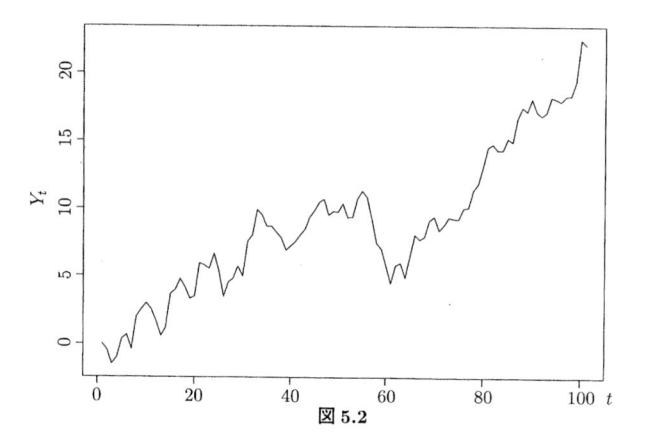

[図 5.2]

したがって $\{Y_t\}$ は定義 5.2 の (iii) を満たさない．よって非定常過程となる．この $\{Y_t\}$ は **乱歩過程** (random walk process) と呼ばれる．$u_t \sim i.i.d.N(0,1)$ なる乱数から Y_t を $t=1,...,100$ に対して生成しプロットしたものが図 5.2 である．これは u_t の誤差変動が累積して和が Y_t の値になるので，前述の $\{X_t\}$ の非定常性と異なった非定常性が表れているのがみえるだろう．

5.2 スペクトル解析

定常過程を特徴づける最も基礎的かつ重要なものにスペクトル構造がある．スペクトル構造の概念を理解するため，次の確率過程をみてみよう．確率過程 $\{X_t : t \in \mathbf{Z}\}$ が $-\pi < \lambda_1 < \lambda_2 < \cdots < \lambda_n = \pi$ を満たす定数列に対して

$$X_t = \sum_{j=1}^{n} A(\lambda_j)\, e^{-it\lambda_j}, \quad (i \equiv \sqrt{-1}) \tag{5.14}$$

で定義されているとする．ここに $A(\lambda_1),...,A(\lambda_n)$ は

$$E\{A(\lambda_j)\} = 0,$$
$$E\{A(\lambda_j)\overline{A(\lambda_k)}\} = \begin{cases} \sigma_j^2, & (j=k \text{ のとき}), \\ 0, & (j \neq k \text{ のとき}) \end{cases}$$

を満たす複素確率変数とする．X_t の定義より

$$E(X_t) = \sum_{j=1}^n E\{A(\lambda_j)\} e^{-it\lambda_j} = 0,$$

$$E(X_t \overline{X_{t+h}}) = \sum_{j=1}^n \sum_{k=1}^n E\{A(\lambda_j)\overline{A(\lambda_k)}\} e^{-it\lambda_j + i(t+h)\lambda_k}$$

$$= \sum_{j=1}^n \sigma_j^2 e^{ih\lambda_j} \qquad (5.15)$$

を得る.したがって $\{X_t\}$ は平均 0, 共分散関数

$$R(h) = \sum_{j=1}^n \sigma_j^2 e^{ih\lambda_j} \qquad (5.16)$$

をもつ定常過程となる.ここで各 λ_j で高さ σ_j^2 のジャンプをもつ階段関数を

$$F(\lambda) \equiv \sum_{j:\lambda_j \leq \lambda} \sigma_j^2$$

とすると (5.16) の関係式は $F(\lambda)$ のルベーグ・スティルチェス積分で

$$R(h) = \int_{-\pi}^{\pi} e^{ih\lambda} dF(\lambda) \qquad (5.17)$$

と書ける.この表現は (5.14) で定義される確率過程 $\{X_t\}$ に対して得られたものであるが,実は一般の定常過程に対しても (5.17) の表現が可能である.このことを次の定理で述べておく.

定理 5.1 (Herglotz の定理) $R(\cdot)$ が定常過程 $\{X_t : t \in \mathbf{Z}\}$ の共分散関数ならば,右連続,非減少,有界な関数 $F(\lambda)$ で $F(-\pi) = 0$ を満たすものが一意に存在して

$$R(h) = \int_{-\pi}^{\pi} e^{ih\lambda} dF(\lambda), \qquad (h \in \mathbf{Z}) \qquad (5.18)$$

と表される.

この定理の実質的な理解は, (5.14) の例で十分理解できるので,証明は割愛する.数学的な証明に興味ある読者は,たとえば Brockwell and Davis(1991, p.117) をみられたい.定理 5.1 の $F(\lambda)$ を定常過程 $\{X_t : t \in \mathbf{Z}\}$ の**スペクトル分布関数**

(spectral distribution function) という. さらに $F(\lambda)$ が $F(\lambda) = \int_{-\pi}^{\pi} f(\nu)\,d\nu$ と表されるとき (しばしばこれを微分形 $dF(\lambda) = f(\lambda)d\lambda$ で書く), $f(\lambda)$ を $\{X_t : t \in \mathbf{Z}\}$ の **スペクトル密度関数** (spectral density function) という. このとき (5.18) の表現は

$$R(h) = \int_{-\pi}^{\pi} e^{ih\lambda} f(\lambda)\,d\lambda \tag{5.19}$$

となる. 変数 λ は以後, **周波数** (frequency) と呼ぶことにする. ここで (5.14) で定義された $\{X_t\}$ の例に戻ると, (5.16),(5.17) よりスペクトル分布は, $\{X_t\}$ に含まれる周波数 λ_j の「周期成分」$A(\lambda_j)e^{it\lambda_j}$ の強さ (分散) の度合を表していることが理解できよう.

さて, 以下, 一般の定常過程 $\{X_t\}$ で平均 0, 共分散関数 $R(\cdot)$ をもつものの話に戻る. $R(\cdot)$ に対して次の仮定をおく.

仮定 5.1

$$\sum_{j=-\infty}^{\infty} |R(j)| < \infty. \tag{5.20}$$

この仮定は, X_t と X_{t+j} の相関が $|j|$ が大きくなると十分小さくなることを意味しており, 自然な仮定と思われる. ここで

$$f(\lambda) \equiv \frac{1}{2\pi} \sum_{j=-\infty}^{\infty} R(j)\,e^{-ij\lambda} \tag{5.21}$$

と定義し, これを (5.19) の右辺に代入すると左辺に等しくなることがわかる. したがって仮定 5.1 のもとで $\{X_t\}$ はスペクトル密度関数 (5.21) をもつ. このことよりスペクトル密度関数は共分散関数を周波数 λ でフーリエ変換したものにほかならないことがわかる. $\{X_t\}$ の観測系列 $X_1, X_2, ..., X_n$ に対して

$$\mathcal{F}_n(\lambda) = \frac{1}{\sqrt{2\pi n}} \sum_{t=1}^{n} X_t\,e^{it\lambda}, \quad (\lambda \in [-\pi, \pi])$$

を **有限フーリエ変換** (finite Fourier transform) といい, $I_n(\lambda) = |\mathcal{F}_n(\lambda)|^2$ を **ピリオドグラム** (periodogram) という. 次の定理は $\mathcal{F}_n(\lambda), I_n(\lambda)$ の基本的性質を述べたものである.

定理 5.2 仮定 5.1 のもとで次の (i),(ii) が成り立つ.

(i)
$$\lim_{n\to\infty} E\{I_n(\lambda)\} = f(\lambda), \qquad (\lambda \in [-\pi,\pi]). \tag{5.22}$$

(ii) $\lambda_k = 2\pi k/n$ とする. このとき
$$\lim_{n\to\infty} E\{\mathcal{F}_n(\lambda_k)\overline{\mathcal{F}_n(\lambda_r)}\} = 0, \qquad (k \neq r,\ k,r = 1,...,n) \tag{5.23}$$

となる.

証明

(i) $I_n(\lambda)$ の定義より

$$\begin{aligned}
E\{I_n(\lambda)\} &= \frac{1}{2\pi n}\sum_{t=1}^n\sum_{s=1}^n E(X_t X_s)e^{-i(s-t)\lambda}\\
&= \frac{1}{2\pi n}\sum_{t=1}^n\sum_{s=1}^n R(s-t)e^{-i(s-t)\lambda} \quad (\text{定常性より})\\
&= \frac{1}{2\pi n}\sum_{l=-n+1}^{n-1}(n-|l|)R(l)e^{-il\lambda}, \qquad (l = s-t)\\
&= \frac{1}{2\pi}\sum_{l=-n+1}^{n-1} R(l)e^{-il\lambda} - \frac{1}{2\pi n}\sum_{l=-n+1}^{n-1}|l|R(l)e^{-il\lambda}\\
&= ((A) + (B) \text{ とおく})
\end{aligned}$$

となる. 仮定 5.1 と (5.21) より, $(A) \to f(\lambda)$ $(n \to \infty)$ がわかる. 次に (B) を評価する. 任意の $\epsilon > 0$ に対して, 仮定 5.1 より $\sum_{|l|>M_\epsilon}|R(l)| < \epsilon$ を満たす正整数 M_ϵ がとれる. したがって

$$n^{-1}\sum_{|l|\le M_\epsilon}|l||R(l)| \le \frac{M_\epsilon}{n}\sum_{|l|\le M_\epsilon}|R(l)|$$

となり

$$|2\pi(B)| \le \frac{1}{n}\sum_{l=-n+1}^{n-1}|l||R(l)| < \frac{M_\epsilon}{n}\sum_{l=-\infty}^\infty|R(l)| + \epsilon$$

を得る. ここで M_ϵ に比べて n を十分大きくとると $(B) \to 0$ $(n \to \infty)$ となる. ゆえに $E\{I_n(\lambda)\} \to f(\lambda)$ $(n \to \infty)$ が示せた.

5.2 スペクトル解析

(ii) まずスペクトル解析でしばしば用いられる基本公式

$$\frac{1}{n}\sum_{s=1}^{n} e^{is\lambda_k} = \frac{e^{i\lambda_k}(1-e^{in\lambda_k})}{n(1-e^{i\lambda_k})} = \begin{cases} 1, & (k=0,\pm n,\pm 2n,...), \\ 0, & (その他) \end{cases} \quad (5.24)$$

に注意しよう. $\mathcal{F}_n(\lambda)$ の定義より

$$\begin{aligned}
E\{\mathcal{F}_n(\lambda_k)\overline{\mathcal{F}_n(\lambda_r)}\} &= \frac{1}{2\pi n}\sum_{t=1}^{n}\sum_{s=1}^{n} E(X_t X_s) e^{-is\lambda_r + it\lambda_k} \\
&= \frac{1}{2\pi n}\sum_{t=1}^{n}\sum_{s=1}^{n} R(s-t) e^{-i(s-t)\lambda_r + it(\lambda_k - \lambda_r)} \\
&= \frac{1}{2\pi}\sum_{l=-n+1}^{n-1} R(l) e^{-il\lambda_r} \frac{1}{n}\sum_{\substack{1\le t \le n \\ 1\le t+l \le n}} e^{it(\lambda_k - \lambda_r)}
\end{aligned}$$
$$(5.25)$$

となる. ここで

$$\left| \sum_{\substack{1\le t \le n \\ 1\le t+l \le n}} e^{it(\lambda_k - \lambda_r)} - \sum_{t=1}^{n} e^{it(\lambda_k - \lambda_r)} \right| \le |l|$$

に注意して, (i) の (B) を評価した方法を使うと, (5.25) は

$$\frac{1}{2\pi}\sum_{l=-n+1}^{n-1} R(l)\, e^{-il\lambda_k} \frac{1}{n}\sum_{t=1}^{n} e^{it(\lambda_k - \lambda_r)} + o(1)$$

となる. よって, 公式 (5.24) より $k \ne r$ ならば

$$E\{\mathcal{F}_n(\lambda_k)\overline{\mathcal{F}_n(\lambda_r)}\} \to 0, \quad (n \to \infty)$$

となることが示せた. □

定理 5.1 では定常過程の共分散関数がスペクトル分布によって表現できることをみた. 次に, 定常過程そのもののスペクトル表現の話をする. このため確率変数列の p 次平均収束を思い出そう (2.4 節). 以後, 確率変数列 $\{Y_n\}$ が確率変数 Y に 2 次平均収束するとき

$$l.i.m._{n\to\infty} Y_n = Y$$

と書くことにする．さて前述の定常過程 $\{X_t\}$ に対して，

$$\sum_{s=1}^{n} e^{-it\left(\frac{2\pi s}{n}\right)} \sqrt{\frac{2\pi}{n}} \mathcal{F}_n\left(\frac{2\pi s}{n}\right) = \sum_{s=1}^{n} e^{-it\left(\frac{2\pi s}{n}\right)} \frac{1}{n} \sum_{r=1}^{n} X_r\, e^{ir\left(\frac{2\pi s}{n}\right)}$$

$$= \sum_{r=1}^{n} X_r \frac{1}{n} \sum_{s=1}^{n} e^{is\left\{\frac{2\pi(r-t)}{n}\right\}}$$

$$= X_t \quad ((5.24) \text{ より})$$

を得る．したがって $\Delta Z_n(2\pi s/n) \equiv \sqrt{2\pi/n}\, \mathcal{F}_n(2\pi s/n)$ とおくと上式は

$$X_t = \sum_{s=1}^{n} e^{-it\left(\frac{2\pi s}{n}\right)} \Delta Z_n\left(\frac{2\pi s}{n}\right) \tag{5.26}$$

を意味する．一方定理 5.2 (i) より $\Delta\lambda = 2\pi/n$ とおくと

$$E\left[\frac{|\Delta Z_n(\frac{2\pi s}{n})|^2}{\Delta\lambda}\right] - f\left(\frac{2\pi s}{n}\right) \to 0, \quad (n\to\infty)$$

となるので，これを

$$E\left[\left|\Delta Z_n\left(\frac{2\pi s}{n}\right)\right|^2\right] \sim f\left(\frac{2\pi s}{n}\right)\Delta\lambda \tag{5.27}$$

と書くことにする．また定理 5.2 (ii) より

$$E\left[\Delta Z_n\left(\frac{2\pi s}{n}\right) \overline{\Delta Z_n\left(\frac{2\pi r}{n}\right)}\right] \to 0, \quad (s\neq r) \tag{5.28}$$

となる．ここで $dZ(\lambda) \equiv l.i.m._{n\to\infty} \Delta Z_n(\lambda)$ と書くことにする．つまり $dZ(\lambda)$ は $\{X_t\}$ の周波数 λ でのフーリエ変換の $l.i.m._{n\to\infty}$ 極限である．このとき (5.26) の右辺で $l.i.m._{n\to\infty}$ をとると，表現

$$X_t = \int_{-\pi}^{\pi} e^{-it\lambda} dZ(\lambda) \tag{5.29}$$

が得られることがみえよう．また $Z(\lambda)$ が $E\{|dZ(\lambda)|^2\} = f(\lambda)d\lambda$, $E\{dZ(\lambda)\overline{dZ(\mu)}\} = 0$, $\lambda\neq\mu \in [-\pi,\pi]$ を満たすことも読み取れよう．以上が仮定 5.1 のもとでの表現 (5.29) の「実体的導出」である．一般の定常過程に対

しても (5.29) の形のスペクトル表現が可能であることが次の定理で与えられる.
6章以後の時系列解析の立場では, むしろ上述の実体的導出の方が推測論のイメージを与えるが, 数学的に厳密な証明に興味ある読者は, たとえば Brockwell and Davis(1991, p.145) をみられたい.

定理 5.3 $\{X_t : t \in \mathbf{Z}\}$ は平均 0, スペクトル分布関数 $F(\lambda)$ をもつ定常過程とする. このとき X_t は次の表現

$$X_t = \int_{-\pi}^{\pi} e^{-it\lambda} dZ(\lambda)$$

をもつ. ここに $Z(\lambda)$ は,

(i) $E\{Z(\lambda)\} = 0,$
(ii) $E\{|dZ(\lambda)|^2\} = dF(\lambda), \quad \lambda \in [-\pi, \pi],$
(iii) $E\{dZ(\lambda)\overline{dZ(\mu)}\} = 0, \quad \lambda \neq \mu \in [-\pi, \pi]$

を満たす.

確率変数列 $\{u_t : t \in \mathbf{Z}\}$ が

$$E(u_t) = 0,$$
$$R_u(s) \equiv E(u_t u_{t+s}) = \begin{cases} \sigma^2, & (s = 0), \\ 0, & (s \neq 0) \end{cases}$$

を満たすとき **無相関過程** (uncorrelated process) という. もちろん $\{u_t\}$ は定常過程となり, (5.21) を思い出すとスペクトル密度関数 $f_u(\lambda) = \sigma^2/2\pi$ をもつことがわかる.

実数列 $\{a_j : j = 0, 1, 2, ...\}$ で $\sum_{j=0}^{\infty} a_j^2 < \infty$ を満たすものに対して X_t が

$$X_t = \sum_{j=0}^{\infty} a_j u_{t-j} \tag{5.30}$$

と表せるとき, $\{X_t : t \in \mathbf{Z}\}$ を **一般線形過程** (general linear process) という. ここで (5.30) の右辺の無限和は $l.i.m._{n \to \infty}$ 極限として定義されているとする. さらに $\{a_j\}$ が強い条件 $\sum_{j=0}^{\infty} |a_j| < \infty$ を満たすとき, $\{X_t\}$ を **線形過程** (linear process) という.

さて $L_2 \equiv \{Y : E\{|Y|^2\} < \infty\}$ としよう. $Y_n, W_n \in L_2$ に対して内積を $\langle Y_n, W_n \rangle \equiv E(Y_n \bar{W}_n)$ で定義し $Y = l.i.m._{n\to\infty} Y_n$, $W = l.i.m._{n\to\infty} W_n$ とすれば, この内積は次の意味での連続性 $\langle Y, W \rangle = \lim_{n\to\infty} \langle Y_n, W_n \rangle$ をもつ (演習問題 5.3). このことより (5.30) で定義される一般線形過程に対して

(1) $E(X_t) = 0$,
(2) $R_X(s) \equiv E(X_t X_{t+s}) = (\sum_{j=0}^{\infty} a_j a_{j+s}) \sigma^2$

が成り立つことがわかり, $\{X_t\}$ は平均 0, 共分散関数 $R_X(s)$ をもつ定常過程となる. 無相関過程 $\{u_t\}$ のスペクトル表現を

$$u_t = \int_{-\pi}^{\pi} e^{-it\lambda} dZ_u(\lambda) \qquad (5.31)$$

とすると $E\{|dZ_u(\lambda)|^2\} = (\sigma^2/2\pi) d\lambda$ となる. (5.30) の一般線形過程のスペクトル分布関数を $F_X(\lambda)$ として, スペクトル表現を

$$X_t = \int_{-\pi}^{\pi} e^{-it\lambda} dZ_X(\lambda)$$

とすると $E\{|dZ_X(\lambda)|^2\} = F_X(\lambda)$ である. したがって (5.30) は

$$\int_{-\pi}^{\pi} e^{-it\lambda} dZ_X(\lambda) = \int_{-\pi}^{\pi} e^{-it\lambda} \left\{\sum_{j=0}^{\infty} a_j e^{ij\lambda}\right\} dZ_u(\lambda)$$

と表せる. よって $dZ_X(\lambda) = \{\sum_{j=0}^{\infty} a_j e^{ij\lambda}\} dZ_u(\lambda)$ となり

$$E\{|dZ_X(\lambda)|^2\} = \left|\sum_{j=0}^{\infty} a_j e^{ij\lambda}\right|^2 E\{|dZ_u(\lambda)|^2\}$$
$$= \left|\sum_{j=0}^{\infty} a_j e^{ij\lambda}\right|^2 \left(\frac{\sigma^2}{2\pi}\right) d\lambda$$

を得る. ゆえに (5.30) の $\{X_t\}$ はスペクトル密度関数

$$f_X(\lambda) = \frac{\sigma^2}{2\pi} \left|\sum_{j=0}^{\infty} a_j e^{ij\lambda}\right|^2 \qquad (5.32)$$

をもつ.

今までスカラー値をとる確率過程のみを取り扱ってきたが, 実際問題への応用を考えると, ベクトル値をとる確率過程に対する議論が必要になる. ベクト

ル値をとる確率過程に対しても，前述の定常性，スペクトル構造，(一般) 線形過程などの議論は平行的に拡張できる．本書は入門書のレベルなので，以下ベクトル値をとる一般線形過程のみに簡単にふれることにする．行列 A に対してノルムを

$$\|A\| = (A^*A \text{ の最大固有値})^{\frac{1}{2}}$$

で定義する．$m \times m$ 行列からなる族 $\{A(j) : j = 0, 1, 2, ...\}$ が

$$\sum_{j=0}^{\infty} \|A(j)\|^2 < \infty$$

を満たすとする．m 次元確率変数 $\boldsymbol{X}_t = (X_{1t}, ..., X_{mt})'$ が

$$\boldsymbol{X}_t = \sum_{j=0}^{\infty} A(j) \boldsymbol{U}_{t-j} \tag{5.33}$$

で定義されるとき (右辺は各成分ごと $l.i.m.$ 極限で定義される)，$\{\boldsymbol{X}_t : t \in \boldsymbol{Z}\}$ を m 次元一般線形過程 という．ここに $\{\boldsymbol{U}_t\}$ は平均ベクトル $\boldsymbol{0}$，分散行列 V をもつ m 次元無相関過程 (つまり

$$E\{\boldsymbol{U}_t \boldsymbol{U}_r'\} = \begin{cases} V, & (t = r \text{ のとき}), \\ \boldsymbol{0}, & (t \neq r \text{ のとき}) \end{cases}$$

を満たす) とする．同様の議論から $\{\boldsymbol{X}_t\}$ は定常過程で，そのスペクトル密度関数は行列となり

$$\boldsymbol{f}(\lambda) = \frac{1}{2\pi} \left\{ \sum_{j=0}^{\infty} A(j) e^{ij\lambda} \right\} V \left\{ \sum_{j=0}^{\infty} A(j) e^{ij\lambda} \right\}^* \tag{5.34}$$

で与えられる (演習問題 5.4)．

5.3 エルゴード性，混合性およびマルチンゲール

強定常過程 $\{X_t = X_t(\omega)\}$ があり，この過程の平均 $E(X_t)$ が求めたいとする．ここで，単一の観測系列 $X_1, X_2, ..., X_n$ のみが利用でき，この系列の繰り返し観測はできないとする．このとき，この観測系列の時間平均 $n^{-1} \sum_{t=1}^{n} X_t$

で ω に関する平均 (空間平均) $E(X_t)$ を推測できるであろうか．これが可能であるための条件がエルゴード性である．

$\{X_t : t \in \mathbf{Z}\}$ を確率空間 $(\Omega, \mathcal{A}, P)$ 上で定義された強定常過程とする．集合

$$A = \{\omega \in \Omega : (X_{t_1}, ..., X_{t_k}) \in C\}, \quad (C \in \mathcal{B}^k) \quad (5.35)$$

に対して可測な変換 T を

$$TA = \{\omega \in \Omega : (X_{t_1+1}, ..., X_{t_k+1}) \in C\} \quad (5.36)$$

で定義する．(5.35) の形の集合は σ-加法族 $\mathcal{A}$ を生成するので，T の定義は $\mathcal{A}$ に属するすべての集合に拡張される．$\{X_t\}$ は強定常であると仮定したので，$P(A) = P\{T^{-1}(A)\}$ ($\forall A \in \mathcal{A}$) が成り立つ．このとき T は **保測** (measure preserving) 変換であるという．

定義 5.3

(i) 保測変換 T に対して $T^{-1}A = A$ を満たす $A \in \mathcal{A}$ を **不変** (invariant) 集合といい，不変集合全体を $\mathcal{A}_I$ で表す．

(ii) 任意の $A \in \mathcal{A}_I$ に対して $P(A) = 0$, もしくは $P(A) = 1$ が成り立つとき，$\{X_t : t \in \mathbf{Z}\}$ は **エルゴード的** (ergodic) であるという．

次にエルゴード性よりも理解しやすい概念で，しかもエルゴード性を意味する概念を説明しよう．

定義 5.4

(i)

$$\lim_{n \to \infty} P(A \cap T^{-n}B) = P(A)P(B), \quad (A, B \in \mathcal{A}) \quad (5.37)$$

を満たすとき $\{X_t : t \in \mathbf{Z}\}$ は **混合的** (mixing) であるという．

(ii) 正値をとる関数 g で $g(n) \to 0$ $(n \to \infty)$ を満たすものに対して

$$|P(A \cap B) - P(A)P(B)| < g(r-q), \quad (A \in \mathcal{A}_{-\infty}^q, B \in \mathcal{A}_r^\infty) \quad (5.38)$$

が成り立つとき $\{X_t : t \in \mathbf{Z}\}$ は **強混合的** (strongly mixing) であるという. ただし $\mathcal{A}^q_{-\infty}$ は $X_q, X_{q-1}, \ldots$ で生成された σ-加法族, $\mathcal{A}^\infty_r$ は $X_r, X_{r+1}, \ldots$ で生成された σ-加法族とする.

(iii)
$$\sup_{A \in \mathcal{A}^t_{-\infty},\, B \in \mathcal{A}^\infty_{t+\tau}} \frac{|P(A \cap B) - P(A)P(B)|}{P(A)} \equiv \phi(\tau) \to 0, \quad (\tau \to \infty)$$

を満たすとき, $\{X_t : t \in \mathbf{Z}\}$ は **一様混合的** (uniform mixing) であるといい, $\phi(\tau)$ を **混合係数** という.

(i),(ii),(iii) とエルゴード性の関係をみてみよう. $\{X_t\}$ が混合的ならば, エルゴード的であることは (5.37) で $A = B \in \mathcal{A}_I$ (不変集合) とすると, $P(A) = P(A)^2$ となるので, $P(A) = 0$ もしくは $P(A) = 1$ を意味する. よって $\{X_t\}$ はエルゴード的である. また (i)〜(iii) の関係は (iii) $\Rightarrow$ (ii) $\Rightarrow$ (i) となる (演習問題 5.5). 実世界の現象は, 現象間の時間が離れていくと, それら現象が与えあう影響は弱くなるのは当然であり, 上記 (i)〜(iii) の 3 つの混合性は, 実世界の現象を記述する自然な仮定といえるだろう. しかも, これらがエルゴード性を意味することも注意しておこう. 次の定理は有用である.

定理 5.4 確率過程 $\{X_t : t \in \mathbf{Z}\}$ が強定常でエルゴード的であるとする. Y_t が可測変換 $\phi : \mathbf{R}^\infty \to \mathbf{R}$ で $Y_t = \phi(X_t, X_{t-1}, \ldots)$ と定義されるとき, $\{Y_t : t \in \mathbf{Z}\}$ も強定常でエルゴード的となる.

証明 $\{Y_t\}$ の定常性は $\{X_t\}$ の定常性からわかる. $\boldsymbol{x} = (\ldots, x_{-1}, x_0, x_1, \ldots) \in \mathbf{R}^\infty$ に対して
$$\phi_t(\boldsymbol{x}) = \phi(x_t, x_{t-1}, \ldots)$$
とする. A を $\{Y_t\}$ に対する不変集合で,
$$A = \{(Y_t, Y_{t-1}, \ldots) \in C\}, \quad C \in \mathcal{B}^\infty$$
と表されているとする. よって
$$A = [\{\phi(X_t, X_{t-1}, \ldots), \phi(X_{t-1}, X_{t-2}, \ldots), \ldots\} \in C]$$

となる．次に

$$C_1 = [\boldsymbol{x} : \{\phi_t(\boldsymbol{x}), \phi_{t-1}(\boldsymbol{x}), ...\} \in C] \in \mathcal{B}^\infty$$

とすると $A = \{(X_t, X_{t-1}, ...) \in C_1\}$. ゆえに A は $\{X_t\}$ に対しても不変である．$\{X_t\}$ はエルゴード的としたので $P(A) = 0$ もしくは $P(A) = 1$. したがって $\{Y_t\}$ はエルゴード的となる．□

$\{u_t\}$ は i.i.d. 確率変数列で，各々平均 0, 分散 σ^2 をもつとすれば $\{u_t\}$ は強定常でエルゴード的となる．定理 5.4 より次の結果を得る．

定理 5.5 $\sum_{j=0}^\infty a_j^2 < \infty$ を満たす実数列 $\{a_j\}$ に対して

$$X_t = \sum_{j=0}^\infty a_j u_{t-j}$$

とする．ただし $\{u_t\} \sim$ i.i.d.$(0, \sigma^2)$. このとき $\{X_t : t \in \boldsymbol{Z}\}$ は強定常でエルゴード的となる．

さて，次にマルチンゲールの概念を簡単に説明しよう．あるゲームに参加しているプレーヤーがいるとする．t 回ゲームを続けて，t 回目のゲームが終了した時点での，このプレーヤーの総利得を X_t で表し，t 回目のゲーム終了時点までの利用可能なすべての情報を $\mathcal{A}_t$ で表すことにする．もし，このゲームが「公正」であるならば，今までの情報 $\mathcal{A}_t$ をすべて用いたとした条件のもとで，次のゲーム終了時点 $(t+1)$ での，このプレーヤーの総利得 X_{t+1} の期待値は現時点 t のそれと同じであるはずである．この公正の概念を数学的に記述したものがマルチンゲールで，以上のことは $E[X_{t+1}|\mathcal{A}_t] = X_t$ と表せよう．正確には以下のように定義される．

定義 5.5 $\{X_t : t \in \boldsymbol{N}\}$ は確率空間 $(\Omega, \mathcal{A}, P)$ 上の確率過程とし，$\mathcal{A}_1 \subset \mathcal{A}_2 \subset \cdots$ は $\mathcal{A}$ の部分 σ-加法族で，X_t は $\mathcal{A}_t$-可測であるとする (以後，$\{X_t\}$ は $\{\mathcal{A}_t\}$ に適合している (adapted である) という)．$\{X_t\}$ が任意の $t \in \boldsymbol{N}$ に対し
  (i) $E\{|X_t|\} < \infty$,

(ii) $E\{X_{t+1}|\mathcal{A}_t\} = X_t \quad a.e.$ (5.39)

を満たすとき $\{X_t, \mathcal{A}_t\}$ は **マルチンゲール** (martingale) であるという.

$X_1, X_2, ..., X_t$ から生成される σ-加法族を $\mathcal{F}_t = \mathcal{F}(X_1, ..., X_t)$ と表すことにする. (5.39) の両辺を $\mathcal{F}_t$ に関する条件付期待値をとると $E(X_{t+1}|\mathcal{F}_t) = X_t \ a.e.$ となり, $\{X_t, \mathcal{F}_t\}$ はマルチンゲールとなる. 以後, これを単に $\{X_t\}$ がマルチンゲールであるということにする.

定義 5.6 $\{X_t : t \in \mathbf{N}\}$ は確率空間 $(\Omega, \mathcal{A}, P)$ 上の確率過程とし, $\mathcal{A}_1 \subset \mathcal{A}_2 \subset \cdots$ は $\mathcal{A}$ の部分 σ-加法族で $\{X_t\}$ は $\{\mathcal{A}_t\}$ に適合しているとする. このとき

$$E(X_t|\mathcal{A}_{t-1}) = 0 \quad a.e., \quad (t \in \mathbf{N})$$

を満たすならば $\{X_t, \mathcal{A}_t\}$ は **マルチンゲール差分** (martingale difference) 列という.

次の定理はマルチンゲールとマルチンゲール差分列の関係を述べるものであるが, 定義 5.5, 5.6 より容易に示せる (演習問題 5.6).

定理 5.6 $\{X_t, \mathcal{A}_t\}$ をマルチンゲール差分列とし, $S_n = \sum_{t=1}^n X_t$, $n \in \mathbf{N}$ とする. このとき次のことが成り立つ.
(i) $\{S_n, \mathcal{A}_n\}$ はマルチンゲールとなる.
(ii) もし $E(X_t^2) < \infty$, $t \in \mathbf{N}$ ならば, 任意の $t \neq s$ に対して

$$E(X_t X_s) = 0$$

となる.

逆に, もし $\{S_n, \mathcal{A}_n\}$ がマルチンゲールで, $X_n \equiv S_n - S_{n-1}$ と定義すれば, 次の事柄が成り立つ.
(iii) $\{X_n, \mathcal{A}_n\}$ はマルチンゲール差分列になる.

マルチンゲールは, 次章や 7 章の金融の話で重要な役割を果たす. ここでは, 次の例でマルチンゲールがどのようなところで出てくるかみてみる.

例 5.5 $X_n = (X_1, X_2, ..., X_n)'$ は確率過程の観測系列で確率密度関数 $p_\theta^n(x_n)$, $x_n = (x_1, ..., x_n)' \in \mathbb{R}^n$ をもち, $\theta \ (\in \Theta \subset \mathbb{R})$ は未知母数とする. $X_{k-1} = x_{k-1}$ を与えたときの X_k の条件付確率密度関数は

$$p_\theta^k(x_k | x_{k-1}) \equiv \frac{p_\theta^k(x_k)}{p_\theta^{k-1}(x_{k-1})} \quad (5.40)$$

となる. ただし, $p_\theta^{k-1}(x_{k-1}) = \int p_\theta^k(x_k)\,dx_k$. ここで $p_\theta^k(x_k)$, $k = 1, 2, ..., n$ は θ に関して微分可能で, しかも

$$\frac{\partial}{\partial \theta} p_\theta^{k-1}(x_{k-1}) = \int \frac{\partial}{\partial \theta} p_\theta^k(x_k)\,dx_k, \quad (k = 1, ..., n) \quad (5.41)$$

のように微分と積分が交換可能であると仮定する. X_n に基づく対数尤度関数は $p_\theta^0(X_0) = 1$ とすれば, (5.40) より

$$L_n(\theta) = \sum_{k=1}^n \log p_\theta^k(X_k | X_{k-1}) \quad (5.42)$$

と表せる. ここで $L_n(\theta)$ を θ で微分して

$$S_n \equiv \frac{\partial}{\partial \theta} L_n(\theta) = \sum_{k=1}^n \left\{ \frac{\frac{\partial}{\partial \theta} p_\theta^k(X_k)}{p_\theta^k(X_k)} - \frac{\frac{\partial}{\partial \theta} p_\theta^{k-1}(X_{k-1})}{p_\theta^{k-1}(X_{k-1})} \right\} \quad (5.43)$$

を得る. S_n は **スコア関数** (score function) と呼ばれる. $X_1, X_2, ..., X_k$ から生成される σ-加法族を $\mathcal{F}_k$ で表すと, (5.41) より

$$E\left\{ \frac{\frac{\partial}{\partial \theta} p_\theta^k(X_k)}{p_\theta^k(X_k)} - \frac{\frac{\partial}{\partial \theta} p_\theta^{k-1}(X_{k-1})}{p_\theta^{k-1}(X_{k-1})} \bigg| \mathcal{F}_{k-1} \right\}$$
$$= \int \left\{ \frac{\frac{\partial}{\partial \theta} p_\theta^k(x_k)}{p_\theta^k(x_k)} - \frac{\frac{\partial}{\partial \theta} p_\theta^{k-1}(x_{k-1})}{p_\theta^{k-1}(x_{k-1})} \right\} \frac{p_\theta^k(x_k)}{p_\theta^{k-1}(x_{k-1})}\,dx_k$$
$$= \int \frac{\frac{\partial}{\partial \theta} p_\theta^k(x_k)}{p_\theta^{k-1}(x_{k-1})}\,dx_k - \frac{\frac{\partial}{\partial \theta} p_\theta^{k-1}(x_{k-1})}{p_\theta^{k-1}(x_{k-1})} = 0 \quad a.e.$$

となる. よって定理 5.6 より $\{S_n, \mathcal{F}_n\}$ はマルチンゲールとなる. (5.43) のスコア関数は独立標本の場合すでに 3 章で現れ, 統計的推測の重要な基本量になることをみた. 従属標本の場合, スコア関数は, (5.41) の条件下でマルチンゲールとなり, マルチンゲールに関する諸結果が適用できる. □

5.4 確率過程に対する極限定理

確率過程からの観測系列 $\boldsymbol{X} = (X_1, X_2, ..., X_n)'$ は従属な標本で，$\boldsymbol{X}$ に基づく統計量などの正確な確率分布を求めるのは，一般にきわめて困難である．そこで，$n \to \infty$ としたときの，それらの漸近分布を議論することが多い．そのためには確率過程に対する極限定理が必要となる．本節では確率過程からの観測系列の標本平均の収束に関する定理と，その漸近分布に関する定理を紹介する．

定理 5.7 $\{X_t : t \in \boldsymbol{Z}\}$ が強定常過程でエルゴード性をもち，$E\{|X_t|\} < \infty$ とする．このとき次のことが成り立つ．

(i)
$$\frac{1}{n}\sum_{t=1}^{n} X_t \xrightarrow{a.s.} E(X_1), \tag{5.44}$$

(ii) $E\{|X_t|^2\} < \infty$ ならば
$$\frac{1}{n}\sum_{t=1}^{n} X_t X_{t+m} \xrightarrow{a.s.} E(X_1 X_{1+m}). \tag{5.45}$$

(i) はエルゴード定理と呼ばれるもので，$\{X_t\}$ の時間平均が空間平均 $E(X_1)$ にほとんど確実に収束することを意味する．証明はたとえば Stout(1974, p.181) をみられたい．(ii) は $X_t X_{t+m}$ において，m を固定し t を動かすと，これは定理 5.4 より強定常でエルゴード的確率過程となるので，(i) に帰着でき，(5.45) の結論を得る．

次はマルチンゲールに関する収束定理で，証明はたとえば Hall and Heyde(1980, p.17) をみられたい．

定理 5.8 (Doob のマルチンゲール収束定理) $\{S_n, \mathcal{A}_n, n \in \boldsymbol{N}\}$ がマルチンゲールで $\sup_{n \geq 1} E|S_n| < \infty$ を満たすならば，確率変数 S で $E\{|S|\} < \infty$ を満たすものが存在して

$$S_n \xrightarrow{a.s.} S$$

となる．

確率過程に対する統計量の漸近分布を求めるとき基礎になる中心極限定理を与えておこう．最初の定理は Ibragimov(1963) による．

定理 5.9 $\{X_t : t \in \mathbb{Z}\}$ は強定常かつエルゴード的で，

$$E(X_t^2) = \sigma^2, \quad (0 < \sigma^2 < \infty),$$
$$E(X_t|\mathcal{F}_{t-1}) = 0 \ a.s.$$

を満たすとする．ただし $\mathcal{F}_t$ は $X_t, X_{t-1}, ...$ から生成された σ-加法族である．このとき

$$\frac{1}{\sigma\sqrt{n}} \sum_{t=1}^n X_t \xrightarrow{d} N(0,1).$$

次に $\{X_{n,t} : t = 1, 2, ..., k_n\}$ が確率空間 $(\Omega, \mathcal{A}, P)$ 上の確率変数の配列で，$\{\mathcal{A}_{n,t} : t = 0, 1, ..., k_n\}$ は $\mathcal{A}$ の部分 σ-加法族で $\mathcal{A}_{n,t-1} \subset \mathcal{A}_{n,t}$ を満たし，各 $X_{n,t}$ は $\mathcal{A}_{n,t}$-可測とする．また $n \to \infty$ のとき $k_n \to \infty$ と仮定する．次の定理は Brown(1971) による．

定理 5.10 $\{X_{n,t} : t = 1, ..., k_n\}$ が
(i) $E\{X_{n,t}|\mathcal{A}_{n,t-1}\} = 0 \ a.e.$,
(ii) 任意の $\epsilon > 0$ に対して

$$\sum_{t=1}^{k_n} E\{X_{n,t}^2 \chi(|X_{n,t}| > \epsilon)\} \to 0, \quad (n \to \infty) \ (\text{Lindeberg条件}).$$

(iii) $\sum_{t=1}^{k_n} E(X_{n,t}^2|\mathcal{A}_{n,t-1}) \xrightarrow{p} 1$, を満たすならば

$$\sum_{t=1}^{k_n} X_{n,t} \xrightarrow{d} N(0,1), \quad (n \to \infty)$$

となる．

以上はマルチンゲール差分に対する中心極限定理であった．次に混合性をもつ確率過程に対して 2 つの中心極限定理を述べる．証明は Ibragimov and Linnik(1971) をみられたい．以下，$S_n = \sum_{t=1}^n X_t$, $\sigma_n^2 = Var(S_n)$ とする．

定理 5.11 $\{X_t : t \in \mathbf{Z}\}$ は平均 0 の強混合的過程で，$n \to \infty$ のとき $\sigma_n^2/n \to \sigma^2(>0)$ を満たすとする．$F_n(z)$ を S_n/σ_n の分布関数とするとき，

$$\lim_{N \to \infty} \limsup_{n \to \infty} \int_{|z|>N} z^2 \, dF_n(z) = 0$$

ならば

$$\frac{S_n}{\sigma_n} \xrightarrow{d} N(0,1)$$

となる．

定理 5.12 $\{X_t : t \in \mathbf{Z}\}$ は平均 0 の強定常過程で一様混合性をもち，その混合係数 $\phi(\tau)$ は

$$\sum_\tau \{\phi(\tau)\}^{\frac{1}{2}} < \infty$$

を満たすとする．さらに和

$$\sigma^2 \equiv E(X_0^2) + 2\sum_{t=1}^\infty E(X_0 X_t)$$

が収束し，$\sigma^2 \neq 0$ ならば

$$\frac{S_n}{\sigma\sqrt{n}} \xrightarrow{d} N(0,1), \quad (n \to \infty)$$

となる．

5. 演習問題

5.1 $\{X_t : t \in \mathbf{Z}\}$ が強定常過程ならば，$X_{t_1},...,X_{t_n}$ $(t_1,...,t_n \in \mathbf{Z})$ の同時分布関数は $t_2 - t_1,..., t_n - t_{n-1}$ のみに依存することを確かめよ．

5.2 関係式 (5.5) と (5.7) を確かめよ．

5.3 $L_2 \equiv \{Y : E\{|Y|^2\} < \infty\}$ とする. $Y_n, W_n \in L_2$ に対して $\langle Y_n, W_n \rangle \equiv E(Y_n \bar{W}_n)$ とし, $Y = l.i.m._{n \to \infty} Y_n$, $W = l.i.m._{n \to \infty} W_n$ とすれば,

$$\langle Y, W \rangle = \lim_{n \to \infty} \langle Y_n, W_n \rangle \quad (\text{内積の連続性})$$

が成り立つことを示せ.

5.4 (5.33) の m 次元一般線形過程のスペクトル密度行列が (5.34) となることを確かめよ.

5.5 定義 5.4 において,

$$\text{一様混合的} \implies \text{強混合的} \implies \text{混合的}$$

であることを示せ.

5.6 定理 5.6 を示せ.

5.7 $\{X_{n,t}, \mathcal{A}_{n,t}\}$ をマルチンゲール差分列とする. 任意の $\epsilon > 0$ に対して

$$\sum_{t=1}^{n} E\{X_{n,t}^2 \chi(|X_{n,t}| > \epsilon)\} \to 0, \quad (n \to \infty)$$

が成り立つとき (Lindeberg 条件), 次の (i),(ii) を示せ.
 (i) $\max_{1 \leq t \leq n} |X_{n,t}| \xrightarrow{p} 0$,
 (ii) $E\{\max_{1 \leq t \leq n} |X_{n,t}|^2\} \leq M < \infty$ なる M が存在する.

6 時系列解析

　確率過程の統計解析を時系列解析という．近年，きわめて種々の統計手法がこの分野に導入されてきている．まず，統計解析の基本は時系列を記述する統計モデルの推測である．このような時系列モデルの候補としては，古典的なモデルである AR, ARMA といった線形モデルから，最近は，ARCH, GARCH などの非線形モデルが特に金融時系列分野で提案されてきている．

　本章では，まず代表的な母数型の線形，非線形時系列モデルを紹介する．次にこれらのモデルの選択法や種々の未知母数推定法を述べ，漸近最適推測についても言及する．以上は母数型アプローチと呼ばれるものであるが，時系列の構造を母数的に規定するのは，特に経済データに対しては，それだけで強い制約となる．そこで非母数的なスペクトル密度関数の推定を述べ，この積分汎関数に基づいた，いわゆるセミパラメトリック推測にもふれる．

　時系列のように，未来の値が，現在や過去のデータに依存している状況では，すでに得られているデータから未来の値 (状態) を予測することが重要になる．このような予測問題をサーベイし，特に金融時系列の予測ではボラティリティの予測問題も扱う．以上の時系列モデルのセッティングは定常で短期記憶型であったが，実データでは必ずしもこの仮定が満たされるとは想定できず，近年は長期記憶型モデルや非定常型モデルが提案されてきており，このようなモデルに対する推測論なども言及する．

　4 章で独立標本に対する判別解析の基礎を解説したが，本章では時系列に対する判別解析の解説を行い，時系列手法に基づいた，金融における，いわゆる格付け問題への橋渡しとする．

6.1 種々の時系列モデル

本節では代表的な時系列モデルを紹介する．まず実際のデータをみてみよう．図 6.1 はニューヨークでの連続 111 日間の風速 (マイル/時) データ $Y_1, Y_2, ..., Y_{111}$ をプロットしたものである．図 6.2 は Y_t の対数差分をとったもの $X_t \equiv \log Y_{t+1} - \log Y_t$, $t = 1, ..., 110$ をプロットしたものである．

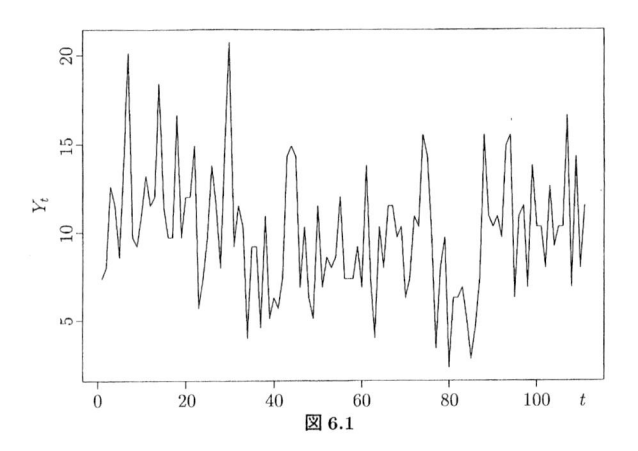

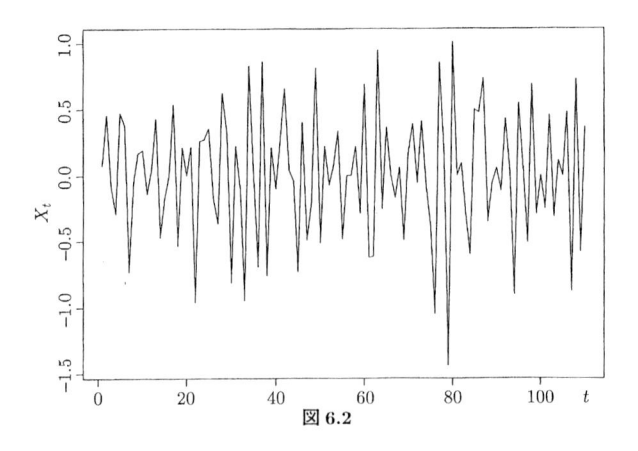

図 6.1

図 6.2

6.1 種々の時系列モデル

1章でも述べたが時系列解析の最も基礎的な手法として,観測系列 $X_1,...,X_n$ が得られたとき,次の**標本自己相関関数** (sample autocorrelation function)

$$SACF(l) \equiv \frac{\sum_{t=1}^{n-l}(X_{t+l}-\bar{X}_n)(X_t-\bar{X}_n)}{\sum_{t=1}^{n}(X_t-\bar{X}_n)^2} \quad (6.1)$$

の動きをみることが多い. ただし $\bar{X}_n = n^{-1}\sum_{t=1}^{n} X_t$ である. これは X_{t+l} と X_t の相関の強さを表す指標で $\{X_t\}$ が互いに独立,あるいは無相関であれば,$SACF(l)$ は $l=0$ 以外は,0 に近い値となろう. そこで $X_1, X_2,..., X_{110}$ に対して $SACF(l), l=0,1,...,20$ をプロットしたのが図 6.3 である.

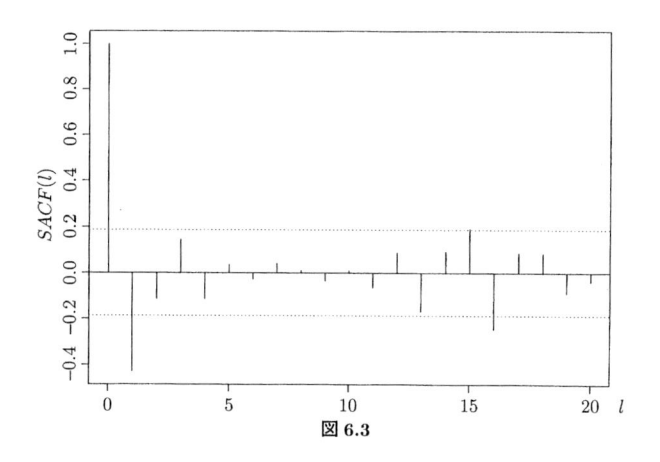

図 6.3

$SACF(l)$ は $l \neq 0$ のときもかなり大きな値をとる l があり, $\{X_t\}$ が互いに独立,あるいは無相関であるとは想定しがたい.さて,このような X_t に対してどのような確率過程 (時系列) モデルを構成すればよいであろうか. 回帰分析的な考えに立てば, X_t がそれ自身の過去の線形結合と誤差項の和で表されるモデル

$$X_t = -b_1 X_{t-1} - \cdots - b_p X_{t-p} + u_t \quad (6.2)$$

を思いつくだろう (後の統一的な記述のため,係数 b_j にマイナス符号をつけた). ここで, $\{u_t, t=1,2,...\} \sim i.i.d.(0,\sigma^2)$ とする. このとき (6.2) で定義される $\{X_t\}$ は **p 次の自己回帰過程** (pth order autoregressive process) といい,以後,簡略化するときには $\{X_t\} \sim AR(p)$ と表記する. このモデルは最

も直感的,自然に従属性を表すモデルの一つであろう.さて上述の風速データ $\{X_t : t = 1, ..., 110\}$ が (6.2) の型のモデルに従っていると想定しよう.しかしながら次数 p, 係数 $b_1, ..., b_p$ と u_t の分散 σ^2 は未知であるので,これらをデータから推測しなくてはならない.時系列モデルの推測論は次節で述べるので,ここでは詳細を省くが,この風速データに標準的な推測法を用いて未知母数 $(p, b_1, ..., b_p, \sigma^2)$ を推定すると,その推定値は

$$(\hat{p}, \hat{b}_1, ..., \hat{b}_p, \hat{\sigma}^2) = (4, 0.6452, 0.5079, 0.2233, 0.1766, 0.1647)$$

となり,$AR(4)$ モデルとなった.これは現時点の気象現象が過去 4 時点前までの状態に依存していることを意味している.

さて,ここで自己回帰モデルの特性をみてみよう.まず $AR(1)$ モデル

$$X_t = -b_1 X_{t-1} + u_t \tag{6.3}$$

を考える.(6.3) の右辺の X_{t-1} に繰り返し漸化式を代入して

$$\begin{aligned}
X_t &= -b_1 X_{t-1} + u_t \\
&= -b_1(-b_1 X_{t-2} + u_{t-1}) + u_t \\
&= (-b_1)^2 X_{t-2} + (-b_1)u_{t-1} + u_t \\
&\quad \vdots \\
&= (-b_1)^{s+1} X_{t-s-1} + (-b_1)^s u_{t-s} + \cdots + (-b_1)u_{t-1} + u_t
\end{aligned}$$

を得る.したがって b_1 が

$$|b_1| < 1 \tag{6.4}$$

を満たし,$\{X_t\}$ が定常であるとすると

$$E\left\{\left|X_t - \sum_{j=0}^{s}(-b_1)^j u_{t-j}\right|^2\right\} = |b_1|^{2(s+1)} E\{|X_{t-s-1}|^2\} \to 0,$$
$(s \to \infty)$

となり

$$X_t = \sum_{j=0}^{\infty}(-b_1)^j u_{t-j} \tag{6.5}$$

の形で表されることがわかる．ここに (6.5) の右辺は $l.i.m._{n\to\infty}$ 極限の意味で定義されている．よって $AR(1)$ モデルは条件 (6.4) のもとで線形過程になっていることがわかる．一般の $AR(p)$ 過程も条件 (6.4) に相当する条件をおけば線形過程に表現可能である．以下，このことをみてみよう．まず複素変数 z の多項式

$$\beta(z) = \sum_{j=0}^{p} b_j z^j, \qquad (b_0 \equiv 1) \tag{6.6}$$

を導入しよう．

仮定 6.1 $\beta(z) = 0$ が $D \equiv \{z \in C : |z| \leq 1\}$ 内に根をもたない．

実際 $p = 1$ のとき，この仮定は (6.4) と同等であることは容易にチェックできよう．さて方程式 $\beta(z) = 0$ の根を $z_1,...,z_p$ とすると，仮定 6.1 は $|z_j| > 1 (j = 1,...,p)$ と同等である．また $\beta(z)$ は

$$\beta(z) = \prod_{j=1}^{p}(1 - z_j^{-1}z)$$

と表せる．後退作用素 $B : B^j X_t = X_{t-j}, j \in \mathbf{Z}$ を用いると，(6.2) は

$$\beta(B)X_t = \prod_{j=1}^{p}(1 - z_j^{-1}B)X_t = u_t \tag{6.7}$$

と書ける．$|z_j| > 1$ なので $(1 - z_j^{-1}B)^{-1}$ は $\sum_{l=0}^{\infty}(z_j^{-1})^l B^l$ の形で表せ，各 j $(j = 1,...,p)$ に対して順次これらを (6.7) の左辺に作用させていくと，仮定 6.1 のもとで $AR(p)$ 過程が線形過程

$$X_t = \sum_{j=0}^{\infty} \rho_j u_{t-j}, \qquad \left(\sum_{j=0}^{\infty} |\rho_j| < \infty\right)$$

の形で表されることがみえよう．

通常の $AR(p)$ 過程の議論では仮定 6.1 を仮定するが，金融や経済に現れる時系列モデルでは上述の根の中に $z_l = 1$ を満たすものがあるモデルを想定した議論を進めることがある．このとき，この自己回帰モデルは**単位根** (unit root) をもつという．単位根をもつ時系列モデルは非定常過程となり，その推定，検

定などの議論は大変難解なものとなることが知られている. 5章の例 5.4 にある $\{Y_t\}$ 過程は $Y_0 = 0$ とすると

$$Y_t = Y_{t-1} + u_t$$

で表される単位根をもつ AR モデルになる. $u_t \sim i.i.d.N(0,1)$ なる正規乱数から $\{Y_t\}$ を生成してプロットしたものが図 5.2 で与えられており,株価などの金融データにみられる形状を連想させるものになっている.

自己回帰モデルはきわめて自然なモデルであるが,誤差項をさらに一般化したモデルが,しばしば用いられる. $\{X_t : t \in \mathbb{Z}\}$ が

$$\sum_{j=0}^{p} b_j X_{t-j} = \sum_{j=0}^{q} a_j u_{t-j}, \quad (a_0 = b_0 = 1,\ a_q \neq 0,\ b_p \neq 0) \quad (6.8)$$

から生成されるとき,**自己回帰移動平均過程** (autoregressive moving average process) といい, $\{X_t\} \sim ARMA(p,q)$ と略記する. ARMA(p,q) 過程の定常性の条件は,仮定 6.1 が満たされることであることは AR 過程の場合と同様に示される. (6.8) の ARMA(p,q) 過程が定常であると仮定して,そのスペクトル構造をみてみよう. 定理 5.3 より $\{X_t\}$, $\{u_t\}$ はスペクトル表現

$$X_t = \int_{-\pi}^{\pi} e^{-it\lambda} dZ_X(\lambda), \quad u_t = \int_{-\pi}^{\pi} e^{-it\lambda} dZ_u(\lambda) \quad (6.9)$$

をもち, $E|dZ_u(\lambda)|^2 = (\sigma^2/2\pi)d\lambda$ となる. (6.8) の両辺のスペクトル表現は

$$\int_{-\pi}^{\pi} e^{-it\lambda} \beta(e^{i\lambda}) dZ_X(\lambda) = \int_{-\pi}^{\pi} e^{-it\lambda} \alpha(e^{i\lambda}) dZ_u(\lambda) \quad (6.10)$$

となる. ここに $\alpha(e^{i\lambda}) = \sum_{j=0}^{q} a_j e^{ij\lambda}$, $\beta(e^{i\lambda}) = \sum_{j=0}^{p} b_j e^{ij\lambda}$ である. したがって関係 $\beta(e^{i\lambda}) dZ_X(\lambda) = \alpha(e^{i\lambda}) dZ_u(\lambda)$ を得る. よって

$$\begin{aligned}
E(|dZ_X(\lambda)|^2) &= E\left[\left|\frac{\alpha(e^{i\lambda})}{\beta(e^{i\lambda})} dZ_u(\lambda)\right|^2\right] \\
&= \left|\frac{\alpha(e^{i\lambda})}{\beta(e^{i\lambda})}\right|^2 E\left[|dZ_u(\lambda)|^2\right] \\
&= \left|\frac{\alpha(e^{i\lambda})}{\beta(e^{i\lambda})}\right|^2 \frac{\sigma^2}{2\pi} d\lambda
\end{aligned}$$

を得る．ゆえに (6.8) で定義される ARMA(p,q) 過程は，スペクトル密度関数

$$f_X(\lambda) = \frac{\sigma^2 |\alpha(e^{i\lambda})|^2}{2\pi |\beta(e^{i\lambda})|^2} \qquad (6.11)$$

をもつ．(6.8) の ARMA 過程は次のように多次元化される．$\boldsymbol{X}_t = (X_{1,t}, ..., X_{m,t})'$ が関係式

$$\sum_{j=0}^{p} B(j) \boldsymbol{X}_{t-j} = \sum_{j=0}^{q} A(j) \boldsymbol{U}_{t-j}, \qquad (6.12)$$

で定義されるとき $\{\boldsymbol{X}_t : t \in \boldsymbol{Z}\}$ は m 次元自己回帰移動平均過程といい，$\{\boldsymbol{X}_t\} \sim VARMA(p,q)$ と表す．ここに $\{A(j)\}, \{B(j)\}$ は $m \times m$ 行列の族，$A(0), B(0)$ は $m \times m$ 恒等行列，$\{\boldsymbol{U}_t\}$ は平均ベクトル $\boldsymbol{0}$，分散行列 V をもつ無相関過程とする．仮定 6.1 に対応する仮定は

$$B(z) = det\left\{\sum_{j=0}^{p} B(j) z^j\right\}, \quad (z \in \boldsymbol{C})$$

を用いて次のようになる．

仮定 6.2　$B(z) = 0$ が $D = \{z \in \boldsymbol{C} : |z| \leq 1\}$ 内に根をもたない．

仮定 6.2 のもとで (6.12) で定義される VARMA(p,q) 過程は定常となり，スペクトル密度行列

$$\begin{aligned} \boldsymbol{f}(\lambda) = &\frac{1}{2\pi} \left\{\sum_{j=0}^{p} B(j) e^{ij\lambda}\right\}^{-1} \left\{\sum_{j=0}^{q} A(j) e^{ij\lambda}\right\} V \\ &\times \left\{\sum_{j=0}^{q} A(j) e^{ij\lambda}\right\}^* \left\{\sum_{j=0}^{p} B(j) e^{ij\lambda}\right\}^{*-1} \end{aligned} \qquad (6.13)$$

をもつ (演習問題 6.1)．

上記では代表的な線形時系列モデルをみたが，近年，実世界を記述するのに線形時系列モデルだけでは不十分であることが指摘され，種々の非線形時系列モデルが提案されてきた．以下では，いくつかの代表的非線形モデルを紹介する．

まず (6.2) で定義された AR(p) モデル

$$X_t + b_1 X_{t-1} + \cdots + b_p X_{t-p} = u_t, \quad (\{u_t\} \sim i.i.d.(0, \sigma^2))$$

を思い出そう．$\mathcal{F}_t$ を $X_t, X_{t-1}, \ldots$ で生成される σ-加法族とするとき，X_t の $\mathcal{F}_{t-1}$ を与えたときの条件付分散は

$$Var(X_t|\mathcal{F}_{t-1}) = \sigma^2 \ a.s. \tag{6.14}$$

となり，時間 t に無関係な定数 σ^2 に等しくなる．ところが，(6.14) が満たされるということは，特に経済時系列解析では受容しがたいきつい仮定となる．そこで，Engle(1982) は X_t の $\mathcal{F}_{t-1}$ を与えたときの条件付平均と分散が

$$\begin{cases} E(X_t|\mathcal{F}_{t-1}) = 0 \ a.s., \\ Var(X_t|\mathcal{F}_{t-1}) = a_0 + \sum_{j=1}^q a_j X_{t-j}^2 \ a.s. \end{cases} \tag{6.15}$$

となる **ARCH(q)**(autoregressive conditional heteroscedastic) モデルを提案した．つまり条件付分散 (6.15) が過去の履歴 $X_{t-1}, X_{t-2}, \ldots, X_{t-q}$ に依存したモデルである．ARCH(q) モデルの具体的表現は

$$\begin{cases} X_t = u_t \sqrt{h_t}, \\ h_t = a_0 + \sum_{j=1}^q a_j X_{t-j}^2 \end{cases} \tag{6.16}$$

で与えられる．ここに，$a_0 > 0$, $a_j \geq 0$, $j = 1, \ldots, q$ で $\{u_t\} \sim i.i.d.(0, 1)$ である．Engle は ARCH モデルの提案とその応用で経済時系列解析の基礎を築いたという貢献が認められて，2003 年度のノーベル経済学賞を受賞している．

ARCH モデルを一般化したものとして，次の **GARCH(p,q)** (generalized ARCH) モデル

$$\begin{cases} X_t = u_t \sqrt{h_t}, \\ h_t = a_0 + a_1 X_{t-1}^2 + \cdots + a_p X_{t-p}^2 + b_1 h_{t-1} + \cdots + b_q h_{t-q} \end{cases} \tag{6.17}$$

が知られている．ここに $a_0 > 0$, $a_j \geq 0$, $j = 1, \ldots, p$, $b_j \geq 0$, $j = 1, \ldots, q$ とする．

ARCH, GARCH モデルは金融時系列の分野で最も基本的なモデルであるが，(6.15) や (6.16) の h_t (ボラティリティと呼ばれている) は X_{t-j} の符号に影響されない．経済の実証分析では，X_t を金融資産の収益率とした場合，資産価格

が上昇した日の翌日よりも，資産価格が下落した翌日の方がボラティリティは上昇する傾向があることが知られている．したがって ARCH, GARCH モデルはこの非対称性を記述できない．そこで，このような非対称性を記述するモデルとして **EGARCH(p,q)**(exponential GARCH) モデル

$$\begin{cases} X_t = u_t \sigma_t, \\ \log \sigma_t^2 = a_0 + \sum_{j=1}^{p} a_j \frac{|X_{t-j}| + \gamma_j X_{t-j}}{\sigma_{t-j}} + \sum_{j=1}^{q} b_j \log \sigma_{t-j}^2 \end{cases} \quad (6.18)$$

が提案された (Nelson, 1991)．ここで a_j, b_j, γ_j は未知母数であるが，対数ボラティリティに関する式なので，ARCH, GARCH モデルのような非負制約を必要としない．上述の非対称性は (6.18) で，$a_1 \gamma_1 < 0$ とすれば理解できるだろう．

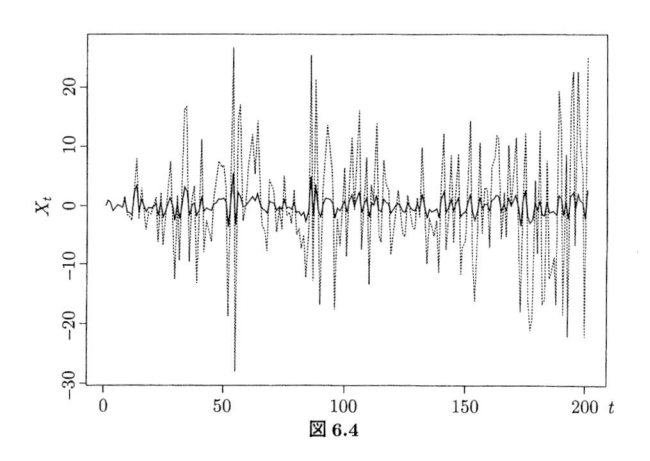

図 6.4

図 6.4 は $\{u_t\} \sim i.i.d.N(0,1)$ なる u_t を発生させ，$X_1, X_2, ..., X_{200}$ を (6.18) により生成してプロットしたものである．実線は $p=1$, $a_0=0$, $a_1=0.5$, $\gamma_1=-0.3$, $b_1=0.2$ とした場合，点線は $p=1$, $a_0=0$, $a_1=0.5$, $\gamma_1=-0.3$, $b_1=0.9$ とした場合の EGARCH の実現値のグラフである．定常性をコントロールする b_1 の値が 1 に近づくと振幅が大きくなるのがわかるだろう．

図 6.5 は (6.18) において $p=1$, $a_0=0$, $a_1=0.5$, $\gamma_1=-0.3$, $b_1=0.2$ の場合，実線で $\sigma_1^2, \sigma_2^2, ..., \sigma_{200}^2$ を，点線で $X_1, X_2, ..., X_{200}$ をプロットしたものである．X_t の値が大きくなった直後の σ_t^2 の値よりも，X_t の値が小さくなった直後の σ_t^2 の値が大きくなる EGARCH の傾向がみえよう．

図 6.5

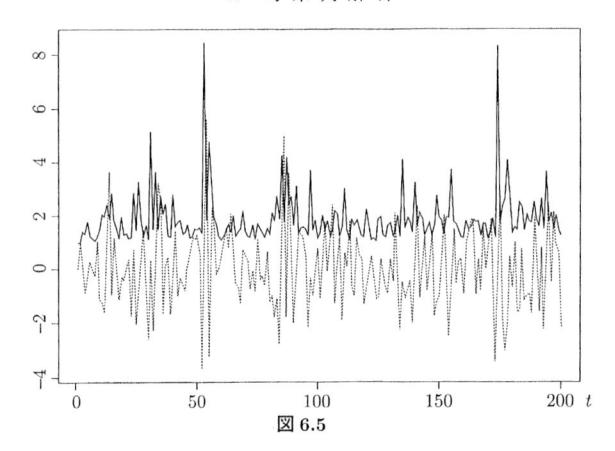

ARCH, GARCH, EGARCH そのものでデータを記述するのではなくて，さらに一般的な **GARCH(EGARCH)** 残差をもつ線形回帰モデル

$$Y_t = Z_t\beta + X_t, \quad (\{X_t\} \sim GARCH(EGARCH)(p,q))$$

や **GARCH(EGARCH)** 攪乱項をもつ **ARMA**(ARMA-(E)GARCH) モデル

$$Y_t + \beta_1 Y_{t-1} + \cdots + \beta_r X_{t-r} = X_t + \alpha_1 X_{t-1} + \cdots + \alpha_s X_{t-s},$$
$$\{X_t\} \sim GARCH(EGARCH)(p,q)$$

などが提案されている．

　自己回帰モデルはモデルを記述する構造が時間変化に対して不変である．これは現実世界のデータを記述するには強い制約となろう．当然ながらモデルを記述する構造が時間とともに変化するのが自然である．この観点より，Tong(1990)は過去の値によって現在の値を記述する自己回帰構造が変化する次のモデルを提案した．$\{X_t\}$ が

$$X_t = \sum_{i=1}^{\ } \left(a_{i0} + \sum_{j=1}^{p} a_{ij} X_{t-j} \right) \chi_{I_i}(X_{t-d}) + u_t \qquad (6.19)$$

で定義されるとき，自己励起閾値自己回帰 (self-exciting threshold autoregressive) モデルに従うといい，$\{X_t\} \sim SETAR(k;p,...,p)$ と書く．ここに $\{u_t\} \sim$

$i.i.d.(0, \sigma^2)$, $I_1 = (-\infty, r_1)$, $I_2 = [r_1, r_2), ..., I_k = [r_{k-1}, \infty)$, $d \in \mathbf{N}$ とする．閾値型モデルの発想を GARCH モデルに取り入れたものとして，**TGARCH** (threshold GARCH) モデルがある．これは

$$\begin{cases} X_t = u_t \sigma_t, \\ \sigma_t^2 = a_0 + \sum_{i=1}^{p}\{a_i + \gamma_i S_{t-i}\}X_{t-i}^2 + \sum_{j=1}^{q} b_j \sigma_{t-j}^2 \end{cases} \quad (6.20)$$

で定義され，$\{X_t\} \sim TGARCH(p,q)$ と書く．ここに

$$S_{t-i} = \begin{cases} 1, & (X_{t-i} < 0), \\ 0, & (X_{t-i} \geq 0) \end{cases}$$

で，係数 $\{a_i\}$，$\{b_j\}$，$\{\gamma_i\}$ は非負とする．たとえば $\gamma_1 > 0$ とすれば 1 時点前で資産価格が下落したら，ボラティリティを上昇させることがみえよう．

次のモデルは**確率的ボラティリティ** (stochastic volatility) モデルと呼ばれるもので，

$$\begin{cases} X_t = \sigma_t u_t, \\ \log \sigma_t^2 - \alpha_1 \log \sigma_{t-1}^2 - \cdots - \alpha_m \log \sigma_{t-m}^2 = \alpha_0 + v_t \end{cases} \quad (6.21)$$

で定義される．ここに $\{v_t\} \sim i.i.d.(0, \sigma_v^2)$ で $\{u_t\}$ と $\{v_t\}$ は互いに独立とする．また $\log \sigma_t^2$ の定常性のため母数 $\{\alpha_j\}$ に対しては，方程式

$$1 - \alpha_1 z - \cdots - \alpha_m z^m = 0$$

が単位円の外に根をもつと仮定する．

近年きわめて多数の非線形時系列モデルが提案されてきており，本書ではとてもすべてを網羅できないが，ARCH, AR-ARCH, SETAR や**指数型自己回帰** (exponential AR : EXPAR) モデル

$$X_t = \{a_1 + b_1 \exp(-cX_{t-d}^2)\}X_{t-1} + \cdots + \{a_p + b_p \exp(-cX_{t-d}^2)\}X_{t-p} + u_t \quad (6.22)$$

を含み，さらに多次元化されたモデル

$$\boldsymbol{X}_t = \boldsymbol{F}_\theta(\boldsymbol{X}_{t-1}, ..., \boldsymbol{X}_{t-p}) + \boldsymbol{H}_\theta(\boldsymbol{X}_{t-1}, ..., \boldsymbol{X}_{t-q})\boldsymbol{U}_t \quad (6.23)$$

が提案されている.ここに $X_t = (X_{1,t}, ..., X_{m,t})'$, $U_t = (U_{1,t}, ..., U_{m,t})' \sim$ i.i.d.$(\mathbf{0}, V)$ で,$F_\theta : \mathbf{R}^{mp} \to \mathbf{R}^m$, $H_\theta : \mathbf{R}^{mq} \to \mathbf{R}^m \times \mathbf{R}^m$ は可測関数,$\theta = (\theta_1, ..., \theta_r)' \in \Theta \subset \mathbf{R}^r$ は未知母数とする.(6.23) は **CHARN**(conditional heteroscedastic autoregressive nonlinear) モデルと呼ばれるきわめて一般的なモデルである (Härdle, Tsybakov and Yang, 1998).このモデルは金融データ解析だけでなく,脳波や筋電波の解析にも応用可能で,しかも有用であることがわかってきている (Kato, Taniguchi and Honda, 2004).

今まで言及してきた非線形時系列モデルの統計解析を行う場合,やはりモデルの定常性が基本的要件となってくる.以下では定常性のための十分条件を代表的なモデルに対して結果だけ述べる.

定理 6.1 (Chen and An, 1998) (6.17) で定義される GARCH モデル $\{X_t\}$ が

$$\sum_{i=1}^{q} a_i + \sum_{j=1}^{p} b_j < 1 \tag{6.24}$$

を満たすとき,$\{X_t\}$ は強定常過程となる.

きわめて一般的なモデル (6.23) の定常性の十分条件も与えることができる.以下,$|A|$ は A がベクトル,または行列であるとき,A のすべての要素の絶対値をとったものの和を表すとし,$\boldsymbol{x} = (x_{11}, ..., x_{1m}, x_{21}, ..., x_{2m}, ..., x_{p1}, ..., x_{pm})'$ $\in \mathbf{R}^{mp}$ とする.また (6.23) で,以下,一般性を失うことなく $p = q$ と仮定する.

定理 6.2 (Lu and Jiang, 2001) (6.23) の CHARN モデルで以下を仮定する.
(i) U_t は確率密度関数 $p(\boldsymbol{u}) > 0$ a.e., $\boldsymbol{u} \in \mathbf{R}^m$ をもつ.
(ii) 定数 $a_{ij} \geq 0$, $b_{ij} \geq 0$, $1 \leq i \leq m$, $1 \leq j \leq p$ が存在して,$|\boldsymbol{x}| \to \infty$ のとき,

$$|F_\theta(\boldsymbol{x})| \leq \sum_{i=1}^{m} \sum_{j=1}^{p} a_{ij} |x_{ij}| + o(|\boldsymbol{x}|),$$

$$|H_\theta(\boldsymbol{x})| \leq \sum_{i=1}^{m} \sum_{j=1}^{p} b_{ij} |x_{ij}| + o(|\boldsymbol{x}|)$$

を満たす.

(iii) $H_\theta(x)$ は x に関して連続で対称な関数で，正数 $\lambda > 0$ が存在して，任意の $x \in R^{mp}$ に対して

$$\{H_\theta(x) \text{ の最小固有値}\} \geq \lambda$$

が成り立つ.

(iv)
$$\max_{1 \leq i \leq m} \left\{ \sum_{j=1}^{p} a_{ij} + E|U_1| \sum_{j=1}^{p} b_{ij} \right\} < 1.$$

このとき (6.23) で定義される CHARN モデル $\{X_t\}$ は強定常過程となる．

確率解析に基づいた金融工学では，金融時系列データは多くの場合，連続時間確率微分方程式で定義される拡散過程モデルで記述される．金融時系列は基本的には離散時間データであり，連続時間モデルは，この現象を記述するモデルである．統計解析に主眼を置く場合は，離散時間モデルの方が，種々の面で便利であるので，本書では離散時間モデルに基づいた議論をするが，以下，両者の関係をごく簡単に述べておこう．

区間 $[0, T]$ を n 個の長さ $s_n = T/n$ の部分区間に分割し，$t_k = k s_n$, $k = 0, 1, ..., n$ とおく．次に $\{\epsilon_k\} \sim i.i.d. N(0, 1)$ に対して

$$\xi_k = \{Var(\log \epsilon_1^2)\}^{-\frac{1}{2}} \{\log \epsilon_k^2 - E(\log \epsilon_k^2)\}$$

と定義する．$\{X_{n,k}\}$ は

$$X_{n,k} - X_{n,k-1} = (\gamma_0 + \gamma_1 \sigma_{n,k}^2) s_n + \sigma_{n,k} s_n^{\frac{1}{2}} \epsilon_k,$$
$$\log \sigma_{n,k}^2 = \beta_0 s_n + (1 + \beta_1 s_n) \log \sigma_{n,k-1}^2 + \beta_2 s_n^{\frac{1}{2}} \xi_{k-1} \quad (6.25)$$

で定義される AR-GARCH 型モデルとしよう．上述のモデルから連続時間 t で定義された

$$\begin{aligned} X_{n,t} &= X_{n,k}, & (t \in [t_k, t_{k+1})) \\ \sigma_{n,t}^2 &= \sigma_{n,k}^2, & (t \in [t_k, t_{k+1})) \end{aligned} \quad (6.26)$$

を定義する．Nelson(1990) は，$n \to \infty$ としたとき $\{X_{n,t}\}$ と $\{\sigma_{n,t}^2\}$ は次の確率微分方程式

$$dX_t = (\gamma_0 + \gamma_1 \sigma_t^2)\, dt + \sigma_t dW_{1,t}$$
$$d\log \sigma_t^2 = (\beta_0 + \beta_1 \log \sigma_t^2)\, dt + \beta_2 dW_{2,t} \qquad (6.27)$$

で定義される拡散過程 $\{X_t\}$ と $\{\sigma_t^2\}$ に，それぞれ，分布収束することを示した．ここに $\{W_{1,t}\}$ と $\{W_{2,t}\}$ は互いに独立なウイーナー過程 (定義 A 8.1 を参照) である．したがって，(6.27) は (6.25) の連続時間モデル極限と理解できる．さらに種々の GARCH 型モデルに対しては，Duan(1997) が拡散過程型の極限を求めた．

6.2　時系列モデルの推測

前節で種々の時系列モデルの紹介をしたが，実際にはこれらのモデルに含まれる未知母数は観測系列から推測されなければならない．まず最も基本的なモデルの一つである自己回帰モデル (AR(p))

$$X_t + b_1 X_{t-1} + \cdots + b_p X_{t-p} = u_t \qquad (6.28)$$

を考えよう．係数 $b_1, ..., b_p$ は定常性のための条件である仮定 6.1 を満たし，$\{u_t\} \sim i.i.d.N(0, \sigma^2)$ であるとする．

さて，未知母数 $\boldsymbol{\theta} = (b_1, ..., b_p, \sigma^2)'$ をどのように推測すればよいであろうか．独立標本の推定論では，すでに 3.4 節で自然な仮定のもと，最尤推定量が漸近有効となることをみた．実は結論からいうと従属標本の場合もこの結論が成り立つ．そこで以下 $\boldsymbol{\theta}$ の最尤推定を考える．(6.28) からの観測系列を $\boldsymbol{X} = (X_1, ..., X_n)'$ とし，変換

$$(X_1, \cdots, X_p, u_{p+1}, \cdots, u_n)' \longrightarrow (X_1, \cdots, X_p, X_{p+1}, \cdots, X_n)' \quad (6.29)$$

を考える．(6.28) のモデルは $X_t = \sum_{j=0}^{\infty} \rho_j u_{t-j}$ の形に表現できるので，$u_{p+1}, ..., u_n$ と $\boldsymbol{X}_p = (X_1, ..., X_p)'$ は互いに独立になる．よって (6.29) の左辺の尤度は

6.2 時系列モデルの推測

$$\varphi_p(\boldsymbol{X}_p)\frac{1}{(2\pi)^{\frac{n-p}{2}}(\sigma^2)^{\frac{n-p}{2}}}\exp\left\{-\frac{1}{2\sigma^2}\sum_{t=p+1}^{n}u_t^2\right\} \quad (6.30)$$

となる.ここに $\varphi_p(\cdot)$ は $\boldsymbol{X}_p$ の同時確率密度関数である.(6.28) の関係式より変換 (6.29) のヤコビアンは 1 となるので変数変換公式 (定理 A 8.6) より $\boldsymbol{X}$ の尤度は

$$\begin{aligned}L_n(\boldsymbol{\theta}) = \; & \varphi_p(\boldsymbol{X}_p)\frac{1}{(2\pi)^{\frac{n-p}{2}}(\sigma^2)^{\frac{n-p}{2}}}\exp\Big\{-\frac{1}{2\sigma^2}\sum_{t=p+1}^{n}(X_t+b_1X_{t-1}\\ & +\cdots+b_pX_{t-p})^2\Big\}\end{aligned} \quad (6.31)$$

となる.対数尤度 $l_n(\boldsymbol{\theta}) = \log L_n(\boldsymbol{\theta})$ は

$$\begin{aligned}l_n(\boldsymbol{\theta}) = \; & \log\varphi_p(\boldsymbol{X}_p) - \frac{n-p}{2}\log 2\pi - \frac{n-p}{2}\log\sigma^2 \\ & -\frac{1}{2\sigma^2}\sum_{t=p+1}^{n}(X_t+b_1X_{t-1}+\cdots+b_pX_{t-p})^2\end{aligned} \quad (6.32)$$

となり,$\boldsymbol{\theta}$ の最尤推定量 $\hat{\boldsymbol{\theta}}_{ML}$ は

$$\hat{\boldsymbol{\theta}}_{ML} = \arg\sup_{\boldsymbol{\theta}} l_n(\boldsymbol{\theta})$$

で求めればよいが,1 次の自己回帰モデル $AR(1)$ の場合でも $\hat{\boldsymbol{\theta}}_{ML}$ は簡単な形では求まらない (演習問題 6.2).(6.31) を $\varphi_p(\boldsymbol{X}_p)$ で割ったものは,$\boldsymbol{X}$ の $\boldsymbol{X}_p$ を与えたときの条件付尤度となる.これの対数をとって,定数項を無視したものは

$$l_n^Q(\boldsymbol{\theta}) = -\frac{n-p}{2}\log\sigma^2 - \frac{1}{2\sigma^2}\sum_{t=p+1}^{n}(X_t+b_1X_{t-1}+\cdots+b_pX_{t-p})^2 \quad (6.33)$$

となり,これを 擬似 (quasi) 正規対数尤度 と呼び,$\boldsymbol{\theta}$ の擬似正規最尤推定量 (quasi-GMLE) を

$$\hat{\boldsymbol{\theta}}_{QGML} = \arg\sup_{\boldsymbol{\theta}} l_n^Q(\boldsymbol{\theta}) \quad (6.34)$$

で定義する ($\hat{\boldsymbol{\theta}}_{QGML}$ を条件付最尤推定量と呼ぶ文献もあるが,本書では擬似正規最尤推定量と呼ぶことにする).これは次のようにして求められる.$\boldsymbol{b} = (b_1,...,b_p)'$,$\tilde{\boldsymbol{X}}_{t-1} = (X_{t-1},...,X_{t-p})'$ として

$$\frac{\partial l_n^Q(\boldsymbol{\theta})}{\partial \boldsymbol{b}} = -\frac{1}{\sigma^2} \sum_{t=p+1}^{n} \tilde{\boldsymbol{X}}_{t-1}(X_t + b_1 X_{t-1} + \cdots + b_p X_{t-p}) = \boldsymbol{0}, \quad (6.35)$$

$$\frac{\partial l_n^Q(\boldsymbol{\theta})}{\partial \sigma^2} = -\frac{n-p}{2}\frac{1}{\sigma^2} + \frac{1}{2\sigma^4} \sum_{t=p+1}^{n} (X_t + b_1 X_{t-1} + \cdots + b_p X_{t-p})^2 = 0 \quad (6.36)$$

を満たす $\boldsymbol{b} = \hat{\boldsymbol{b}}_{QGML}$ と $\sigma^2 = \hat{\sigma}^2_{QGML}$ がこれらの quasi-GMLE となる.ここで

$$\hat{\Gamma}_p \equiv \frac{1}{n-p} \sum_{t=p+1}^{n} \tilde{\boldsymbol{X}}_{t-1}\tilde{\boldsymbol{X}}'_{t-1},$$

$$\hat{\boldsymbol{r}}_p \equiv \frac{1}{n-p} \sum_{t=p+1}^{n} \tilde{\boldsymbol{X}}_{t-1} X_t$$

とすると, (6.35) と (6.36) は

$$\hat{\Gamma}_p \hat{\boldsymbol{b}}_{QGML} = -\hat{\boldsymbol{r}}_p, \quad (6.37)$$

$$\hat{\sigma}^2_{QGML} = \frac{1}{n-p} \sum_{t=p+1}^{n} (X_t + \hat{\boldsymbol{b}}'_{QGML}\tilde{\boldsymbol{X}}_{t-1})^2 \quad (6.38)$$

を意味する.$\{X_t\}$ は強定常エルゴード過程なので定理 5.7 より

$$\hat{\Gamma}_p \xrightarrow{a.s.} E(\tilde{\boldsymbol{X}}_{t-1}\tilde{\boldsymbol{X}}'_{t-1}) \quad (= \Gamma_p \text{とする}) \quad (6.39)$$

$$\hat{\boldsymbol{r}}_p \xrightarrow{a.s.} E(\tilde{\boldsymbol{X}}_{t-1} X_t) \quad (= \boldsymbol{r}_p \text{とする}) \quad (6.40)$$

となる.ここで Γ_p は正則な行列となる (演習問題 6.3).また $X_t = -\tilde{\boldsymbol{X}}'_{t-1}\boldsymbol{b} + u_t$ なので,(6.40) より $\boldsymbol{r}_p = -\Gamma_p \boldsymbol{b}$ と書け,十分大きな n に対して $\hat{\boldsymbol{b}}_{QGML} = -\hat{\Gamma}_p^{-1}\hat{\boldsymbol{r}}_p$ の形で解けるので,(6.37),(6.39),(6.40) より $\hat{\boldsymbol{b}}_{QGML} \xrightarrow{a.s.} \boldsymbol{b}$ となることがわかる.一方

$$\hat{\sigma}^2_{QGML} = \frac{1}{n-p} \sum_{t=p+1}^{n} \{u_t + (\hat{\boldsymbol{b}}_{QGML} - \boldsymbol{b})'\tilde{\boldsymbol{X}}_{t-1}\}^2$$

$$= \frac{1}{n-p} \sum_{t=p+1}^{n} u_t^2 + 2(\hat{\boldsymbol{b}}_{QGML} - \boldsymbol{b})'\frac{1}{n-p}\sum_{t=p+1}^{n} u_t \tilde{\boldsymbol{X}}_{t-1}$$

$$+(\hat{\boldsymbol{b}}_{QGML} - \boldsymbol{b})' \left\{ \frac{1}{n-p} \sum_{t=p+1}^{n} \tilde{\boldsymbol{X}}_{t-1} \tilde{\boldsymbol{X}}'_{t-1} \right\} (\hat{\boldsymbol{b}}_{QGML} - \boldsymbol{b})$$
$$= ((A) + (B) + (C) \text{と書く}) \tag{6.41}$$

定理 5.7 より $(A) \xrightarrow{a.s.} \sigma^2$ となり, (B) 項に現れる $(n-p)^{-1} \sum_{t=p+1}^{n} u_t \tilde{\boldsymbol{X}}_{t-1}$ と (C) 項に現れる $(n-p)^{-1} \sum_{t=p+1}^{n} \tilde{\boldsymbol{X}}_{t-1} \tilde{\boldsymbol{X}}'_{t-1}$ は,それぞれ

$$\frac{1}{n-p} \sum_{t=p+1}^{n} u_t \tilde{\boldsymbol{X}}_{t-1} \xrightarrow{a.s.} 0, \qquad \frac{1}{n-p} \sum_{t=p+1}^{n} \tilde{\boldsymbol{X}}_{t-1} \tilde{\boldsymbol{X}}'_{t-1} \xrightarrow{a.s.} \Gamma_p \tag{6.42}$$

を満たす.したがって (6.41) と (6.42) より, $\hat{\sigma}^2_{QGML} \xrightarrow{a.s.} \sigma^2$ を得る.以上より,

$$\left\{ \begin{array}{l} \sqrt{n}(\hat{\boldsymbol{b}}_{QGML} - \boldsymbol{b}) \\ \sqrt{n}(\hat{\sigma}^2_{QGML} - \sigma^2) \end{array} \right\} = \left\{ \begin{array}{l} -\Gamma_p^{-1} \frac{1}{\sqrt{n-p}} \sum_{t=p+1}^{n} \tilde{\boldsymbol{X}}_{t-1} u_t \\ \frac{1}{\sqrt{n-p}} \sum_{t=p+1}^{n} (u_t^2 - \sigma^2) \end{array} \right\} + o(1) \quad a.s. \tag{6.43}$$

と書けるので,(6.43) の右辺第 1 項に Cramér-Wold device (定理 A 8.5) と定理 5.9 を適用すると,以下の定理を得る.

定理 6.3 (6.28) の AR(p) 過程に対して
(i)
$$\hat{\boldsymbol{b}}_{QGML} \xrightarrow{a.s.} \boldsymbol{b}, \qquad \hat{\sigma}^2_{QGML} \xrightarrow{a.s.} \sigma^2, \tag{6.44}$$

(ii)
$$\begin{bmatrix} \sqrt{n}(\hat{\boldsymbol{b}}_{QGML} - \boldsymbol{b}) \\ \sqrt{n}(\hat{\sigma}^2_{QGML} - \sigma^2) \end{bmatrix} \xrightarrow{d} N\left[\boldsymbol{0}, \begin{pmatrix} \sigma^2 \Gamma_p^{-1} & 0 \\ 0 & 2\sigma^2 \end{pmatrix} \right] \tag{6.45}$$

が成り立つ.

AR(p) 過程に対して擬似対数尤度は (6.33) の形で明示的な形で表されたが,ARMA 過程やその他のモデルでは,一般にこのような明示的な形で表すことは難しい.そこで別の言葉で近似的尤度を表してみよう.6.1 節でみたように $\{X_t\}$ のスペクトル密度関数は

$$f_{\boldsymbol{\theta}}^{AR}(\lambda) = \frac{\sigma^2}{2\pi}\left|\sum_{j=0}^{p} b_j e^{ij\lambda}\right|^{-2} \tag{6.46}$$

となる．これと 5.2 節で述べたピリオドグラム

$$I_n(\lambda) = \frac{1}{2\pi n}\left|\sum_{t=1}^{n} X_t e^{it\lambda}\right|^2 \tag{6.47}$$

で (6.33) を表すことを考えよう．まず次の積分を実行すると

$$\int_{-\pi}^{\pi} f_{\boldsymbol{\theta}}^{AR}(\lambda)^{-1} I_n(\lambda)\, d\lambda \tag{6.48}$$

$$= \frac{2\pi}{\sigma^2 n} \sum_{j_1=1}^{p}\sum_{j_2=1}^{p} b_{j_1} b_{j_2} \sum_{t=1+\max\{j_1,j_2\}}^{n+\min\{j_1,j_2\}} X_{t-j_1} X_{t-j_2}$$

$$= \frac{2\pi}{\sigma^2 n} \sum_{j_1=1}^{p}\sum_{j_2=1}^{p} b_{j_1} b_{j_2} \sum_{t=p+1}^{n} X_{t-j_1} X_{t-j_2} + O_p\left(\frac{1}{n}\right)$$

$$= \frac{2\pi}{\sigma^2}\frac{1}{n}\sum_{t=p+1}^{n}\left(\sum_{j=0}^{p} b_j X_{t-j}\right)^2 + O_p\left(\frac{1}{n}\right) \tag{6.49}$$

を得る (演習問題 6.5)．一方，関与のモデルは仮定 6.1 を満たすので

$$f_{\boldsymbol{\theta}}^{AR}(\lambda) = \frac{\sigma^2}{2\pi}\left[(1-z_1 e^{i\lambda})\overline{(1-z_1 e^{i\lambda})}\cdots(1-z_p e^{i\lambda})\overline{(1-z_p e^{i\lambda})}\right]^{-1} \tag{6.50}$$

と表せる．ただし $|z_j|<1,\ j=1,...,p$. このとき

$$\int_{-\pi}^{\pi} \log f_{\boldsymbol{\theta}}^{AR}(\lambda)\, d\lambda$$

$$= \int_{-\pi}^{\pi}\left[-\sum_{j=1}^{p}\{\log(1-z_j e^{i\lambda}) + \log(1-\bar{z}_j e^{-i\lambda})\} + \log\left(\frac{\sigma^2}{2\pi}\right)\right] d\lambda$$

$$= -\sum_{j=1}^{p}\left[\int_{-\pi}^{\pi}\left\{\sum_{k=1}^{\infty}\frac{z_j^k e^{ik\lambda}}{k} + \sum_{k=1}^{\infty}\frac{\bar{z}_j^k e^{-ik\lambda}}{k}\right\} d\lambda\right] + 2\pi\log\frac{\sigma^2}{2\pi}$$

$$= 2\pi\log\frac{\sigma^2}{2\pi} \tag{6.51}$$

となる．よって (6.33),(6.48),(6.49),(6.51) より定数部分は除いて

$$l_n^Q(\boldsymbol{\theta}) = -\frac{n}{4\pi}\int_{-\pi}^{\pi}\left\{\log f_{\boldsymbol{\theta}}^{AR}(\lambda) + \frac{I_n(\lambda)}{f_{\boldsymbol{\theta}}^{AR}(\lambda)}\right\}d\lambda + O_p(1) \quad (6.52)$$

となるので $\boldsymbol{\theta}$ の QGMLE を求めることは

$$\int_{-\pi}^{\pi}\left\{\log f_{\boldsymbol{\theta}}^{AR}(\lambda) + \frac{I_n(\lambda)}{f_{\boldsymbol{\theta}}^{AR}(\lambda)}\right\}d\lambda \quad (6.53)$$

を $\boldsymbol{\theta}$ について最小にする値を求めるのと漸近的に同等となる．(6.52) は AR(p) 過程に対して求められた近似式であったが，ARMA 過程を含む一般の定常モデルに対しても成立する．具体的には $\{X_t\}$ が共分散関数 $R(\cdot)$, スペクトル密度関数 $f_{\boldsymbol{\theta}}(\lambda)$, $\boldsymbol{\theta}\in\Theta$ をもつ正規定常過程で，

A-(1) 正数 M_1, M_2 が存在して

$$0 < M_1 \leq f_{\boldsymbol{\theta}}(\lambda) \leq M_2 < \infty,$$

A-(2)
$$\sum_{t=1}^{\infty}t|R(t)|^2 < \infty$$

を満たすならば (6.52) の形の近似式が成立し，

$$D(f_{\boldsymbol{\theta}}, I_n) = \int_{-\pi}^{\pi}\left\{\log f_{\boldsymbol{\theta}}(\lambda) + \frac{I_n(\lambda)}{f_{\boldsymbol{\theta}}(\lambda)}\right\}d\lambda \quad (6.54)$$

が $(-4\pi/n)\times$ (対数尤度) の近似の主要オーダー項になっている．したがって，以後

$$\hat{\boldsymbol{\theta}}_{QGML} \equiv \arg\min_{\boldsymbol{\theta}\in\Theta}D(f_{\boldsymbol{\theta}}, I_n) \quad (6.55)$$

で定義される推定量を正規過程の未知母数 $\boldsymbol{\theta}$ の擬似最尤推定量と呼ぶことにする．

$\{X_t\}$ のピリオドグラムの積分について，次のことが知られている (たとえば，Dzhaparidze, 1986；Taniguchi and Kakizawa, 2000). 連続な関数 $\psi(\lambda)$ で $\psi(\lambda)=\psi(-\lambda)$ を満たすものに対して

$$\int_{-\pi}^{\pi}\psi(\lambda)I_n(\lambda)\ d\lambda \xrightarrow{p} \int_{-\pi}^{\pi}\psi(\lambda)f_{\boldsymbol{\theta}}(\lambda)\ d\lambda, \quad (6.56)$$

$$\sqrt{n}\left[\int_{-\pi}^{\pi}\psi(\lambda)I_n(\lambda)\ d\lambda\ -\ \int_{-\pi}^{\pi}\psi(\lambda)f_{\boldsymbol{\theta}}(\lambda)d\lambda\right]$$
$$\stackrel{d}{\longrightarrow}\ N\left(0,4\pi\int_{-\pi}^{\pi}\psi(\lambda)^2 f_{\boldsymbol{\theta}}(\lambda)^2 d\lambda\right) \quad (6.57)$$

が成立する．よって $(\partial/\partial\boldsymbol{\theta})D(f_{\hat{\boldsymbol{\theta}}_{QGML}},I_n)$ を $\boldsymbol{\theta}$ のまわりで Taylor 展開して

$$\boldsymbol{0}\ =\ \frac{\partial}{\partial\boldsymbol{\theta}}D\left(f_{\hat{\boldsymbol{\theta}}_{QGML}},I_n\right)\ \sim\ \frac{\partial}{\partial\boldsymbol{\theta}}D(f_{\boldsymbol{\theta}},I_n) + \frac{\partial^2}{\partial\boldsymbol{\theta}\partial\boldsymbol{\theta}'}D(f_{\boldsymbol{\theta}},I_n)(\hat{\boldsymbol{\theta}}_{QGML}-\boldsymbol{\theta}) \quad (6.58)$$

を得る．よって $(\partial/\partial\boldsymbol{\theta})D(f_{\boldsymbol{\theta}},f)|_{f=f_{\boldsymbol{\theta}}}=\boldsymbol{0}$ とすれば

$$\sqrt{n}(\hat{\boldsymbol{\theta}}_{QGML}-\boldsymbol{\theta})$$
$$\sim\ -\left[\frac{\partial^2}{\partial\boldsymbol{\theta}\partial\boldsymbol{\theta}'}D(f_{\boldsymbol{\theta}},I_n)\right]^{-1}\sqrt{n}\left[\frac{\partial}{\partial\boldsymbol{\theta}}D(f_{\boldsymbol{\theta}},I_n)-\frac{\partial}{\partial\boldsymbol{\theta}}D(f_{\boldsymbol{\theta}},f)|_{f=f_{\boldsymbol{\theta}}}\right] \quad (6.59)$$

となるので，次の定理が大まかに把握できよう．

定理 6.4 $\{X_t\}$ が **A-(1), A-(2)** を満たし，平均 $\boldsymbol{0}$, スペクトル密度関数 $f_{\boldsymbol{\theta}}(\lambda)$, $\boldsymbol{\theta}\in\Theta$(開集合)$\subset \boldsymbol{R}^r$ をもつ正規定常過程とする．$f_{\boldsymbol{\theta}}(\lambda)$ は $\boldsymbol{\theta}$ に関して 2 回連続的微分可能で，これらの導関数は λ に関して連続であるとする．また $f_{\boldsymbol{\theta}_1}(\lambda)=f_{\boldsymbol{\theta}_2}(\lambda)\ a.e.,\lambda\in[-\pi,\pi]$ となるのは $\boldsymbol{\theta}_1=\boldsymbol{\theta}_2$ に限るとする．このとき (6.55) で定義される推定量 $\hat{\boldsymbol{\theta}}_{QGML}$ に対して次が成り立つ．

(i) $\hat{\boldsymbol{\theta}}_{QGML} \xrightarrow{p} \boldsymbol{\theta}$, (6.60)

(ii) $\sqrt{n}(\hat{\boldsymbol{\theta}}_{QGML}-\boldsymbol{\theta}) \xrightarrow{d} N(\boldsymbol{0},\mathcal{F}(\boldsymbol{\theta})^{-1})$. (6.61)

ただし

$$\mathcal{F}(\boldsymbol{\theta})\ =\ \frac{1}{4\pi}\int_{-\pi}^{\pi}\frac{\partial}{\partial\boldsymbol{\theta}}\log f_{\boldsymbol{\theta}}(\lambda)\frac{\partial}{\partial\boldsymbol{\theta}'}\log f_{\boldsymbol{\theta}}(\lambda)\ d\lambda \quad (6.62)$$

で，時系列解析における正規 **Fisher** 情報量行列 と呼ばれる．

$\{\boldsymbol{X}_t\}$ が (5.33) で定義される m 次元一般線形過程で，(5.34) で定義されるスペクトル密度行列が未知母数 $\boldsymbol{\theta}\in\Theta\subset \boldsymbol{R}^r$ で規定され，$\boldsymbol{f}(\lambda)=\boldsymbol{f}_{\boldsymbol{\theta}}(\lambda)$ と表されるとする．このとき (6.54) の多次元化されたもの

$$\tilde{D}(\boldsymbol{f}_{\boldsymbol{\theta}},\boldsymbol{I}_n)\ \equiv\ \int_{-\pi}^{\pi}[\log det\{\boldsymbol{f}_{\boldsymbol{\theta}}(\lambda)\}\ +\ tr\{\boldsymbol{I}_n(\lambda)\boldsymbol{f}_{\boldsymbol{\theta}}(\lambda)^{-1}\}]\ d\lambda \quad (6.63)$$

を定義する. ここに

$$I_n(\lambda) = \frac{1}{2\pi n}\left\{\sum_{t=1}^n X_t e^{it\lambda}\right\}\left\{\sum_{t=1}^n X_t e^{it\lambda}\right\}^* \qquad (6.64)$$

である. $\{X_t\}$ は正規過程とは仮定してないので, 非正規過程である場合, $\tilde{D}(f_\theta, I_n)$ が近似対数尤度でなくなるが, Hosoya and Taniguchi(1982) は, 自然な仮定のもとで $\tilde{\theta}_{QGML} \equiv arg\min_{\theta\in\Theta}\tilde{D}(f_\theta, I_n)$ に対して

(i) $\tilde{\theta}_{QGML} \xrightarrow{p} \theta$,

(ii) $\sqrt{n}(\tilde{\theta}_{QGML} - \theta) \xrightarrow{d} N(\mathbf{0}, V)$

が成り立つことを示した. ここに V は X_t の非正規性を表す量に依存する. この事柄は, 非正規 VARMA 過程を含むきわめて一般的な多次元時系列モデルの母数推定に使え, しかも $\tilde{\theta}_{QGML}$ は非正規過程の場合でも $\sqrt{n}$ 一致性や漸近正規性などの基本的な「よさ」をもっていることを示している.

上記は線形時系列モデルの推測の話であったが, 以下は非線形時系列モデルの推測を行う. まず次の ARCH(q) モデル

$$\begin{cases} X_t = u_t\sqrt{h_t}, \\ h_t = a_0 + \sum_{j=1}^q a_j X_{t-j}^2 \end{cases} \qquad (6.65)$$

を考えよう. ただし $a_0 > 0$, $a_j \geq 0$, $j = 1,...,q$ で $\{u_t\} \sim i.i.d.(0,1)$ で確率密度関数 $g(u)$ をもつとする. $g(u)$ の候補としては次の (N), (T), (GG) がしばしば用いられる.

(N) 標準正規分布

$$g(u) = \frac{1}{\sqrt{2\pi}}\exp\left(-\frac{u^2}{2}\right),$$

(T) 自由度 ν の t-分布

$$g(u) = \frac{\Gamma((\nu+1)/2)}{(\pi\nu)^{1/2}\Gamma(\nu/2)}\left(\frac{\nu}{\nu-2}\right)^{1/2}\left(1+\frac{u^2}{\nu-2}\right)^{-\frac{\nu+1}{2}},$$

(GG) 一般化正規分布

$$g(u) = \nu\left\{\lambda 2^{1+\frac{1}{\nu}}\Gamma\left(\frac{1}{\nu}\right)\right\}^{-1}\exp\left\{-\frac{1}{2}\left|\frac{u}{\lambda}\right|^\nu\right\}.$$

ここに，$\lambda = \{2^{-2/\nu}\Gamma(1/\nu)/\Gamma(3/\nu)\}^{1/2}$ で $0 < \nu < 2$ を満たす．一般化正規分布は特別な場合として 2 重指数分布

$$g(u) = \frac{1}{\sqrt{2}}\exp\{-\sqrt{2}|u|\}$$

を含む．(T) と (GG) は正規分布よりも裾の重い分布である．

未知母数 $\boldsymbol{\theta} = (a_0,...,a_q)'$ の最尤推定量を考えよう．AR モデルと同様 $X_1,...,X_n$ の尤度自体は取り扱いにくいので，$(X_1,...,X_q)$ を与えたときの条件付尤度を考える．これを擬似尤度と呼ぶことにする．擬似対数尤度はこの場合

$$l_n^Q(\boldsymbol{\theta}) = \sum_{t=q+1}^{n}\left\{-\frac{1}{2}\log h_t + \log g\left(\frac{X_t}{\sqrt{h_t}}\right)\right\} \qquad (6.66)$$

と書け，$\boldsymbol{\theta}$ の擬似最尤推定量は

$$\hat{\boldsymbol{\theta}}_{QML} \equiv arg\sup_{\boldsymbol{\theta}} l_n^Q(\boldsymbol{\theta}) \qquad (6.67)$$

で定義される．

GARCH 型モデルの母数も同様に推定できる．GARCH(p,q) モデル

$$\begin{cases} X_t = u_t\sqrt{h_t}, \\ h_t = a_0 + a_1 X_{t-1}^2 + \cdots + a_q X_{t-q}^2 + b_1 h_{t-1} + \cdots + b_p h_{t-p} \end{cases} \qquad (6.68)$$

に対しても基本的には (6.66) 型の擬似対数尤度を最大にする $\boldsymbol{\theta} = (a_0,...,a_q, b_1,...,b_p)'$ の値を求めればよいが，(6.68) のモデルで h_t が X_{t-j}^2 の線形表現可能であるとすれば，一般に

$$h_t = c_0 + \sum_{j=1}^{\infty} c_j X_{t-j}^2$$

の形になる．観測系列としては $X_1,...,X_n$ なので，(6.66) が計算可能であるためには，h_t を計算可能表現

$$\tilde{h}_t = c_0 + \sum_{j=1}^{t-1} c_j X_{t-j}^2 \qquad (6.69)$$

で置き換える必要がある．すなわち

$$\tilde{l}_n^Q(\boldsymbol{\theta}) = \sum_{t=q+1}^{n} \left\{ -\frac{1}{2} \log \tilde{h}_t + \log g\left(\frac{X_t}{\sqrt{\tilde{h}_t}}\right) \right\} \tag{6.70}$$

を $\boldsymbol{\theta}$ に関して最大にする値 $\tilde{\boldsymbol{\theta}}_{QML}$ で推定する．この推定法は EGARCH(p,q) モデル，TGARCH(p,q) モデルにも同様に適用可能である．

さて，以上では未知母数 $\boldsymbol{\theta}$ の推定に最尤法型推定量 $\hat{\boldsymbol{\theta}}_{QML}$, $\hat{\boldsymbol{\theta}}_{QGML}$, $\tilde{\boldsymbol{\theta}}_{QML}$, $\tilde{\boldsymbol{\theta}}_{QGML}$ などを議論してきた．もちろんこれらは最適性をもつ推定量である．このことを以下，大まかにみてみよう．以下の議論では，関与のモデルのもとでの対数尤度は母数に関して適当な回数微分可能で，それらの導関数のモーメントも必要な次数まで存在し，極限定理が成立するための条件も満たされていると仮定する．今後これらの条件をまとめて「正則条件」ということにする．

$Q_{n,\boldsymbol{\theta}}$, $\boldsymbol{\theta} \in \Theta \subset \boldsymbol{R}^r$ を，長さ n の観測系列の尤度とする．近接する母数列

$$\boldsymbol{\theta}_n = \boldsymbol{\theta} + \frac{1}{\sqrt{n}} \boldsymbol{h}, \quad \boldsymbol{h} = (h_1, ..., h_r)' \in \boldsymbol{R}^r \tag{6.71}$$

に対して，$\boldsymbol{\theta}_n$ と $\boldsymbol{\theta}$ の間の対数尤度比を

$$\Lambda_n(\boldsymbol{\theta}, \boldsymbol{\theta}_n) \equiv \log \frac{dQ_{n,\boldsymbol{\theta}_n}}{dQ_{n,\boldsymbol{\theta}}} \tag{6.72}$$

で表す．多くの正則な時系列モデルに対して次の **局所漸近正規性** (local asymptotic normality：LAN) が成立する (たとえば Dzhaparidze, 1986；Taniguchi and Kakizawa, 2000；Kato, *et al.*, 2004；Lee and Taniguchi, 2004)．

定理 6.5 (LAN 定理)　「正則条件」を仮定する．このとき $\Lambda_n(\boldsymbol{\theta}, \boldsymbol{\theta}_n)$ は $Q_{n,\boldsymbol{\theta}}$ のもとで確率展開

$$\Lambda_n(\boldsymbol{\theta}, \boldsymbol{\theta}_n) = \boldsymbol{h}' \Delta_n - \frac{1}{2} \boldsymbol{h}' \Gamma \boldsymbol{h} + o_p(1) \tag{6.73}$$

をもち，$n \to \infty$ のとき

$$\Delta_n \xrightarrow{d} \Delta = N(\boldsymbol{0}, \Gamma)$$

となる．ただし Γ は $r \times r$ の正則な行列で関与のモデルの Fisher 情報量行列と呼ばれるものである．

以後，確率ベクトル Y_n の確率分布 $Q_{n,\theta}$ のもとでの分布を $\mathcal{L}(Y_n|Q_{n,\theta})$ で表し，それのある分布 L への収束を $\mathcal{L}(Y_n|Q_{n,\theta}) \xrightarrow{d} L$ で表す．θ の自然な推定量のクラスとして

$$\mathcal{A} = [\{T_n\} : \mathcal{L}\{\sqrt{n}(T_n - \theta_n)|Q_{n,\theta_n}\} \xrightarrow{d} L_\theta(\cdot), \text{ある確率分布}] \quad (6.74)$$

を考えることにし，$\mathcal{A}$ に属する推定量の列 $\{T_n\}$ を正則であるということにする．次に $\mathcal{G}$ を非減少関数 τ によって $l(\boldsymbol{x}) = \tau(\|\boldsymbol{x}\|)$ と表される損失関数 $l : \boldsymbol{R}^r \to [0, \infty)$ の族とする．

定理 6.5 の条件がすべて満たされるとしよう．このとき，θ の推定量の列 $\{\hat{\boldsymbol{\theta}}_n\}$ が $Q_{n,\theta}$ のもとで

$$\sqrt{n}(\hat{\boldsymbol{\theta}}_n - \boldsymbol{\theta}) - \Gamma^{-1}\Delta_n = o_p(1) \quad (6.75)$$

を満たすとき**漸近的に centering** であるという．次の定理は正則な推定量の中で最適性をもつ推定量を記述するものである (たとえば Taniguchi and Kakizawa, 2000)．

定理 6.6 定理 6.5 の条件が満たされ，$\{T_n\}$ を θ の正則な推定量の列とする．このとき次が成り立つ．

 (i) $E\{l(\Delta)\} < \infty$ を満たす任意の $l \in \mathcal{G}$ に対して

$$\liminf_{n \to \infty} E[l\{\sqrt{n}(T_n - \boldsymbol{\theta})\}|Q_{n,\theta}] \geq E\{l(\Gamma^{-1}\Delta)\},$$

 (ii) $E\{l(\Delta)\} < \infty$ を満たす定数でない損失関数 $l \in \mathcal{G}$ に対して

$$\limsup_{n \to \infty} E[l\{\sqrt{n}(T_n - \boldsymbol{\theta})\}|Q_{n,\theta}] \leq E\{l(\Gamma^{-1}\Delta)\}$$

が成り立つなら $\{T_n\}$ は漸近的に centering となる．

この定理は正則な推定量の列 $\{T_n\}$ が漸近的に centering ならば，$\{T_n\}$ の悪さを表す量 $E[l\{\sqrt{n}(T_n-\boldsymbol{\theta})\}|Q_{n,\theta}]$ が，その下限 $E\{l(\Gamma^{-1}\Delta)\}$ に等しくなるということを意味しており，このとき $\{T_n\}$ は**漸近有効** (asymptotically efficient) であるという．

(6.55) でスペクトル密度関数 f_θ をもつ正規定常過程 $\{X_t\}$ の未知母数 θ に対して推定量 $\hat{\theta}_{QGML}$ を定義した.(6.56), (6.59) の議論を思い出すと $\hat{\theta}_{QGML}$ は漸近的に centering となり,上述の意味で漸近有効な推定量になっている.その他,種々の非線形時系列に対しても前述した QML や QGML (後者は真の誤差分布が正規であるとき) が漸近有効であることが示されている (たとえば,Taniguchi and Kakizawa, 2000;Lee and Taniguchi, 2004).

時系列モデルの未知母数推定には,最尤法型以外にも種々の推定量が提案されている.そこでその代表として簡便な利点のある以下の推定量に言及しておこう.

$X_1, X_2, ..., X_n$ は m 次元確率過程で未知母数 $\theta \in \Theta \subset R^q$ に依存しているものとする.$\mathcal{F}_t(l)$ は $\{X_s : t-l \leq s \leq t-1\}$ で生成された σ-加法族とし $m_\theta(t, t-1) \equiv E\{X_t | \mathcal{F}_t(l)\}$ とする.そこで次のペナルティー関数

$$Q_n^c(\theta) = \sum_{t=l+1}^n \{X_t - m_\theta(t, t-1)\}'\{X_t - m_\theta(t, t-1)\} \qquad (6.76)$$

を考え

$$\hat{\theta}_{CL} = \arg\min_{\theta \in \Theta} Q_n^c(\theta) \qquad (6.77)$$

で θ を推定する.この $\hat{\theta}_{CL}$ を θ の **条件付最小 2 乗推定量** (conditional least squares estimator) という.これは一般に漸近有効推定量とはならないが,利便性が多い.次の ARCH(q) モデル

$$X_t = u_t \sqrt{a_0 + \sum_{j=1}^q a_j X_{t-j}^2}, \qquad (u_t \sim i.i.d.(0,1)) \qquad (6.78)$$

を考えよう.両辺 2 乗すると $X_t^2 = u_t^2 \{a_0 + \sum_{j=1}^q a_j X_{t-j}^2\}$ となるので,この X_t^2 を (6.76) の X_t と見なして,$l = q$, $\theta = (a_0, ..., a_q)'$ とすれば

$$Q_n^C(\theta) = \sum_{t=q+1}^n \left\{X_t^2 - \left(a_0 + \sum_{j=1}^q a_j X_{t-j}^2\right)\right\}^2$$

となり,

$$\boldsymbol{Y} = (X_{q+1}^2, ..., X_n^2)',$$

$$\boldsymbol{Z} = \begin{pmatrix} 1 & X_q^2 & \cdots & X_1^2 \\ \vdots & \vdots & \vdots & \vdots \\ 1 & X_{t-1}^2 & \cdots & X_{t-q}^2 \\ \vdots & \vdots & \vdots & \vdots \\ 1 & X_{n-1}^2 & \cdots & X_{n-q}^2 \end{pmatrix}$$

とすれば,$\hat{\boldsymbol{\theta}}_{CL} = (\boldsymbol{Z}'\boldsymbol{Z})^{-1}\boldsymbol{Z}'\boldsymbol{Y}$ と明示的な推定量となる.このとき

$$\hat{\boldsymbol{\theta}}_{CL} - \boldsymbol{\theta} = \left(\frac{1}{n}\boldsymbol{Z}'\boldsymbol{Z}\right)^{-1}\frac{1}{n}\boldsymbol{Z}'\boldsymbol{b} \tag{6.79}$$

の形で表され,$\boldsymbol{Z}'\boldsymbol{b}$ の各成分はマルチンゲールとなることに注意しよう.(6.78) の係数が $a_0 > 0$, $a_1, ..., a_q \geq 0$ で $\sum_{j=1}^{q} a_j < 1$ を満たすとすると,$\{X_t\}$ は強定常でエルゴード的となる.よって $\{u_t\}$ が必要な次数のモーメントをもつと仮定すれば,(6.79) の右辺に定理 5.4, 5.7, 5.9 と Cramér-Wold device を用いると $(1/n)\boldsymbol{Z}'\boldsymbol{Z}$ はある定数行列に収束し,$(1/\sqrt{n})\boldsymbol{Z}'\boldsymbol{b}$ は正規分布に分布収束することが示せ,$\hat{\boldsymbol{\theta}}_{CL} \xrightarrow{a.s.} \boldsymbol{\theta}$ と $\sqrt{n}(\hat{\boldsymbol{\theta}}_{CL} - \boldsymbol{\theta})$ の漸近正規性が示せる.Tjøstheim(1986) は,ARCH(q) モデルに限らず,一般の $\{\boldsymbol{X}_t\}$ が適当な正則条件を満たすとき,次の定理を示した.

定理 6.7

(i) $\hat{\boldsymbol{\theta}}_{CL} \xrightarrow{a.s.} \boldsymbol{\theta}$,

(ii) $\sqrt{n}(\hat{\boldsymbol{\theta}}_{CL} - \boldsymbol{\theta}) \xrightarrow{d} N(\boldsymbol{0}, U^{-1}RU^{-1})$.

ただし

$$U = E\left\{\frac{\partial}{\partial \boldsymbol{\theta}}m_{\boldsymbol{\theta}}(t, t-1)'\frac{\partial}{\partial \boldsymbol{\theta}'}m_{\boldsymbol{\theta}}(t, t-1)\right\},$$

$$R = E\left[\frac{\partial}{\partial \boldsymbol{\theta}}m_{\boldsymbol{\theta}}(t, t-1)'\{\boldsymbol{X}_t - m_{\boldsymbol{\theta}}(t, t-1)\}\{\boldsymbol{X}_t - m_{\boldsymbol{\theta}}(t, t-1)\}'\right.$$
$$\left. \times \frac{\partial}{\partial \boldsymbol{\theta}'}m_{\boldsymbol{\theta}}(t, t-1)\right]$$

である.

6.2 時系列モデルの推測

さて,今まで時系列モデルの次数,たとえば AR(p) モデルならば p は既知であるとしてきた.しかしながら実際問題では次数も未知で,データからこれを推測しなくてはならない.

$\{X_t\}$ が次の AR(p) 過程

$$X_t + b_1 X_{t-1} + \cdots + b_p X_{t-p} = u_t, \quad (\{u_t\} \sim i.i.d.(0, \sigma^2)) \quad (6.80)$$

から生成されているとする.時系列の予測問題は 6.4 節で取り扱うが,(6.80) に従う X_t を $X_{t-1}, X_{t-2}, \ldots$ の線形結合 $\sum_{j \geq 1} c_j X_{t-j}$ で予測するとき,$E[\{X_t - \sum_{j \geq 1} c_j X_{t-j}\}^2]$ を最小にするもの (予測子) は

$$-b_1 X_{t-1} - \cdots - b_p X_{t-p} \quad (6.81)$$

となる.今,$\{Y_t\}$ が $\{X_t\}$ と独立で,しかも $\{X_t\}$ と全く同じ確率構造をもつとしよう.係数 $\boldsymbol{b} = (b_1, \ldots, b_p)'$ は未知であるので,$X_1, \ldots, X_n$ から構成された QGMLE $\hat{\boldsymbol{b}} = (\hat{b}_{1,QGML}, \ldots, \hat{b}_{p,QGML})'$ で推定する.次に Y_t を係数 $\hat{\boldsymbol{b}}$ で推定された予測子

$$-\hat{b}_{1,QGML} Y_{t-1} - \cdots - \hat{b}_{p,QGML} Y_{t-p} \quad (6.82)$$

で予測するとき,その予測誤差は

$$E_Y[\{Y_t + \hat{b}_{1,QGML} Y_{t-1} + \cdots + \hat{b}_{p,QGML} Y_{t-p}\}^2] \quad (6.83)$$

となる.ここに E_Y は $\{Y_t\}$ に関する期待値とする.(6.83) は $X_1, \ldots, X_n$ の関数なので,これをさらに $\{X_t\}$ に関する期待値 E_X をとったもの

$$E_X E_Y[\{Y_t + \hat{b}_{1,QGML} Y_{t-1} + \cdots + \hat{b}_{p,QGML} Y_{t-p}\}^2] \quad (6.84)$$

を予測子 (6.82) の **最終予測誤差** (final prediction error:FPE) と呼ぶ.Akaike (1970) は $X_1, \ldots, X_n$ の言葉で表した最終予測誤差の「漸近不偏推定量」として

$$FPE(p) = \hat{\sigma}^2_{QGML}(p) \frac{n+p}{n-p} \quad (6.85)$$

を提案した.ここに $\hat{\sigma}^2_{QGML}(p)$ は p 次の AR モデルを適合したときの σ^2 の QGML である.そして $FPE(p)$ が $0 \leq p \leq L$ ($L > 0$ はあらかじめ与えられた正整数) の範囲で最小になる p の値を次数の推定量 $\hat{p}$ とすることを提案した.

FPE は自己回帰モデルの予測誤差という指標に対して導かれたが,一般の確率分布モデル $p_{\boldsymbol{\theta}}(\cdot)$ ($k = dim\,\boldsymbol{\theta}$) と真の分布構造 $p(\cdot)$ に対しては予測誤差の代わりに Kullback-Leibler の情報量に基づいた指標

$$KL(p, p_{\boldsymbol{\theta}}) \equiv -\int p(\boldsymbol{x}) \log p_{\boldsymbol{\theta}}(\boldsymbol{x})\,d\boldsymbol{x} \qquad (6.86)$$

を用いる.Akaike(1973) は MLE か MLE と漸近同等な $\boldsymbol{\theta}$ の推定量 $\hat{\boldsymbol{\theta}}$ から構成されたモデル $p_{\hat{\boldsymbol{\theta}}}$ と p の隔たり

$$E_{\hat{\boldsymbol{\theta}}}[KL(p, p_{\hat{\boldsymbol{\theta}}})] \qquad (6.87)$$

の漸近不偏な推定量として

$$AIC(k) = -2\log(最大尤度) + 2k \qquad (6.88)$$

を提案した.ここで $\hat{\boldsymbol{\theta}}$ として QMLE を用いた場合は,最大尤度は擬似最大尤度とする.FPE と同様に $AIC(k)$ を $0 \leq k \leq L$ の範囲で最小にする $k = \hat{k}$ を $p_{\boldsymbol{\theta}}$ の次数の推定量として提案した.(6.88) は**赤池情報量規準** (Akaike's information criterion:AIC) と呼ばれる.(6.80) の AR(p) モデルに対して AIC は

$$AIC(p) = n\log \hat{\sigma}^2_{QGML}(p) + 2p \qquad (6.89)$$

となることがわかる (演習問題 6.6).この場合,(6.85) の FPE(p) と $\exp\{(1/n)AIC(p)\}$ の差のオーダーは $O(n^{-1})$ となり,これらの規準が漸近的に同等であることがみえよう.FPE や AIC で選択された次数 $\hat{p}$ に関して次のことが知られている.

Shibata(1976) は AR モデルに対して $\hat{p}$ の漸近分布を求め,$\lim_{n\to\infty} P(\hat{p} < p) = 0$ ではあるが,$\lim_{n\to\infty} P(\hat{p} > p) > 0$ を示した.後者は $\hat{p}$ は真値 p より高い次数を選ぶ漸近確率が正であることを意味し,$\hat{p}$ は真の次数 p に確率収束しない.しかしながら,これは FPE や AIC が悪い情報量規準であることを意味しない.たとえば真のモデルが $AR(\infty)$ であるとき AIC,FPE 規準で $0 \leq p \leq o(\sqrt{n})$ の範囲で次数を選ぶとき,これらの規準はある種の漸近最適性をもつことが示されている (Shibata, 1980).

6.2 時系列モデルの推測

以上で時系列モデルの次数選択と母数推定を解説したので,実際のデータに適用してみよう.

図 6.6 は,1962 年 7 月 3 日から 1991 年 12 月 31 日までの 7420 取引日の FORD 社の日々の株式収益率 $\{X_t\}$ のグラフである.

図 6.7 は,$\{X_t\}$ の標本系列相関関数

$$SACF(l) = \frac{\sum_{t=1}^{n-l}(X_{t+l} - \bar{X}_n)(X_t - \bar{X}_n)}{\sum_{t=1}^{n}(X_t - \bar{X}_n)^2} \qquad (6.90)$$

をプロットしたものである.ただし $\bar{X}_n = n^{-1}\sum_{t=1}^{n} X_t$.この図より $SACF(l)$

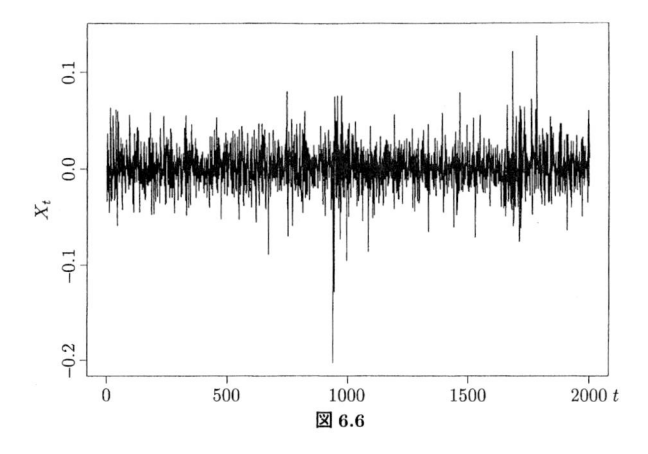

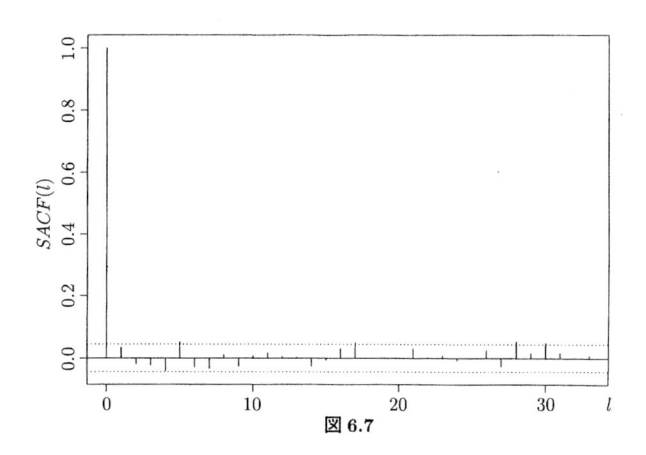

図 6.6

図 6.7

図 6.8

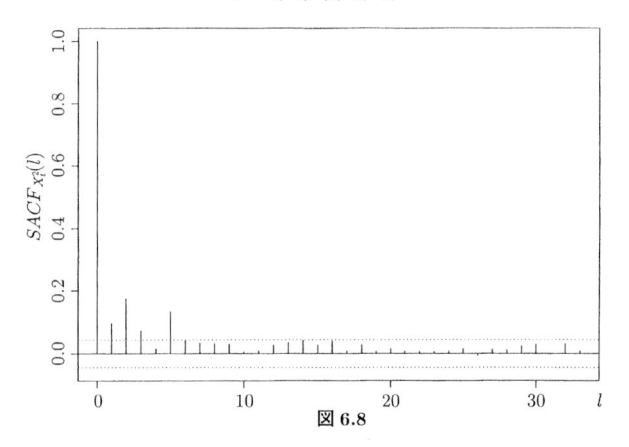

は $l = 0$ 以外は 0 に近い値となるので $\{X_t\}$ は無相関過程に近いと想定できる．図 6.8 は，X_t を 2 乗した X_t^2 に対する標本系列相関関数をプロットしたものである．この場合，X_t^2 に対する $SACF(l)$ はラグ l が 0 以外のときでも，0 から外れた値をとるので $\{X_t\}$ は無相関に近いが，独立な確率変数列とは想定しがたいことが観察できるであろう．もちろん，このような事態が起きるのは $\{X_t\}$ が正規過程でない場合である．そこで，このデータに対して EGARCH モデル

$$\begin{cases} X_t = u_t \sigma_t, \\ \log \sigma_t^2 = a_0 + \sum_{j=1}^p a_j \frac{|X_{t-j}| + \gamma_j X_{t-j}}{\sigma_{t-j}} + \sum_{j=1}^q b_j \log \sigma_{t-j}^2 \end{cases}$$

を AIC 規準で適合した．まず $u_t \sim i.i.d.N(0,1)$ とした場合の結果が以下である．$\hat{a}_j, \hat{b}_j$ などは対応する母数の QMLE である．ここで注意すべきことは，$\{u_t\}$ の正規性は $\{X_t\}$ 自体の正規性を意味しないということである．

EGARCH(p,q)

(p,q)	AIC	$QMLE$
$(0,1)$	-7601.867	$\hat{a}_0 = -0.03514$
		$\hat{b}_1 = 0.99628$
$(1,0)$	-10370.23	$\hat{a}_0 = -8.2313$
		$\hat{a}_1 = 0.2579$

6.2 時系列モデルの推測

$(1,1)$	-10497.51	$\hat{\gamma}_1 = 0.1155$
		$\hat{a}_0 = -0.2398$
		$\hat{a}_1 = 0.1000$
		$\hat{\gamma}_1 = 1.236 \times 10^{-9}$
		$\hat{b}_1 = 0.98$
$(1,2)$	-7749.906	$\hat{a}_0 = -0.2398$
		$\hat{a}_1 = 0.1000$
		$\hat{\gamma}_1 = -1.868 \times 10^{-9}$
		$\hat{b}_1 = 0.9800$
		$\hat{b}_2 = 0.010$
$(2,0)$	-10448.16	$\hat{a}_0 = -8.4995$
		$\hat{a}_1 = 0.2625$
		$\hat{a}_2 = 0.3123$
		$\hat{\gamma}_1 = 0.1635$
		$\hat{\gamma}_2 = -0.3724$
$(2,1)$	-10494.31	$\hat{a}_0 = -0.24097$
		$\hat{a}_1 = 0.10051$
		$\hat{a}_2 = 0.00055$
		$\hat{\gamma}_1 = 0.00182$
		$\hat{\gamma}_2 = -0.38790$
		$\hat{b}_1 = 0.97986$
$(2,2)$	-7837.20	$\hat{a}_0 = -0.2398$
		$\hat{a}_1 = 0.1000$
		$\hat{a}_2 = 0.00100$
		$\hat{\gamma}_1 = 5.333 \times 10^{-9}$
		$\hat{\gamma}_2 = 4.177 \times 10^{-7}$
		$\hat{b}_1 = 0.9800$
		$\hat{b}_2 = 0.0100$

したがって上記の適合された EGARCH モデルの中で，AIC は EGARCH(1,1)

を選択する．次に u_t の分布が自由度 ν の t-分布に従うとして上記の EGARCH モデルの候補者の AIC を求めたところ，次の EGARCH(1,2) モデルが選ばれた．ただし自由度 ν も未知母数として推定されている．そのときの AIC の値と未知母数の推定値の値は下記である．

$$\begin{aligned}
\textbf{EGARCH}(\mathbf{1},\mathbf{2}): \quad AIC &= -10584.62 \\
\hat{a}_0 &= -0.4476 \\
\hat{a}_1 &= 0.1767 \\
\hat{\gamma}_1 &= -0.1498 \\
\hat{b}_1 &= 0.4547 \\
\hat{b}_2 &= 0.5068 \\
\hat{\nu} &= 7.6537
\end{aligned}$$

本節の最後のトピックとして，検定について簡単にふれておこう．$\boldsymbol{\theta}$ はある時系列モデルを規定する母数とする．検定問題としては

$$H: \boldsymbol{\theta} = \boldsymbol{\theta}_0, \quad A: \boldsymbol{\theta} \neq \boldsymbol{\theta}_0 \tag{6.91}$$

を考える．$L(\boldsymbol{\theta})$ を長さ n の観測系列に基づく尤度もしくは擬似尤度とし，$\hat{\boldsymbol{\theta}}$ は，それに，それぞれ対応して MLE もしくは QMLE とする．(6.91) に対する検定統計量として尤度比統計量

$$LR = \log\left\{\frac{L(\hat{\boldsymbol{\theta}})}{L(\boldsymbol{\theta}_0)}\right\} \tag{6.92}$$

を考える．LR を $\hat{\boldsymbol{\theta}}$ のまわりで Taylor 展開すると

$$\begin{aligned}
LR = -\{\log L(\boldsymbol{\theta}_0) - \log L(\hat{\boldsymbol{\theta}})\} &\sim -(\boldsymbol{\theta}_0 - \hat{\boldsymbol{\theta}})'\frac{\partial}{\partial \boldsymbol{\theta}}\log L(\hat{\boldsymbol{\theta}}) \\
&\quad -\frac{1}{2}(\boldsymbol{\theta}_0 - \hat{\boldsymbol{\theta}})'\frac{\partial^2}{\partial \boldsymbol{\theta}\partial \boldsymbol{\theta}'}\log L(\hat{\boldsymbol{\theta}})(\boldsymbol{\theta}_0 - \hat{\boldsymbol{\theta}})
\end{aligned} \tag{6.93}$$

を得る．「正則条件」を満たすモデルでは

$$\begin{aligned}
&\frac{\partial}{\partial \boldsymbol{\theta}}\log L(\hat{\boldsymbol{\theta}}) = \mathbf{0}, \quad (\hat{\boldsymbol{\theta}} \xrightarrow{p} \boldsymbol{\theta}), \\
&\frac{1}{n}\frac{\partial^2}{\partial \boldsymbol{\theta}\partial \boldsymbol{\theta}'}\log L(\boldsymbol{\theta}_0) \xrightarrow{p} -\mathcal{F}(\boldsymbol{\theta}_0) \quad (\text{Fisher 情報量行列}), \\
&\sqrt{n}(\hat{\boldsymbol{\theta}} - \boldsymbol{\theta}_0) \xrightarrow{d} N(\mathbf{0}, \mathcal{F}(\boldsymbol{\theta}_0)^{-1})
\end{aligned}$$

が成立するので, (6.93) より H のもとで

$$2LR \sim \sqrt{n}(\hat{\boldsymbol{\theta}}-\boldsymbol{\theta}_0)'\mathcal{F}(\boldsymbol{\theta}_0)\sqrt{n}(\hat{\boldsymbol{\theta}}-\boldsymbol{\theta}_0) \sim \chi^2(p), \qquad (p = dim\,\boldsymbol{\theta}) \quad (6.94)$$

を得る. (6.94) の観点より $2LR$ を類似的に修正した統計量として

$$\begin{aligned} W &= \sqrt{n}(\hat{\boldsymbol{\theta}} - \boldsymbol{\theta}_0)'\mathcal{F}(\hat{\boldsymbol{\theta}})\sqrt{n}(\hat{\boldsymbol{\theta}} - \boldsymbol{\theta}_0) \quad \text{(Wald 検定)}, \\ MW &= \sqrt{n}(\hat{\boldsymbol{\theta}} - \boldsymbol{\theta}_0)'\mathcal{F}(\boldsymbol{\theta}_0)\sqrt{n}(\hat{\boldsymbol{\theta}} - \boldsymbol{\theta}_0) \quad \text{(修正 Wald 検定)}, \\ R &= \frac{1}{n}\frac{\partial}{\partial \boldsymbol{\theta}'}\log L(\boldsymbol{\theta}_0)\mathcal{F}(\boldsymbol{\theta}_0)^{-1}\frac{\partial}{\partial \boldsymbol{\theta}}\log L(\boldsymbol{\theta}_0) \quad \text{(Rao 検定)} \end{aligned} \quad (6.95)$$

が出てくる. すでに定理 6.5 で LAN 定理を述べた. 実は一般論から LAN 定理に表れる確率変数 Δ_n の関数で検定統計量が表されるとき, この検定は局所的対立仮説の列

$$A_n : \boldsymbol{\theta}_n = \boldsymbol{\theta}_0 + \frac{1}{\sqrt{n}}\boldsymbol{h}, \qquad (\boldsymbol{h} \in \boldsymbol{R}^p) \quad (6.96)$$

に対する検出力を最大にする意味で最適性が示されている (たとえば Taniguchi and Kakizawa, 2000). 上述した検定統計量 $2LR, W, MW, R$ はすべて漸近的に $\Delta_n'\mathcal{F}(\boldsymbol{\theta}_0)^{-1}\Delta_n$ の形で表され, よってこの最適性をもつ.

6.3 ノンパラメトリック推定

前節では未知母数 θ で規定される時系列モデルで, θ を推定する議論をした. 本節では時系列モデルが, このような有限母数モデルで記述されない場合に時系列の重要な指標であるスペクトル密度関数を非母数的 (ノンパラメトリック) に推定する話をする.

まず $\{X_t\}$ は平均 0, 共分散関数 $R(\cdot)$, スペクトル密度関数 $f(\lambda)$ をもつ正規定常過程とする. 以下, 仮定 5.1 より強い条件を課す.

仮定 6.3

$$\sum_{j=-\infty}^{\infty} |j||R(j)| < \infty.$$

今，観測系列 $X_1,...,X_n$ が得られているとする．定理 5.2 より，ピリオドグラム $I_n(\lambda) = (2\pi n)^{-1}|\sum_{t=1}^n X_t e^{it\lambda}|^2$ は $f(\lambda)$ の漸近不偏推定量となる．すなわち

$$\lim_{n\to\infty} E\{I_n(\lambda)\} = f(\lambda) \qquad (6.97)$$

である．したがって $f(\lambda)$ のノンパラメトリックな推定量として $I_n(\lambda)$ を使えばよいように思われる．しかしながら以下に示すように $I_n(\lambda)$ は $f(\lambda)$ の推定量として不適切なものである．このため，まず $I_n(\lambda)$ の分散，共分散構造をみてみよう．離散的な周波点 $\lambda_j = 2\pi j/n,\ j \in \mathbf{Z}$ に対して共分散 $Cov\{I_n(\lambda_j), I_n(\lambda_k)\}$ を評価すると，

$$\begin{aligned}
Cov\{I_n(\lambda_j), I_n(\lambda_k)\} &= E\{I_n(\lambda_j)I_n(\lambda_k)\} - E\{I_n(\lambda_j)\}E\{I_n(\lambda_k)\}\\
&= \left(\frac{1}{2\pi n}\right)^2 E\left\{\left(\sum_{t=1}^n X_t e^{it\lambda_j}\right)\left(\sum_{s=1}^n X_s e^{-is\lambda_j}\right)\right.\\
&\quad \left.\times \left(\sum_{u=1}^n X_u e^{iu\lambda_k}\right)\left(\sum_{v=1}^n X_v e^{-iv\lambda_k}\right)\right\}\\
&\quad - \frac{1}{2\pi n} E\left\{\left(\sum_{t=1}^n X_t e^{it\lambda_j}\right)\left(\sum_{s=1}^n X_s e^{-is\lambda_j}\right)\right\}\\
&\quad \times \frac{1}{2\pi n} E\left\{\left(\sum_{u=1}^n X_u e^{iu\lambda_k}\right)\left(\sum_{v=1}^n X_v e^{-iv\lambda_k}\right)\right\}
\end{aligned} \qquad (6.98)$$

となる．ここで $\{X_t\}$ は正規定常過程としたので

$$E\{X_t X_s X_u X_v\}$$
$$= R(s-t)R(v-u) + R(u-t)R(v-s) + R(v-t)R(u-s) \qquad (6.99)$$

を得る (演習問題 6.7)．定理 5.2 (i) を得た議論と (6.99) より，(6.98) は

$$\left(\frac{1}{2\pi n}\right)^2 \sum_{t=1}^n \sum_{s=1}^n \sum_{u=1}^n \sum_{v=1}^n \{R(u-t)R(v-s) + R(v-t)R(u-s)\}$$
$$\times e^{i\lambda_j(t-s)} \times e^{i\lambda_k(u-v)}$$
$$= ((A) + (B) \text{とおく}) \qquad (6.100)$$

と表せる. (A) で $u - t = h$, $v - s = l$ と変換すると

$$
\begin{aligned}
(A) &= \left(\frac{1}{2\pi n}\right)^2 \sum_{h=-n+1}^{n-1} \sum_{l=-n+1}^{n-1} R(h)R(l) \\
&\quad \times \sum_{1 \le u \le n, 1 \le u-h \le n} \sum_{1 \le v \le n, 1 \le v-l \le n} e^{i\lambda_j(u-h+l-v)} \times e^{i\lambda_k(u-v)} \\
&= \frac{1}{n}\left\{\frac{1}{2\pi}\sum_{h=-n+1}^{n-1} R(h)e^{-i\lambda_j h} \sum_{1 \le u \le n, 1 \le u-h \le n} e^{i(\lambda_j+\lambda_k)u}\right\} \\
&\quad \times \frac{1}{n}\left\{\frac{1}{2\pi}\sum_{l=-n+1}^{n-1} R(l)e^{i\lambda_j l} \sum_{1 \le v \le n, 1 \le v-l \le n} e^{-i(\lambda_j+\lambda_k)v}\right\} \\
&= ((A1) \times (A2) \text{ とおく}) \quad\quad\quad\quad\quad\quad\quad\quad (6.101)
\end{aligned}
$$

となる. 仮定 6.3 と $|e^{i(\lambda_j+\lambda_k)u}| = 1$ に注意すれば,

$$
\begin{aligned}
&\left|(A1) - \frac{1}{2\pi n}\left\{\sum_{h=-n+1}^{n-1} R(h)e^{-i\lambda_j h}\sum_{u=1}^{n} e^{i(\lambda_j+\lambda_k)u}\right\}\right| \\
&\le \frac{1}{2\pi n}\sum_{h=-n+1}^{n-1}|h||R(h)| = O(n^{-1}) \quad\quad\quad (6.102)
\end{aligned}
$$

を得る. $(A2)$ に対しても同様の不等式を得るので

$$
\begin{aligned}
(A) &= \left\{\frac{1}{2\pi}\sum_{h=-n+1}^{n-1} R(h)e^{-i\lambda_j h}\frac{1}{n}\sum_{u=1}^{n} e^{i(\lambda_j+\lambda_k)u} + O(n^{-1})\right\} \\
&\quad \times \left\{\frac{1}{2\pi}\sum_{l=-n+1}^{n-1} R(l)e^{i\lambda_j l}\frac{1}{n}\sum_{v=1}^{n} e^{-i(\lambda_j+\lambda_k)v} + O(n^{-1})\right\} \quad (6.103)
\end{aligned}
$$

と表される. ここで (5.21) と (5.24) を思い出すと

$$
(A) = \begin{cases} f(\lambda_j)^2 + O(n^{-1}), & j+k = 0 \ (mod\ n), \\ O(n^{-2}), & j+k \ne 0 \ (mod\ n) \end{cases}
$$

を得る. 同様にして

$$
(B) = \begin{cases} f(\lambda_j)^2 + O(n^{-1}), & j-k = 0 \ (mod\ n), \\ O(n^{-2}), & j-k \ne 0 \ (mod\ n) \end{cases}
$$

が示せるので次の定理を得る.

定理 6.8 仮定 6.3 のもとで $\lambda_j, \lambda_k \in [-\pi, \pi]$ に対して

(i)
$$Var\{I_n(\lambda_j)\} = \begin{cases} f(\lambda_j)^2 + O(n^{-1}), & (j \neq 0), \\ 2f(\lambda_j)^2 + O(n^{-1}), & (j = 0), \end{cases} \quad (6.104)$$

(ii)
$$Cov\{I_n(\lambda_j), I_n(\lambda_k)\} = O(n^{-2}), \quad (j \pm k \neq 0) \quad (6.105)$$

が成り立つ.

この定理の (i) は

$$\lim_{n \to \infty} Var\{I_n(\lambda_j)\} = f(\lambda_j)^2 > 0, \quad (j \neq 0) \quad (6.106)$$

を意味し, $I_n(\lambda)$ の分散は $n \to \infty$ としても 0 に収束しない. したがって $I_n(\lambda)$ は $f(\lambda)$ の漸近不偏推定量ではあるが一致推定量とならず $I_n(\lambda)$ そのものは $f(\lambda)$ の推定量としては不適切なものである. このことをグラフィカルにみてみよう.

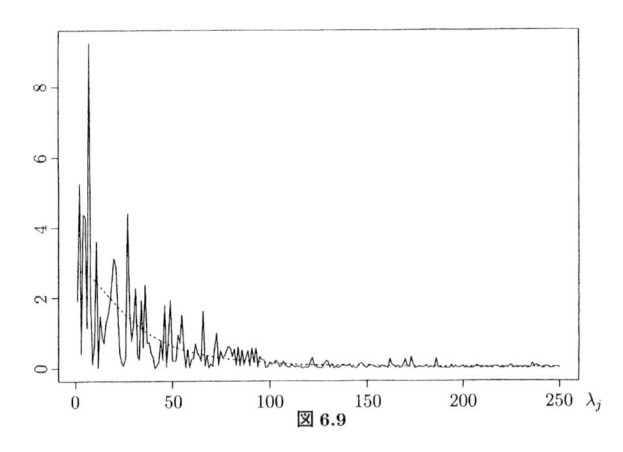

図 6.9

$X_1, X_2, ..., X_{500}$ が $AR(2)$

$$X_t - 0.9X_{t-1} + 0.14X_{t-2} = u_t \quad (6.107)$$

から生成されているとする. ただし $\{u_t\} \sim i.i.d.N(0,1)$. (6.107) のスペクトル密度関数は

$$f(\lambda) = \frac{1}{2\pi}|1 - 0.9e^{i\lambda} + 0.14e^{i\lambda}|^{-2}$$

である. 図 6.9 では実線で $\{X_t\}$ のピリオドグラム $I_{500}(\lambda)$ を, 点線で $f(\lambda)$ を $\lambda_j = 2\pi j/500,\ j = 1,...,250$ に対してプロットしたものである. ピリオドグラムのグラフはのこぎり状で変動が大きく $f(\lambda)$ の一致推定量になってない様相が出ており, ピリオドグラム自体はスペクトル密度関数の推定量として不適切なものであることがみえよう.

さて, どのようにして $f(\lambda)$ の一致性をもった非母数的な推定量を構成すればよいであろうか. 定理 6.8 (ii) で周波数 λ_j と λ_k が異なれば $Cov\{I_n(\lambda_j), I_n(\lambda_k)\} = O(n^{-2})$ であることをみた. そこで $f(\lambda)$ の推定量として, $\lambda\ (\in [0,\pi])$ の十分近い近傍に周波数 $\lambda_1,...,\lambda_m$ を

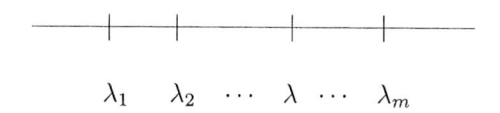

―――|―――|―――|―――|―――|―――

$\lambda_1 \quad \lambda_2 \quad \cdots \quad \lambda \quad \cdots \quad \lambda_m$

のようにとり, これらの点でのピリオドグラムの移動平均

$$\hat{s}_n(\lambda) \equiv \frac{1}{m}\sum_{j=1}^{m} I_n(\lambda_j) \tag{6.108}$$

を考えてみよう. ここで $\hat{s}_n(\lambda)$ の分散は, 定理 6.8 より

$$Var\{\hat{s}_n(\lambda)\} = Var\left\{\frac{1}{m}\sum_{j=1}^{m} I_n(\lambda_j)\right\}$$

$$= \frac{1}{m^2}\sum_{j=1}^{m} Var\{I_n(\lambda_j)\} + \frac{1}{m^2}\sum_{j \neq k} Cov\{I_n(\lambda_j), I_n(\lambda_k)\}$$

$$= O\left(\frac{1}{m}\right) + O\left(\frac{1}{n^2}\right)$$

となる. したがって $m = m(n)$ を $n \to \infty$ のとき $m \to \infty$ となるようにとると, $Var\{\hat{s}_n(\lambda)\} \to 0$ となる. 一方 $I_n(\lambda_j),\ j = 1,...,m$ は $f(\lambda)$ の漸近不偏推定量でなければならないので, $m/n \to 0\ (n \to \infty)$ であるとする. 図 6.10

は AR モデル (6.107) に対して前述の $n = 500$ のピリオドグラムから $m = 8$ として求めた $\hat{s}_n(\lambda_j)$ を $\lambda_j = 2\pi j/500$, $j = 1, ..., 250$ に対してプロットしたものである (実線は $\hat{s}_n(\lambda_j)$, 点線はピリオドグラム, 一点破線はスペクトル密度関数を表す).

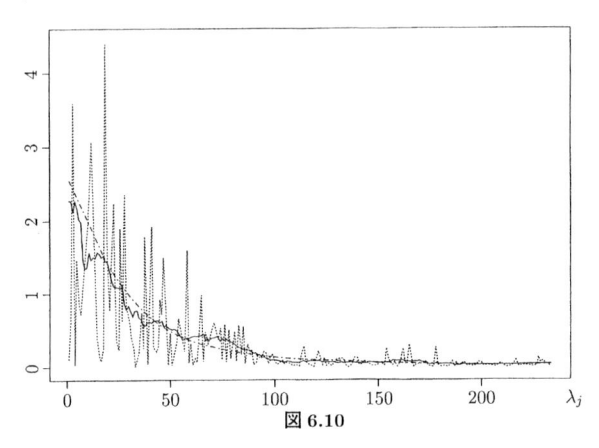

図 6.10

この図より, $\hat{s}_n(\lambda)$ はピリオドグラムよりもよいスペクトル密度関数の推定量となっていることがわかる. したがって一致性をもつ $f(\lambda)$ の推定量はピリオドグラムの平滑化, さらに一般的には加重関数 $W_n(\lambda)$ を用いたピリオドグラムの加重平均

$$\hat{f}_n(\lambda) = \int_{-\pi}^{\pi} W_n(\lambda - \mu) I_n(\mu) \, d\mu \qquad (6.109)$$

を構成すればよいということがわかるだろう. ここに $W_n(\lambda)$ はスペクトル・ウインドウ (spectral window) 関数と呼ばれ, 表現

$$W_n(\lambda) = \frac{1}{2\pi} \sum_{|l| \leq M} w\left(\frac{l}{M}\right) e^{-il\lambda} \qquad (6.110)$$

をもつ. ここに $w(\cdot)$ はラグ・ウインドウ (lag window) 関数と呼ばれるが, これと正整数 M は後ほど規定する. $\hat{f}_n(\lambda)$ の漸近的性質を調べるため, 仮定 6.3 より強い次の仮定をおく.

仮定 6.4 ある正整数 q に対して

$$\sum_{j=-\infty}^{\infty} |j|^q |R(j)| < \infty.$$

次に $w(\cdot)$ と M に関しては次のことを仮定する.

仮定 6.5 q は仮定 6.4 の q とする.

(i) $w(x)$ は連続な偶関数で

$$w(0) = 1, \quad |w(x)| \leq 1, \quad x \in [-\pi, \pi], \quad w(x) = 0, \quad |x| > 1$$

を満たす.

(ii)
$$\lim_{x \to 0} \frac{1 - w(x)}{|x|^q} = \kappa_q < \infty \tag{6.111}$$

が存在する.

(iii) 正整数 $M = M(n)$ は, $n \to \infty$ のとき

$$M \to \infty, \quad \frac{M^q}{n} \to 0$$

を満たす.

定理 6.9 仮定 6.4 と 6.5 のもとで次を得る.

(i)
$$\lim_{n \to \infty} M^q [\, E\{\hat{f}_n(\lambda)\} - f(\lambda)] = -\frac{\kappa_q}{2\pi} \sum_{l=-\infty}^{\infty} |l|^q R(l) e^{-il\lambda}, \quad (\lambda \in [-\pi, \pi])$$
$$= (\kappa_q b(\lambda) \text{ とおく}), \tag{6.112}$$

(ii)
$$\lim_{n \to \infty} \frac{n}{M} Var\{\hat{f}_n(\lambda)\} = \begin{cases} 2f(\lambda)^2 \int_{-1}^{1} w(x)^2 dx, & (\lambda = 0, \pi) \\ f(\lambda)^2 \int_{-1}^{1} w(x)^2 dx, & (0 < \lambda < \pi). \end{cases}$$

証明 まず $\hat{R}(l) = n^{-1}\sum_{t=1}^{n-|l|} X_t X_{t+|l|}$ とおくとピリオドグラムは

$$I_n(\lambda) = \frac{1}{2\pi}\sum_{l=-n+1}^{n-1} \hat{R}(l)e^{-il\lambda}$$

と表せ，(6.109) で与えられる推定量は

$$\hat{f}_n(\lambda) = \frac{1}{2\pi}\sum_{l=-M}^{M} w\left(\frac{l}{M}\right)\hat{R}(l)e^{-il\lambda} \tag{6.113}$$

と書ける (演習問題 6.8). ここで $E\{\hat{R}(l)\} = (1 - |l|/n)R(l)$ に注意すれば

$$E\{\hat{f}_n(\lambda)\} = \frac{1}{2\pi}\sum_{l=-M}^{M} w\left(\frac{l}{M}\right)\left(1 - \frac{|l|}{n}\right)R(l)e^{-il\lambda} \tag{6.114}$$

を得る．よって (5.21) を思い出すと

$$\begin{aligned}
M^q[E\{\hat{f}_n(\lambda)\} - f(\lambda)] &= -\frac{M^q}{2\pi}\sum_{|l|>M} R(l)e^{-il\lambda} \\
&\quad + \frac{M^q}{2\pi}\sum_{l=-M}^{M}\left\{w\left(\frac{l}{M}\right) - 1\right\}R(l)e^{-il\lambda} \\
&\quad - \frac{M^q}{2\pi n}\sum_{l=-M}^{M} w\left(\frac{l}{M}\right)|l|R(l)e^{-il\lambda} \\
&= ((1) + (2) + (3) \text{ と書く}) \tag{6.115}
\end{aligned}$$

と表せる．まず仮定 6.4 より

$$|(1)| \leq \frac{1}{2\pi}\sum_{|l|>M}|l|^q|R(l)| \to 0, \quad (M \to \infty) \tag{6.116}$$

となる．また仮定 6.5 より各 l に対して $\{1 - w(l/M)\}/|l/M|^q \to \kappa_q$ なので仮定 6.4 より

$$\begin{aligned}
(2) &= -\frac{1}{2\pi}\sum_{l=-M}^{M}\frac{\{1 - w\left(\frac{l}{M}\right)\}}{|\frac{l}{M}|^q}|l|^q R(l)e^{-il\lambda} \\
&\to -\frac{\kappa_q}{2\pi}\sum_{l=-\infty}^{\infty}|l|^q R(l)e^{-il\lambda}, \quad (M \to \infty) \tag{6.117}
\end{aligned}$$

が成り立つ．一方

$$|(3)| \leq \frac{M^q}{2\pi n} \sum_{l=-\infty}^{\infty} |l||R(l)| \to 0, \qquad (n \to \infty) \tag{6.118}$$

は仮定 6.4 と 6.5 より示せる．したがって (6.115)〜(6.118) より題意を得る．
(ii) については $0 < \lambda < \pi$ のとき，少々荒いが直感的な証明を与える．以下，
$\sim$ は両辺の主オーダー項が等しいことを意味する．まず

$$\hat{f}_n(\lambda) \sim \frac{2\pi}{n} \sum_{s=-[\frac{n-1}{2}]}^{[\frac{n}{2}]} W_n\left(\lambda - \frac{2\pi s}{n}\right) I_n\left(\frac{2\pi s}{n}\right)$$

なので

$$Var\{\hat{f}_n(\lambda)\} \sim \left(\frac{2\pi}{n}\right)^2 \sum_{s=-[\frac{n-1}{2}]}^{[\frac{n}{2}]} \sum_{t=-[\frac{n-1}{2}]}^{[\frac{n}{2}]} W_n\left(\lambda - \frac{2\pi s}{n}\right) W_n\left(\lambda - \frac{2\pi t}{n}\right)$$
$$\times Cov\left\{I_n\left(\frac{2\pi s}{n}\right), I_n\left(\frac{2\pi t}{n}\right)\right\} \tag{6.119}$$

となる．定理 6.8 の (ii) より (6.119) は

$$\sim \left(\frac{2\pi}{n}\right)^2 \sum_{s=-[\frac{n-1}{2}]}^{[\frac{n}{2}]} W_n\left(\lambda - \frac{2\pi s}{n}\right)^2 Var\left\{I_n\left(\frac{2\pi s}{n}\right)\right\}$$
$$+ \left(\frac{2\pi}{n}\right)^2 \sum_{s=-[\frac{n-1}{2}]}^{[\frac{n}{2}]} W_n\left(\lambda - \frac{2\pi s}{n}\right) W_n\left(\lambda + \frac{2\pi s}{n}\right)$$
$$\times Cov\left\{I_n\left(\frac{2\pi s}{n}\right), I_n\left(\frac{-2\pi s}{n}\right)\right\}$$
$$\sim \frac{2\pi}{n} \int_{-\pi}^{\pi} W_n(\lambda - \mu)^2 f(\mu)^2 d\mu$$
$$+ \frac{2\pi}{n} \int_{-\pi}^{\pi} W_n(\lambda - \mu) W_n(\lambda + \mu) f(\mu)^2 d\mu \quad (\text{定理 6.8 の (i) より})$$
$$\tag{6.120}$$

となる．ここで

$$W(\lambda) = \frac{1}{2\pi} \int_{-1}^{1} w(x) e^{-ix\lambda} dx \tag{6.121}$$

とおくと, $W_n(\lambda) \sim MW(M\lambda)$ なる関係が成り立つので, (6.120) は

$$
\begin{aligned}
&\sim \frac{2\pi M^2}{n}\int_{-\pi}^{\pi} W\{M(\lambda-\mu)\}^2 f(\mu)^2 d\mu \\
&+ \frac{2\pi M^2}{n}\int_{-\pi}^{\pi} W\{M(\lambda-\mu)\}W\{M(\lambda+\mu)\}f(\mu)^2 d\mu \\
&\quad (\ M(\lambda-\mu) = \rho \quad \text{と変換して}) \\
&\sim \frac{2\pi M}{n}\int_{-\infty}^{\infty} W(\rho)^2 f\left(\lambda-\frac{\rho}{M}\right)^2 d\rho \\
&+ \frac{2\pi M}{n}\int_{-\infty}^{\infty} W(\rho)W(2M\lambda-\rho)f\left(\lambda-\frac{\rho}{M}\right)^2 d\rho, \quad (0<\lambda<\pi)
\end{aligned}
$$
(6.122)

となる. (6.122) の第 1 項は Parseval の等式 (定理 A 8.7) より

$$\sim \frac{M}{n}\int_{-1}^{1} w(x)^2 dx\, f(\lambda)^2$$

となり, (6.122) の第 2 項の積分はリーマン・ルベーグの定理 (定理 A 8.8) より $M \to \infty$ のとき 0 に収束するので題意が示された. □

この定理より

$$E\{\hat{f}_n(\lambda)\} - f(\lambda) = O(M^{-q}), \quad Var\{\hat{f}_n(\lambda)\} = O\left(\frac{M}{n}\right) \quad (6.123)$$

を得て, $\hat{f}_n(\lambda)$ が $f(\lambda)$ の一致推定量となることがわかる. また, (6.123) の主オーダー項は, κ_q と $\int_{-1}^{1} w(x)^2 dx$ を通してのみ, ウインドウ関数に依存する. よって κ_q と $\int_{-1}^{1} w(x)^2 dx$ がウインドウ関数の「よさ」,「悪さ」を表す指標となる.

さて, ここで具体的なウインドウ関数の例をみてみよう.

例 6.1 (Bartlett ウインドウ)

$$w(x) = \begin{cases} 1-|x|, & (|x| \leq 1), \\ 0, & (|x| > 1). \end{cases}$$

この場合, $q=1$ で $\kappa_1 = 1$, $\int_{-1}^{1} w(x)^2 dx = 2/3$ となる. □

例 6.2 (Hanning ウインドウ)

$$w(x) = \begin{cases} \dfrac{1}{2}(1 + \cos\pi x), & (|x| \leq 1), \\ 0, & (|x| > 1). \end{cases}$$

この場合, $q = 2$ で $\kappa_2 = \pi^2/4$, $\int_{-1}^{1} w(x)^2 dx = 3/4$ となる. □

例 6.3 (Parzen ウインドウ)

$$w(x) = \begin{cases} 1 - 6x^2 + 6|x|^3, & \left(|x| \leq \dfrac{1}{2}\right), \\ 2(1 - |x|)^3, & \left(\dfrac{1}{2} < |x| \leq 1\right), \\ 0, & (|x| > 1). \end{cases}$$

この場合, $q = 2$ で $\kappa_2 = 6$, $\int_{-1}^{1} w(x)^2 dx = 151/280$ となる. □

例 6.4 (Daniell ウインドウ)

$$w(x) = \begin{cases} \dfrac{\sin\dfrac{\pi x}{2}}{\dfrac{\pi x}{2}}, & (|x| \leq 1), \\ 0, & (|x| > 1). \end{cases}$$

この場合, $q = 2$ で $\kappa_2 = \pi^2/6$, $\int_{-1}^{1} w(x)^2 dx = 2$ となる. ここで (6.110) を思い出すと, この $w(\cdot)$ に対応するスペクトル・ウインドウ関数は

$$W_n(\lambda) = \begin{cases} \dfrac{M}{\pi}, & \left(|\lambda| \leq \dfrac{\pi}{2M}\right), \\ 0, & (その他) \end{cases}$$

であることがわかり, $\hat{f}_n(\lambda)$ は (6.108) で定義された単純なピリオドグラムの移動平均 $\hat{s}_n(\lambda)$ になっている. □

例 6.5 (Akaike ウインドウ)

$$w(x) = \begin{cases} 0.6398 + 0.4802\cos\pi x - 0.12\cos 2\pi x, & (|x| \leq 1), \\ 0, & (|x| > 1). \end{cases}$$

この場合の q, κ_q などの計算は, 読者にゆだねよう (演習問題 6.9). □

以上，ウインドウ関数の例をみてきたが，どのようなウインドウ関数を選ぶと「よい」スペクトル密度関数の推定量が構成できるであろうか．再び定理 6.9 に戻って (i),(ii) を

$$E\{\hat{f}_n(\lambda)\} - f(\lambda) = \frac{1}{M^q}\kappa_q b(\lambda) + o\left(\frac{1}{M^q}\right), \tag{6.124}$$

$$Var\{\hat{f}_n(\lambda)\} = \frac{M}{n}f(\lambda)^2 \int_{-1}^{1} w(x)^2 dx + o\left(\frac{M}{n}\right) \tag{6.125}$$

と書き直す．ただし，ここでは簡単のため $0 < \lambda < \pi$ として議論を進める．$\hat{f}_n(\lambda)$ の「よさ」を平均 2 乗誤差

$$E[\{\hat{f}_n(\lambda) - f(\lambda)\}^2] = Var\{\hat{f}_n(\lambda)\} + [E\{\hat{f}_n(\lambda)\} - f(\lambda)]^2 \tag{6.126}$$

で測ることにする．(6.124),(6.125) より，

$$Var\{\hat{f}_n(\lambda)\} = O\left(\frac{M}{n}\right), \quad [E\{\hat{f}_n(\lambda)\} - f(\lambda)]^2 = O\left(\frac{1}{M^{2q}}\right)$$

なので (6.126) が最小になる M のオーダーは $O(M/n) = O(1/M^{2q})$ であるとき，すなわち

$$M = cn^{\frac{1}{1+2q}}, \quad (c \text{ は定数}) \tag{6.127}$$

であるときである．よって (6.127) の M に対して (6.124)〜(6.126) より

$$\lim_{n\to\infty} E[\{n^{\frac{q}{1+2q}}(\hat{f}_n(\lambda) - f(\lambda))\}^2]$$
$$= cf(\lambda)^2 \int_{-1}^{1} w(x)^2 dx + c^{-2q}\kappa_q^2 b^2(\lambda) \tag{6.128}$$

を得る．したがって漸近最適なウインドウ関数は (6.128) の右辺を最小にする $w(\cdot)$ を選べばよいが，(6.128) の右辺は未知母数 $f(\lambda)$ に依存しており漸近最適なウインドウ関数は客観的には選べない．(6.128) の左辺における $n^{q/1+2q}$ を $\hat{f}_n(\lambda)$ の **一致性のオーダー** (consistency order) と呼ぶ．このオーダーが大きいほど，よい推定量となる．前節で述べた有限母数モデルで未知母数 θ の推定量の一致性のオーダーは $\sqrt{n}$ となった．したがってノンパラメトリックな推定量 $\hat{f}_n(\lambda)$ の場合，どのような $q \geq 1$ をとっても母数型推定量の一致性のオーダー

より低くなり，したがって劣った推定量となる．これは図 6.10 からも頷けるであろう．

上述で $\hat{f}_n(\lambda)$ のネガティブな面をみたが，このようなノンパラメトリックな推定量は役に立たないものであろうか．実はそうではない．たとえば経済の現象解析などでは，AR, ARMA などの有限母数モデルを仮定すること自体が，大変きつい制約となる場合，有用なものとなる．また以下に述べるように各点 λ では $\hat{f}_n(\lambda)$ は $f(\lambda)$ の一致性オーダーの低い推定量であるが，$\hat{f}_n(\lambda)$ の積分汎関数

$$\int_{-\pi}^{\pi} \Phi\{\hat{f}_n(\lambda)\} d\lambda, \qquad (\Phi \text{ は滑らかな関数}) \tag{6.129}$$

は対応量 $\int_{-\pi}^{\pi} \Phi\{f(\lambda)\} d\lambda$ の $\sqrt{n}$ 一致性をもつことが示される．これによって，ノンパラメトリックな推定量を使いながら母数型と同等のよさをもつ議論ができ，さらには母数型のアプローチにない長所もある．このことを直感的にみるため図 6.10 に戻ってみよう．$\hat{f}_n(\lambda)$ のグラフと縦軸，横軸で囲まれる部分の面積と $f(\lambda)$ のグラフのそれとは，でこぼこが相殺されて近い値になっていることが視覚的にとらえられるだろう．(6.129) は $\hat{f}_n(\lambda)$ の一種の面積的な量であるので，各 λ ごとには $\hat{f}_n(\lambda)$ は $f(\lambda)$ のよい推定量になっていないが，面積的な量の推定量としては，よいものになっていることを意味する．

さて，(6.56),(6.57) を思い出そう．これらより (6.129) で $\Phi(x) = x$ とすれば $\int_{-\pi}^{\pi} \Phi\{I_n(\lambda)\} d\lambda$ は $\int_{-\pi}^{\pi} \Phi\{f(\lambda)\} d\lambda$ の $\sqrt{n}$ 一致推定量になる．このことも図 6.10 をみると $I_n(\lambda)$ は $f(\lambda)$ の上下を激しく振動するが，面積量としては，その対応量のよい推定量となっていることが理解できよう．しかし $\Phi(x)$ が線形関数でないとき $\int_{-\pi}^{\pi} \Phi\{I_n(\lambda)\} d\lambda$ は $\int_{-\pi}^{\pi} \Phi\{f(\lambda)\} d\lambda$ の $\sqrt{n}$ 一致推定量にはならない．また一致推定量ですらない (演習問題 6.10)．したがって $\Phi(x)$ が非線形な関数であるとき $I_n(\lambda)$ でなく $\hat{f}_n(\lambda)$ を用いることは本質的なことである．

以下 $\int_{-\pi}^{\pi} \Phi\{\hat{f}_n(\lambda)\} d\lambda$ の漸近的性質をみてみよう．$\{X_t\}$ は平均 0, 共分散関数 $R(\cdot)$ をもつ正規過程で，仮定 6.4 と $q = 2$ で仮定 6.5 を満たすとする．さらに $M = M(n)$ は

$$\frac{n^{\frac{1}{4}}}{M} + \frac{M}{\sqrt{n}} \to 0, \qquad (n \to \infty)$$

を満たし，$\Phi(x)$ は $(0,\infty)$ 上 3 回連続微分可能であるとする．まず定理 6.9 より

$$E[\{\hat{f}_n(\lambda) - f(\lambda)\}^2] = O\left(\frac{M}{n}\right) \qquad (6.130)$$

であることにに注意しよう．$\Phi(\cdot)$ を $f(\lambda)$ のまわりで展開して

$$\sqrt{n}\int_{-\pi}^{\pi}[\Phi\{\hat{f}_n(\lambda)\} - \Phi\{f(\lambda)\}]d\lambda$$
$$\sim \sqrt{n}\int_{-\pi}^{\pi}\Phi^{(1)}\{f(\lambda)\}\{\hat{f}_n(\lambda) - f(\lambda)\}\,d\lambda \qquad (6.131)$$

を得る．ただし $\Phi^{(1)}(x) = (d/dx)\Phi(x)$．(6.131) の右辺は

$$\sqrt{n}\int_{-\pi}^{\pi}\left[\Phi^{(1)}\{f(\lambda)\}\int_{-\pi}^{\pi}\{I_n(\mu) - f(\mu)\}W_n(\lambda-\mu)d\mu\right]d\lambda$$
$$+ \sqrt{n}\int_{-\pi}^{\pi}\left[\Phi^{(1)}\{f(\lambda)\}\left\{\int_{-\pi}^{\pi}f(\mu)W_n(\lambda-\mu)d\mu - f(\mu)\right\}\right]d\lambda$$
$$= ((A1) + (A2) \text{ とおく})$$

となる．ここでたとえば例 6.4 の Daniell ウインドウの例を思い出すと，$W_n(\eta)$ は原点のまわりにピークをもつデルタ関数に収束するので，

$$(A1) \sim \sqrt{n}\int_{-\pi}^{\pi}\Phi^{(1)}\{f(\lambda)\}\{I_n(\lambda) - f(\lambda)\}d\lambda$$
$$(A2) \sim 0$$

となることがみえよう．ゆえに

$$\sqrt{n}\int_{-\pi}^{\pi}[\Phi\{\hat{f}_n(\lambda)\} - \Phi\{f(\lambda)\}]d\lambda \sim \sqrt{n}\int_{-\pi}^{\pi}\Phi^{(1)}\{f(\lambda)\}\{I_n(\lambda) - f(\lambda)\}d\lambda$$

となり，(6.56) と (6.57) より次の定理が得られる．

定理 6.10 $n \to \infty$ とするとき，

(i)
$$\int_{-\pi}^{\pi}\Phi\{\hat{f}_n(\lambda)\}\,d\lambda \xrightarrow{p} \int_{-\pi}^{\pi}\Phi\{f(\lambda)\}\,d\lambda,$$

(ii)
$$\sqrt{n}\int_{-\pi}^{\pi}[\Phi\{\hat{f}_n(\lambda)\} - \Phi\{f(\lambda)\}]\,d\lambda$$

$$\xrightarrow{d} N\left(0,\ 4\pi \int_{-\pi}^{\pi} [\Phi^{(1)}\{f(\lambda)\}]^2 f(\lambda)^2 d\lambda\right).$$

(6.30) より $\hat{f}_n(\lambda)$ は $f(\lambda)$ の $\sqrt{n/M}$ 一致推定量となり，通常の母数型の場合のオーダー $\sqrt{n}$ より悪い．しかしながら定理 6.10 は $\hat{f}_n(\lambda)$ の積分汎関数は $\sqrt{n}$ 一致性をもつということを主張している．したがってこのことを標語的にいうと

"Integration recovers $\sqrt{n}$-consistency."

となる．

上記の定理は推定，検定，判別解析など，きわめて広範な応用をもつが，本節では推定について簡単にふれておこう．

$\{X_t\}$ は平均 0, スペクトル密度関数 $g(\lambda)$ をもつ正規定常過程とする．より実際的設定として，この $g(\lambda)$ に母数型スペクトル密度関数モデル $f_{\boldsymbol{\theta}}(\lambda)$, $\boldsymbol{\theta} \in \Theta \subset \boldsymbol{R}^r$ を適合し，未知母数を推定する話をする．そこで $f_{\boldsymbol{\theta}}$ を g に適合させる規準として

$$D(f_{\boldsymbol{\theta}}, g) \equiv \int_{-\pi}^{\pi} K\left\{\frac{f_{\boldsymbol{\theta}}(\lambda)}{g(\lambda)}\right\} d\lambda \tag{6.132}$$

を用いる．ただし $K(x)$ は $(0, \infty)$ 上 3 回連続微分可能で $x = 1$ で最小値を一意にとるものとする．$K(\cdot)$ の例としては，たとえば次がある．

例 6.6 (α-エントロピー規準)

$$K(x) = \log\{(1-\alpha) + \alpha x\} - \alpha \log x, \quad (\alpha \in (0,1)).$$

ここで未知母数 $\boldsymbol{\theta}$ を推定するわけであるが，この場合，真のモデルと適合モデルは等しくなくてもよいので，g に規準 $D(f_{\boldsymbol{\theta}}, g)$ の意味で一番近い値，すなわち

$$\underline{\boldsymbol{\theta}} = \arg\min_{\boldsymbol{\theta}} D(f_{\boldsymbol{\theta}}, g) \tag{6.133}$$

なる**擬真値** (pseudo-true value) を推定することになる．$\underline{\boldsymbol{\theta}}$ を推定するためには $g(\lambda)$ が未知なので，前述したノンパラメトリックなスペクトル推定量 $\hat{g}_n(\lambda)$ を用いて

$$\hat{\boldsymbol{\theta}}_n \equiv arg \min_{\boldsymbol{\theta}} D(f_{\boldsymbol{\theta}}, \hat{g}_n) \tag{6.134}$$

で推定する．これを最小コントラスト型 (minimum contrast) 推定量という．6.2 節で推定量の漸近分布を導く議論を行ったが，同様な議論を用いて，定理 6.10 を考慮すれば自然な条件下で

(i) $\hat{\boldsymbol{\theta}}_n \xrightarrow{p} \underline{\boldsymbol{\theta}}$,

(ii) $\sqrt{n}(\hat{\boldsymbol{\theta}}_n - \underline{\boldsymbol{\theta}}) \xrightarrow{d}$ 正規分布

を示すことができる．ここで $g(\lambda) = f_{\boldsymbol{\theta}}(\lambda)$ とすれば $\underline{\boldsymbol{\theta}} = \boldsymbol{\theta}$ となり，(ii) は

$$\sqrt{n}(\hat{\boldsymbol{\theta}}_n - \boldsymbol{\theta}) \xrightarrow{d} N(\mathbf{0}, \mathcal{F}(\boldsymbol{\theta})^{-1})$$

となり，$\hat{\boldsymbol{\theta}}_n$ は漸近有効な推定量となる．例 6.6 でみたように $K(\cdot)$ の候補は無限にあるので，上述の事柄は最尤法と根本的に異なった手法で無限個の漸近有効な推定量が構成できることを主張している．□

6.4 時系列の予測

予測は時系列解析における重要な問題の一つである．ここでは，まず定常過程の線形予測を述べ，その後非線形予測についても言及する．

$\{X_t : t \in \mathbf{Z}\}$ は平均 0, スペクトル密度関数 $g(\lambda)$ をもつ定常過程とする．そのスペクトル表現を

$$X_t = \int_{-\pi}^{\pi} e^{-it\lambda} dZ(\lambda), \qquad E(|dZ(\lambda)|^2) = g(\lambda) \, d\lambda \tag{6.135}$$

とし，さらに $g(\lambda)$ は

$$\int_{-\pi}^{\pi} \log g(\lambda) d\lambda > -\infty$$

を満たし, $z \in \mathbf{C}$ の多項式 $A_g(z) = \sum_{j=0}^{\infty} a_j^{(g)} z^j$ で $g(\lambda) = (1/2\pi)|A_g(e^{i\lambda})|^2$ と表されているとする．予測問題としては $X_{t-1}, X_{t-2}, \ldots$ が観測可能で X_t が観測可能でない状況において，X_t を線形結合

$$\hat{X}_t = \sum_{j \geq 1} b_j X_{t-j} \tag{6.136}$$

で予測することを考える．(6.136) を X_t の **線形予測子** (linear predictor) という．当然「よい」予測子を求める必要があるが，$E\{|X_t - \hat{X}_t|^2\}$ を最小にする $\hat{X}_t$ を求める．この $\hat{X}_t$ を **最良線形予測子** (best linear predictor) と呼ぶことにする．最良線形予測子はスペクトル密度の言葉で

$$\hat{X}_t^{best} = \int_{-\pi}^{\pi} e^{-it\lambda} \frac{A_g(e^{i\lambda}) - A_g(0)}{A_g(e^{i\lambda})} \, dZ(\lambda) \qquad (6.137)$$

で表される．このことを，以下みてみよう．まず $\hat{X}_t$ を (6.136) で表された任意の線形予測子とすると，そのスペクトル表現は

$$\hat{X}_t = \int_{-\pi}^{\pi} e^{-it\lambda} B(\lambda) \, dZ(\lambda), \qquad \left(B(\lambda) = \sum_{j \geq 1} b_j e^{ij\lambda} \right) \qquad (6.138)$$

となる．このとき

$$\begin{aligned} E[\{X_t - \hat{X}_t\}^2] &= E[\{X_t - \hat{X}_t^{best} + \hat{X}_t^{best} - \hat{X}_t\}^2] \\ &= E[\{X_t - \hat{X}_t^{best}\}^2] + 2E[\{X_t - \hat{X}_t^{best}\}\{\hat{X}_t^{best} - \hat{X}_t\}] \\ &\quad + E[\{\hat{X}_t^{best} - \hat{X}_t\}^2] \\ &= ((1) + (2) + (3) \ \text{とおく}) \qquad (6.139) \end{aligned}$$

となるが，(6.135), (6.137) と (6.138) より

$$\begin{aligned} (2) &= 2E\Bigg[\int_{-\pi}^{\pi} e^{-it\lambda} \frac{A_g(0)}{A_g(e^{i\lambda})} \, dZ(\lambda) \\ &\qquad \times \overline{\int_{-\pi}^{\pi} e^{-it\lambda} \left\{ \frac{A_g(e^{i\lambda}) - A_g(0)}{A_g(e^{i\lambda})} - B(\lambda) \right\} dZ(\lambda)} \Bigg] \\ &= 2 \int_{-\pi}^{\pi} A_g(0) \overline{\Gamma(\lambda)} \, \frac{g(\lambda)}{A_g(e^{i\lambda})} \, d\lambda \qquad (\text{定理 5.3 より}) \\ &= \frac{A_g(0)}{\pi} \int_{-\pi}^{\pi} \overline{\Gamma(\lambda) \, A_g(e^{i\lambda})} \, d\lambda \qquad (6.140) \end{aligned}$$

となる．ここに $\Gamma(\lambda) = \{A_g(e^{i\lambda}) - A_g(0)\}/A_g(e^{i\lambda}) - B(\lambda)$ で $\overline{\Gamma(\lambda)}$ は $\{e^{-i\lambda}, e^{-2i\lambda}, e^{-3i\lambda}, ...\}$ の線形結合で表される関数である．一方 $\overline{A_g(e^{i\lambda})}$ は $\{1, e^{-i\lambda}, e^{-2i\lambda}, ...\}$ の線形結合で表され，(6.140) = 0 となることがわかる．よって (6.139) に戻ると $\hat{X}_t = \hat{X}_t^{best}$ a.s. であるとき (6.139) が最小となることがわかり，$\hat{X}_t^{best}$ が最良線形予測子となる．

$\{X_t\}$ が仮定 6.1 を満たす AR(p) 過程

$$X_t + b_1 X_{t-1} + \cdots + b_p X_{t-p} = u_t, \quad (\{u_t\} \sim i.i.d.(0, \sigma^2))$$

に従っているとする．このとき $A_g(e^{i\lambda}) = (\sum_{j=0}^p b_j e^{ij\lambda})^{-1}$ $(b_0 = 1)$ で (6.137) は

$$\begin{aligned}
\hat{X}_t^{best} &= \int_{-\pi}^{\pi} e^{-it\lambda} \left(1 - \sum_{j=0}^p b_j e^{ij\lambda}\right) dZ(\lambda) \\
&= -b_1 X_{t-1} - \cdots - b_p X_{t-p} \qquad (6.141)
\end{aligned}$$

となり，AR(p) の最良線形予測子は明示的で有限の長さをもつ．しかしながら ARMA などでは $\hat{X}_t^{best}$ はもとのモデルの係数の明示的な形では書けなくて，しかも予測子は一般に無限個の $\{X_{t-1}, X_{t-2}, ...\}$ の線形結合として表される．

$\hat{X}_t^{best}$ は $\{X_t\}$ のスペクトル密度関数 $g(\lambda)$ が完全に特定できれば構成できる．しかしながら実際問題では $g(\lambda)$ のモデル選択や推定が必要となり，これの誤特定化があるとするのが自然な設定である．そこで $\{X_t\}$ は真のスペクトル密度関数 $g(\lambda)$ をもつが，$g(\lambda)$ の代わりに仮想的なスペクトル密度関数

$$f(\lambda) = \frac{1}{2\pi} |A_f(e^{i\lambda})|^2 \qquad (6.142)$$

をもつと想定して構成した最良線形予測子

$$\hat{X}_t^f = \int_{-\pi}^{\pi} e^{-it\lambda} \frac{A_f(e^{i\lambda}) - A_f(0)}{A_f(e^{i\lambda})} dZ(\lambda) \qquad (6.143)$$

の予測誤差を評価してみると

$$\begin{aligned}
PE(g, f) &\equiv E[\{X_t - \hat{X}_t^f\}^2] \\
&= E\left[\left|\int_{-\pi}^{\pi} e^{-it\lambda} \frac{A_f(0)}{A_f(e^{i\lambda})} dZ(\lambda)\right|^2\right] \\
&= \int_{-\pi}^{\pi} \frac{|A_f(0)|^2}{|A_f(e^{i\lambda})|^2} g(\lambda) \, d\lambda \qquad (\text{定理 5.3 より}) \\
&= \frac{|A_f(0)|^2}{2\pi} \int_{-\pi}^{\pi} \frac{g(\lambda)}{f(\lambda)} \, d\lambda \qquad ((6.142) \text{ より}) \\
&= \exp\left\{\frac{1}{2\pi} \int_{-\pi}^{\pi} \log f(\lambda) \, d\lambda\right\} \int_{\pi}^{\pi} \frac{g(\lambda)}{f(\lambda)} \, d\lambda
\end{aligned}$$

$$((6.51)\sim(6.54) \text{ の議論を参照}) \tag{6.144}$$

を得る. 実はこのような誤特定化の設定での予測問題は, すでに Grenander and Rosenblatt(1957, chap.8) で行われている. 誤特定化の予測に与える影響は場合によってはきわめて大きくなり, 注意が払われねばならない. その例に興味のある読者は, 演習問題 6.11 をみられたい.

誤特定化のセッティングは, いろいろな面で便利で多期先の予測問題も, これでうまくとらえられる. X_{t+h} を $X_t, X_{t-1}, X_{t-2}, ...$ の線形結合で予測することを考える (h 期先の予測問題). これは上述の議論で誤特定化されたスペクトル密度関数

$$f_{\boldsymbol{\theta}}(\lambda) = \frac{1}{2\pi} \frac{1}{|1 - \theta_1 e^{ih\lambda} - \theta_2 e^{i(h+1)\lambda} - \theta_3 e^{i(h+2)\lambda} - \cdots |^2},$$
$$(\boldsymbol{\theta} = (\theta_1, \theta_2, ...)') \tag{6.145}$$

を適合させることに相当する. h 期先の X_{t+h} の最良線形予測子は

$$\theta_1 X_t + \theta_2 X_{t-1} + \theta_3 X_{t-2} + \cdots$$

の形となり, 係数ベクトル $\boldsymbol{\theta}$ は予測誤差 (6.144)

$$\frac{1}{2\pi} \int_{-\pi}^{\pi} \frac{g(\lambda)}{f_{\boldsymbol{\theta}}(\lambda)} d\lambda$$

を最小にするものである.

上記は一般には無限個の $X_t, X_{t-1}, X_{t-2}, ...$ の線形結合で未来を予測する話であった. しかしながら, 実際問題では現在時点までの観測系列 $\boldsymbol{X}(1,t) \equiv \{X_1, X_2, ..., X_t\}$ から未来値を予測する設定が当然ながら望ましい. そこで, 以下では未来値 X_{t+h} を $\boldsymbol{X}(1,t)$ の可測な関数 $\phi\{\boldsymbol{X}(1,t)\}$ で予測する話をする. ここで, $\phi\{\cdot\}$ は非線形な関数でもよい. したがって h 期先の非線形予測問題である. $\phi\{\cdot\}$ としては

$$E[|X_{t+h} - \phi\{\boldsymbol{X}(1,t)\}|^2] \tag{6.146}$$

を最小にする $\phi = \phi_h(t)$ を求める. この $\phi_h(t)$ を **h 期先の最良予測子** と呼ぶことにする.

定理 6.11 h 期先の最良予測子は

$$\phi_h(t) = E\{X_{t+h}|\boldsymbol{X}(1,t)\} \tag{6.147}$$

で与えられる．

証明 $\boldsymbol{X}(1,t)$ の任意の可測関数 $f = f\{\boldsymbol{X}(1,t)\}$ に対して

$$\begin{aligned}
E[\{X_{t+h} - f\}^2] =\ & E[\{X_{t+h} - E(X_{t+h}|\boldsymbol{X}(1,t))\}^2] \\
& + E[\{E(X_{t+h}|\boldsymbol{X}(1,t)) - f\}^2] \\
& + 2E[\{E(X_{t+h}|\boldsymbol{X}(1,t)) - f\} \\
& \times \{X_{t+h} - E(X_{t+h}|\boldsymbol{X}(1,t))\}] \quad (6.148)
\end{aligned}$$

と書ける．(6.148) の右辺第 3 項の $E[\cdot]$ は

$$\begin{aligned}
& EE[\{E(X_{t+h}|\boldsymbol{X}(1,t)) - f\}\{X_{t+h} - E(X_{t+h}|\boldsymbol{X}(1,t))\}|\boldsymbol{X}(1,t)] \\
&= E[\{E(X_{t+h}|\boldsymbol{X}(1,t)) - f\}E\{X_{t+h} - E(X_{t+h}|\boldsymbol{X}(1,t))|\boldsymbol{X}(1,t)\}] \\
&= E[\{E(X_{t+h}|\boldsymbol{X}(1,t)) - f\}\{E(X_{t+h}|\boldsymbol{X}(1,t)) - E(X_{t+h}|\boldsymbol{X}(1,t))\}] \\
&= 0
\end{aligned}$$

となり，(6.148) より

$$E[\{X_{t+h} - f\}^2] \geq E[\{X_{t+h} - E(X_{t+h}|\boldsymbol{X}(1,t))\}^2]$$

を得る．したがって題意が示せた．□

以下，技術的便宜のため，$-t < h \leq 0$ なる h に対しては

$$\phi_h(t) = X_{t-|h|} \tag{6.149}$$

と理解する．再び仮定 6.1 を満たす AR(p) 過程

$$X_t = -b_1 X_{t-1} - \cdots - b_p X_{t-p} + u_t, \quad (\{u_t\} \sim i.i.d.(0,\sigma^2)) \tag{6.150}$$

を思い出そう．(6.150) の t を $t+h$ ($h > 0$) に変えて両辺 $E\{\cdot|\boldsymbol{X}(1,t)\}$ をとると

$$E\{X_{t+h}|\boldsymbol{X}(1,t)\} = -b_1 E\{X_{t+h-1}|\boldsymbol{X}(1,t)\} - \cdots$$
$$-b_p E\{X_{t+h-p}|\boldsymbol{X}(1,t)\} + E\{u_{t+h}|\boldsymbol{X}(1,t)\}$$

となり,$E\{u_{t+h}|\boldsymbol{X}(1,t)\}=0$ であるので

$$\phi_h(t) = -b_1 \phi_{h-1}(t) - \cdots - b_p \phi_{h-p}(t) \tag{6.151}$$

を得る.上式で $h=1$ とすると,すでにみた結果

$$\phi_1(t) = -b_1 X_t - \cdots - b_p X_{t-p+1} \tag{6.152}$$

を得る.したがって (6.149) を考慮して (6.152) を使うと (6.151) より $\phi_2(t)$ が得られ,同様にして $\phi_h(t)$ を求めることができる.実際問題では係数 $b_1,...,b_p$ は未知なので,これらは $\boldsymbol{X}(1,t)$ から 6.2 節で述べた QGML 推定量 $\hat{b}_1,...,\hat{b}_p$ の値を求め

$$\hat{\phi}_1(t) = -\hat{b}_1 X_t - \cdots - \hat{b}_p X_{t-p+1}$$

をつくり,上述と同様にして h 期先の予測子 $\hat{\phi}_h(t)$ を (6.151) の関係式より構成できる.

以下,具体的なモデルで $\hat{\phi}_h(t)$ の動きをみてみよう.$X_1,X_2,...,X_{200}$ が次の $AR(2)$ モデル

$$X_t = 0.7 X_{t-1} - 0.21 X_{t-2} + u_t, \quad (\{u_t\} \sim i.i.d. N(0,1)) \tag{6.153}$$

から生成されるとき,$X_1,X_2,...,X_{195}$ までが観測されたとして $X_{196},...,X_{200}$ を上述の手法で予測した.実際,$X_1,...,X_{195}$ に AIC を適用して,かつ係数を推定すると $AR(2)$ を選択し,係数の推定量は

$$\hat{b}_1 = -0.6935, \quad \hat{b}_2 = 0.1382$$

となった.このとき $\hat{\phi}_1(195) = 0.6935 X_{195} - 0.1382 X_{194}$ となり,順次 (6.151) より $\hat{\phi}_2(195),...,\hat{\phi}_5(195)$ が得られる.図 6.11 は X_t の値をプロットしたものであるが,$t = 196,...,200$ に対しては ◦ が予測値を,実線が実際の値を表している.

図 6.11

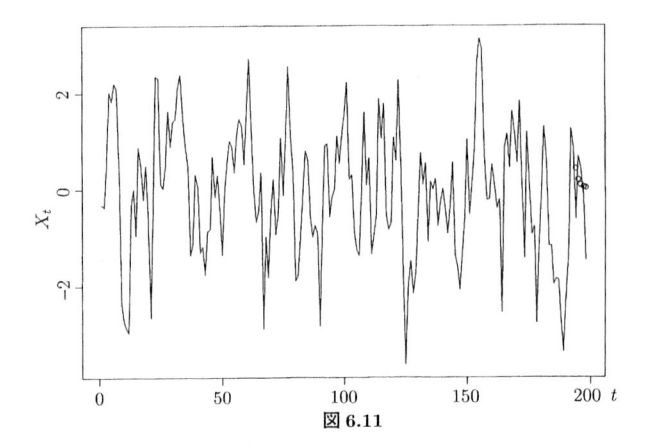

定理 6.11 で与えられた最良予測子は,非線形予測子も含めた中での最適なものになっており,要するに予測では,これを求めればよい.しかしながら $\phi_h(t)$ は一般に $\boldsymbol{X}(1,t)$ の明示的でない非線形関数となっていて,特殊な時系列モデル以外では,はなはだ求めにくいものである.さらに実際問題では予測子を記述する未知母数も観測系列から推測しなくてはならない.

最後に非線形時系列の代表的モデルである ARCH(q) モデル

$$\begin{cases} X_t = u_t \sigma_t, \\ \sigma_t^2 = a_0 + \sum_{j=1}^q a_j X_{t-j}^2 \end{cases} \quad (6.154)$$

のボラティリティ σ_t^2 の多期予測を考えてみよう.ただし $a_0 > 0$, $a_j \geq 0$, $j = 1,...,q$ で $\{u_t\} \sim i.i.d.(0,1)$ とする.$\boldsymbol{X}(1,t)$ が観測されているとき σ_{t+h+1}^2 の予測に興味があるとする.この場合 $\phi_h(t) = E\{\sigma_{t+h+1}^2 | \boldsymbol{X}(1,t)\}$ を求めればよい.(6.154) より $\sigma_{t+h+1}^2 = a_0 + \sum_{j=1}^q a_j X_{t+h+1-j}^2$ となるので,両辺 $E\{\cdot | \boldsymbol{X}(1,t)\}$ をとると

$$\phi_h(t) = a_0 + \sum_{j=1}^q a_j E\{X_{t+h+1-j}^2 | \boldsymbol{X}(1,t)\}$$

$$= \begin{cases} a_0 + \sum_{j=1}^h a_j E\{\sigma_{t+h+1-j}^2 | \boldsymbol{X}(1,t)\} + \sum_{j=h+1}^q a_j X_{t+h+1-j}^2, \\ \qquad\qquad\qquad\qquad\qquad\qquad (h < q \text{ のとき}), \\ a_0 + \sum_{j=1}^q a_j E\{\sigma_{t+h+1-j}^2 | \boldsymbol{X}(1,t)\}, \qquad (h \geq q \text{ のとき}) \end{cases}$$

$$=\begin{cases} a_0 + \sum_{j=1}^{h} a_j \phi_{h-j}(t) + \sum_{j=h+1}^{q} a_j X_{t+h+1-j}^2, & (h < q \text{ のとき}), \\ a_0 + \sum_{j=1}^{q} a_j \phi_{h-j}(t), & (h \geq q \text{ のとき}) \end{cases}$$

となり，$\phi_0(t)$ から順次 $\phi_1(t), ..., \phi_h(t)$ が求まる．$a_0, ..., a_q$ は推定しなければならないが，QMLE を用いると $\hat{\phi}_h(t)$ を求めることができる．図 6.12 の実線のグラフは，AMOCO 社の日々の収益率に $ARCH(1)$ モデルを適合して得られた σ_t の推定値をプロットしたものである．実際，a_0, a_1 の推定値はそれぞれ $\hat{a}_0 = 0.00015$, $\hat{a}_1 = 0.04648$ であった．この実線部に対応するデータが観測されているとき上述の $\hat{\phi}_h(t)$ を 5 期先までプロットしたものが，○○で表されている．

図 6.12

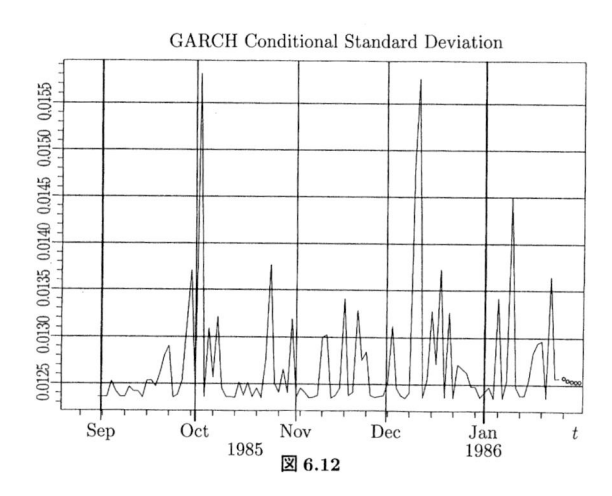

6.5 時系列回帰

前節までは関与の確率過程 $\{X_t\}$ の平均は 0 であると仮定してきた．しかしながら，実際問題への応用を考えると平均は 0 でなくて時間 t の関数や，あるいは他の時系列で記述されるのが自然であろう．そこでまず確率過程モデルとして

$$Y_t = T(t) + X_t \qquad (6.155)$$

を考える．ここに $\{X_t\}$ は平均 0, スペクトル密度関数 $f(\lambda)$ をもつ定常過程で観

測不能であるとする. $T(t)$ が t のノンランダムな関数とすると $E(Y_t) = T(t)$ となる. $T(t)$ を $\{Y_t\}$ の **トレンド関数** (trend function) という. $T(t)$ が単に t の関数と想定するのでは漠然としているので, 未知母数ベクトル $\boldsymbol{\beta} = (\beta_1, ..., \beta_p)'$ と既知でノンランダムな関数 $\boldsymbol{z}_t = (z_{t1}, ..., z_{tp})'$ を用いて

$$T(t) = \boldsymbol{z}_t' \boldsymbol{\beta}$$

と表されている場合を考える. つまり線形回帰モデル

$$Y_t = \boldsymbol{z}_t' \boldsymbol{\beta} + X_t, \quad (t \in \boldsymbol{N}) \tag{6.156}$$

を仮定して観測系列 $\boldsymbol{Y} = (Y_1, ..., Y_n)'$ が得られたとき $\boldsymbol{\beta}$ を推定する話をする. $\{z_t\}$ は回帰関数と呼ばれる. まず

$$\begin{aligned} a_{jk}^{(n)}(h) &= \sum_{t=1}^{n-h} z_{t+h,j} z_{tk}, & (h = 0, 1, ...) \\ &= \sum_{t=1-h}^{n} z_{t+h,j} z_{tk}, & (h = 0, -1, -2, ...) \end{aligned}$$

とおいて以下を仮定する.

仮定 6.6 (Grenander 条件)

(G1) $a_{jj}^{(n)}(0) \to \infty \ (n \to \infty), \quad (j = 1, ..., p)$.

(G2) $\lim_{n \to \infty} \frac{z_{n+1,j}^2}{a_{jj}^{(n)}(0)} = 0, \quad (j = 1, ..., p)$.

(G3) 極限

$$\lim_{n \to \infty} \frac{a_{jk}^{(n)}(h)}{\sqrt{a_{jj}^{(n)}(0) a_{kk}^{(n)}(0)}} = \rho_{jk}(h)$$

が, $j, k = 1, ..., p, h \in \boldsymbol{Z}$ に対して存在する.

(G4) $p \times p$ 行列 $\Phi(0) \equiv \{\rho_{jk}(0) : j, k = 1, ..., p\}$ が正則である.

以上の条件は基本的なものである.その意味するところをみてみよう.(G1)は以下述べる β の最小2乗推定量が一致性をもつための条件である.(G2)は回帰関数の末端項が全体和に比べて無視できるという条件で,(G3)は回帰関数の標本共分散が漸近定常性をもつという条件である.この条件より $\Phi(h) \equiv \{\rho_{jk}(h) : j, k = 1, ..., p\}$ と定義すると正定値増分をもつエルミート行列関数 $\bm{M}(\lambda) = \{M_{jk}(\lambda) : j, k = 1, ..., p\}$ が存在して

$$\Phi(h) = \int_{-\pi}^{\pi} e^{ih\lambda} d\bm{M}(\lambda) \qquad (6.157)$$

と表される.$\bm{M}(\lambda)$ は **回帰スペクトル測度** (regression spectral measure) と呼ばれる.回帰スペクトル測度 $dM_{jk}(\lambda)$ の実体は

$$dM_{jk}^{(n)}(\lambda) \equiv \{a_{jj}^{(n)}(0) a_{kk}^{(n)}(0)\}^{-\frac{1}{2}} \left(\sum_{t=1}^{n} z_{tj} e^{-it\lambda}\right) \left(\sum_{t=1}^{n} z_{tk} e^{it\lambda}\right) d\lambda \qquad (6.158)$$

の極限と理解すればよい.(G4) は回帰関数が多重共線性をもたないための条件である.z_{tj} の候補としては t の多項式や,三角関数の線形結合がある.このことを具体的にみてみよう.

例 6.7

(i) 多項式トレンド

$$z_{tj} = t^{j-1}, \qquad (j = 1, ..., p)$$

とすると

$$\rho_{jk}(h) = \frac{\sqrt{(2j-1)(2k-1)}}{j+k-1}, \qquad (j, k = 1, ..., p,\ h = 0, \pm 1, ...) \quad (6.159)$$

となり,上式は h に依存しない.したがって $\bm{M}(\lambda)$ は $\lambda = 0$ で唯一のジャンプ

$$\bm{M}_0 = \left\{\frac{\sqrt{(2j-1)(2k-1)}}{j+k-1} : j, k = 1, ..., p\right\} \qquad (6.160)$$

をもつ (演習問題 6.12).

(ii) 三角関数トレンド

$$z_{tj} = \cos\nu_j t, \quad (0 < \nu_1 < \cdots < \nu_p < \pi)$$

とすると，関係式

$$\lim_{n\to\infty} n^{-1} \sum_{t=1}^{n-h} \cos\nu t \,\cos\lambda(t+h) = \begin{cases} \dfrac{1}{2}\cos\nu h, & (0 < \nu = \lambda < \pi), \\ 0, & (0 \le \nu \ne \lambda \le \pi) \end{cases}$$

より

$$\rho_{jk}(h) = \begin{cases} \cos\nu_j h, & (j = k), \\ 0, & (j \ne k) \end{cases} \quad (6.161)$$

を得る．したがって，この場合 $M(\lambda)$ は $\lambda = \pm\nu_j$ でジャンプ $M_j = diag(0,...,0,1/2,0,...,0),(1/2$ は第 j 対角にある) をもつ (演習問題 6.12)．□

回帰モデル (6.156) からの観測系列 $Y = (Y_1,...,Y_n)'$ に基づいた β の推定量として

$$\hat{\beta}_{LS} = (Z'Z)^{-1}Z'Y,$$
$$\hat{\beta}_{BLU} = (Z'\Sigma^{-1}Z)^{-1}Z'\Sigma^{-1}Y$$

を考える．ここに $Z' = (z_1,...,z_n)$ で $\Sigma = \{\int_{-\pi}^{\pi} e^{i(l-j)\lambda} f(\lambda)\,d\lambda : l,j = 1,...,n\}$ ($n \times n$ 行列) とする．$\hat{\beta}_{LS}$ と $\hat{\beta}_{BLU}$ はそれぞれ β の **最小 2 乗推定量** (least squares estimator：LSE)，**最良線形不偏推定量** (best linear unbiased estimator：BLUE) と呼ばれる．線形回帰の一般論より，$\hat{\beta}_{BLU}$ の方が $\hat{\beta}_{LS}$ より一般にすぐれた推定量になるが，$\hat{\beta}_{BLU}$ は未知の分散行列 Σ を含んでいるので計算可能な推定量とはならない．一方 $\hat{\beta}_{LS}$ は Y と Z のみの関数なので計算可能な推定量となる．そこで $\hat{\beta}_{LS}$ が，どのようなとき $\hat{\beta}_{BLU}$ と同等なよさをもつかをみてみよう．そのため

$$D_n = diag\left\{\left(\sum_{t=1}^{n} z_{t1}^2\right)^{\frac{1}{2}},...,\left(\sum_{t=1}^{n} z_{tp}^2\right)^{\frac{1}{2}}\right\}$$

として, $\hat{\boldsymbol{\beta}}_{LS}$ の $\hat{\boldsymbol{\beta}}_{BLU}$ に対する有効性を

$$e \equiv \lim_{n\to\infty} \frac{det[D_n E\{(\hat{\boldsymbol{\beta}}_{BLU} - \boldsymbol{\beta})(\hat{\boldsymbol{\beta}}_{BLU} - \boldsymbol{\beta})'\}D_n]}{det[D_n E\{(\hat{\boldsymbol{\beta}}_{LS} - \boldsymbol{\beta})(\hat{\boldsymbol{\beta}}_{LS} - \boldsymbol{\beta})'\}D_n]} \tag{6.162}$$

で定義する. $e = 1$ のとき $\hat{\boldsymbol{\beta}}_{LS}$ が **漸近有効** (asymptotically efficient) ということにする. 次の定理は $\hat{\boldsymbol{\beta}}_{LS}$ の漸近有効性を議論するときの基礎になる.

定理 6.12 (Grenander and Rosenblatt, 1957, chap.7)　　時系列回帰モデル (6.156) において $\{X_t\}$ のスペクトル密度関数 $f(\lambda)$ は $[-\pi, \pi]$ 上, 正値をとり, かつ連続であるとする. 回帰関数 $\{z_t\}$ が仮定 6.6 を満たすとき, 次の結果が成り立つ.

(i)
$$\lim_{n\to\infty} D_n E\{(\hat{\boldsymbol{\beta}}_{LS} - \boldsymbol{\beta})(\hat{\boldsymbol{\beta}}_{LS} - \boldsymbol{\beta})'\}D_n = 2\pi\Phi(0)^{-1} \int_{-\pi}^{\pi} f(\lambda) d\boldsymbol{M}(\lambda)\Phi(0)^{-1}. \tag{6.163}$$

(ii)
$$\lim_{n\to\infty} D_n E\{(\hat{\boldsymbol{\beta}}_{BLU} - \boldsymbol{\beta})(\hat{\boldsymbol{\beta}}_{BLU} - \boldsymbol{\beta})'\}D_n = 2\pi \left[\int_{-\pi}^{\pi} f(\lambda)^{-1} d\boldsymbol{M}(\lambda)\right]^{-1}. \tag{6.164}$$

証明　厳密な証明は混み入っているので, ごく直感的な証明を与える. まず

$$E\{(\hat{\boldsymbol{\beta}}_{LS} - \boldsymbol{\beta})(\hat{\boldsymbol{\beta}}_{LS} - \boldsymbol{\beta})'\} = (\boldsymbol{Z}'\boldsymbol{Z})^{-1}\boldsymbol{Z}'\Sigma\boldsymbol{Z}(\boldsymbol{Z}'\boldsymbol{Z})^{-1}, \tag{6.165}$$

$$E\{(\hat{\boldsymbol{\beta}}_{BLU} - \boldsymbol{\beta})(\hat{\boldsymbol{\beta}}_{BLU} - \boldsymbol{\beta})'\} = (\boldsymbol{Z}'\Sigma^{-1}\boldsymbol{Z})^{-1} \tag{6.166}$$

であることに注意しよう. 次に (k, j) 成分が $n^{-1/2}e^{i2\pi kj/n}$ で与えられる $n \times n$ 行列を $\boldsymbol{U}$ とすると (5.24) より $\boldsymbol{U}$ はユニタリー行列となる. そこで

$$\int_{-\pi}^{\pi} e^{i(l-j)\lambda} f(\lambda) \, d\lambda \sim \frac{2\pi}{n} \sum_{t=1}^{n} e^{i(l-j)\frac{2\pi t}{n}} f(\lambda_t), \qquad \left(\lambda_t = \frac{2\pi t}{n}\right)$$

に注意すれば

$$\Sigma \sim \boldsymbol{U} \begin{pmatrix} 2\pi f(\lambda_1) & & \boldsymbol{0} \\ & \ddots & \\ \boldsymbol{0} & & 2\pi f(\lambda_n) \end{pmatrix} \boldsymbol{U}^* \tag{6.167}$$

なる近似的関係が理解できよう．(ii) は (i) と同様に示せるので，以下 (i) の関係式のみ示す．(6.158) と (6.167) より

$$
\begin{aligned}
D_n E\{(\hat{\boldsymbol{\beta}}_{LS} - \boldsymbol{\beta})(\hat{\boldsymbol{\beta}}_{LS} - \boldsymbol{\beta})'\} D_n &= D_n (\boldsymbol{Z}'\boldsymbol{Z})^{-1} \boldsymbol{Z}' \Sigma \boldsymbol{Z} (\boldsymbol{Z}'\boldsymbol{Z})^{-1} D_n \\
&= (D_n^{-1} \boldsymbol{Z}' \boldsymbol{Z} D_n^{-1})^{-1} D_n^{-1} \boldsymbol{Z}' \boldsymbol{U} \boldsymbol{U}^* \Sigma \boldsymbol{U} \boldsymbol{U}^* \boldsymbol{Z} D_n^{-1} (D_n^{-1} \boldsymbol{Z}' \boldsymbol{Z} D_n^{-1})^{-1} \\
&\sim \Phi(0)^{-1} \{ D_n^{-1} \boldsymbol{Z}' \boldsymbol{U} \begin{pmatrix} 2\pi f(\lambda_1) & & \boldsymbol{0} \\ & \ddots & \\ \boldsymbol{0} & & 2\pi f(\lambda_n) \end{pmatrix} \boldsymbol{U}^* \boldsymbol{Z} D_n^{-1} \} \Phi(0)^{-1} \\
&\sim 2\pi \Phi(0)^{-1} \int_{-\pi}^{\pi} f(\lambda) d\boldsymbol{M}(\lambda) \Phi(0)^{-1} \quad\quad (6.168)
\end{aligned}
$$

となり題意を得る．□

$\{X_t\}$ のスペクトル密度関数が $[-\pi, \pi]$ 上正値をとり，かつ連続であれば，例 6.7 の (i) と (ii) で述べた z_{tj} に対して (6.163) と (6.164) は等しくなる (演習問題 6.13)．したがって多項式トレンドや三角関数トレンドのとき $\hat{\boldsymbol{\beta}}_{LS}$ は漸近有効となる．つまり基本的な回帰関数の場合は $\hat{\boldsymbol{\beta}}_{LS}$ が $\hat{\boldsymbol{\beta}}_{BLU}$ のよい実行可能な代用品となっていることを意味している．仮定 6.6 を満たす一般の $\{z_{tj}\}$ に対して (6.163) と (6.164) の分散行列が等しくなるための条件や，$D_n(\hat{\boldsymbol{\beta}}_{LS} - \boldsymbol{\beta})$ の漸近正規性については，たとえば Anderson(1971) を参照されたい．

さて今までは (6.156) の回帰関数 z_t はノンランダムな変数としたが，資本資産価格理論モデル (capital asset pricing model：CAPM) に現れる回帰モデルでは z_t も確率変数 (確率過程) である設定である．このような場合も次の結果が得られる．

定理 6.13 (6.156) の回帰モデルにおいて以下を仮定する．
 (i) $\{(z_t', X_t)\}$ は強定常エルゴード的過程である．
 (ii) $E(z_t X_t) = \boldsymbol{0}$ で $E|z_{tj} X_t| < \infty, j = 1, ..., p$ を満たす．
 (iii) $\boldsymbol{M} \equiv E(z_t z_t')$ が存在し，かつ正値行列である．
このとき
$$\hat{\boldsymbol{\beta}}_{LS} \xrightarrow{a.s.} \boldsymbol{\beta}$$

となる.

証明 まず

$$\hat{\beta}_{LS} - \beta = \left(\frac{1}{n}\sum_{t=1}^{n} z_t z_t'\right)^{-1} \frac{1}{n}\sum_{t=1}^{n} z_t X_t \tag{6.169}$$

と書けることに注意しよう. 仮定 (i)〜(iii) と定理 5.4, 5.7 より

$$\frac{1}{n}\sum_{t=1}^{n} z_t z_t' \xrightarrow{a.s.} M, \qquad \frac{1}{n}\sum_{t=1}^{n} z_t X_t \xrightarrow{a.s.} 0$$

となるので, (6.169) の右辺 $\xrightarrow{a.s.}$ 0 となる. よって題意を得る. □

モデル (6.156) の多次元化, および上述の場合の $\sqrt{n}(\hat{\beta}_{LS} - \beta)$ の漸近正規性も適当な正則条件下で示される (White, 1984). また $\hat{\beta}_{BLU}$ の Σ を推定して構成された推定量 $\hat{\hat{\beta}}_{BLU}$ の漸近理論については, Hannan(1970) をみられたい.

6.6 長期記憶過程と非定常時系列

6.1 節の (6.3)〜(6.5) でみたように, $\{X_t\}$ が $AR(1)$ モデル

$$X_t = -b_1 X_{t-1} + u_t, \qquad (|b_1| < 1, \{u_t\} \sim i.i.d.(0,1))$$

に従うとき, $X_t = \sum_{j=0}^{\infty} (-b_1)^j u_{t-j}$ と表現でき, 自己相関関数は

$$\rho(k) \equiv \frac{E\{X_t X_{t+k}\}}{E\{X_t^2\}} = b_1^{|k|}, \qquad (k \in \mathbf{Z}) \tag{6.170}$$

となる (演習問題 6.14). $|b_1| < 1$ であるので, $|k|$ が大きくなるとき $\rho(k)$ は指数オーダーで 0 に収束する. 仮定 6.1 を満たす一般の AR(p), ARMA(p,q) モデルに対しても, $|c| < 1$ なる c が存在して

$$\rho(k) = O\left(c^{|k|}\right) \tag{6.171}$$

が示される (演習問題 6.14). したがって (6.171) を満たす定常過程の共分散関数 $R(k) = E(X_t X_{t+k})$ に対して

$$\sum_{k=-\infty}^{\infty} |R(k)| < \infty \qquad (6.172)$$

が成り立つ．これは時間差 k が大きくなると $R(k)$ は十分速く 0 に収束することを意味し，通常の AR, MA, ARMA モデルはこの範疇に入っている．以後 (6.172) を満たす $\{X_t\}$ を **短期記憶過程** (short memory process) と呼ぶことにする．

しかしながら，水文学，経済学，工学など，きわめて広範な分野で $R(k)$ が $k \to \infty$ のとき緩慢に 0 に収束する時系列の存在が知られている．具体的には

$$\sum_{k=-\infty}^{\infty} |R(k)| = \infty \qquad (6.173)$$

なるものである．これは X_t と X_{t+k} の相関が k が大きくなっても短期記憶過程のそれよりも強く，長期の記憶をもつ確率過程ということができよう．

図 6.13 は 1928 年 1 月 4 日から 1991 年 8 月 31 日までの S&P500 指数の日次収益率 $\{X_t : t = 1, ..., 17054\}$ をプロットしたものである．このデータを 2 乗したもの $Y_t = X_t^2$ の標本自己相関関数をプロットしたものが図 6.14 である．

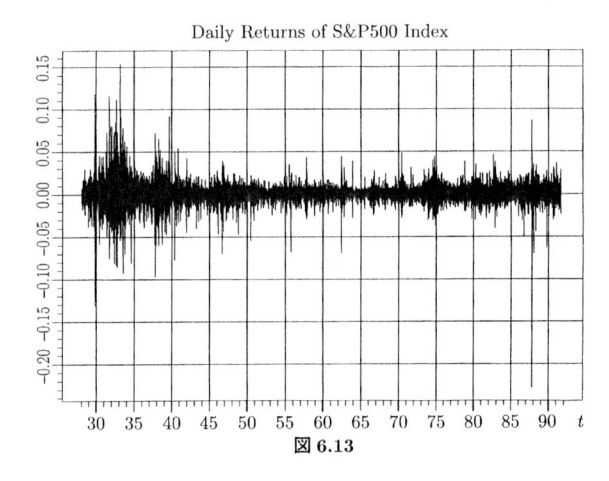

図 6.13

この図より $\hat{\rho}(k)$ は k が大きくなっても減衰の仕方が弱いことがみえ，長期記憶性をもつというべきであろう．

長期記憶現象の端緒は，水文学の分野で Hurst(1951) がナイル川の最小水位

6.6 長期記憶過程と非定常時系列

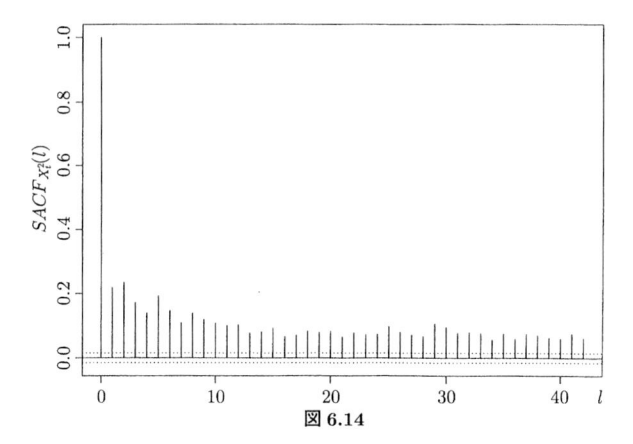

図6.14

データの解析で

$$R(k) = O\left(k^{2H-2}\right), \quad \left(\frac{1}{2} < H < 1\right) \tag{6.174}$$

に対応する結果を得たことに始まる．この場合 $R(k)$ は (6.173) を満たす．Hurst の解析は，$R(k)$ の推測ではなくて調整レンジ (adjusted range) という統計量を用いて $H \approx 0.72$ を得て，それは後の研究者によって (6.174) に対応しているということが示された．ちなみに指数 H は Hurst の名前に由来し，$1/2 < H < 1$ なる現象を Hurst 現象と呼ぶ．以後 (6.174) を満たす定常過程を**長期記憶過程** (long memory process) という．(6.174) の条件はスペクトル密度関数 $f(\lambda)$ で同等の言い換えが可能で，それは

$$\lim_{\lambda \to 0} \frac{f(\lambda)}{|\lambda|^{-(2H-1)}} = c \; (\text{定数}) \tag{6.175}$$

となる (たとえば Zygmund, 1959, chap.V.2)．したがってスペクトル密度関数 $f(\lambda)$ が (6.175) を満たす，つまり

$$f(\lambda) \sim O\left(|\lambda|^{-(2H-1)}\right), \quad (\lambda \to 0, \; 0 < 2H-1 < 1) \tag{6.176}$$

であるとき，この定常過程を長期記憶過程と呼ぶこともできる．

具体的なスペクトル・モデルで (6.176) を満たすものとしては

$$f_{\boldsymbol{\theta}}(\lambda) = \frac{\sigma^2}{2\pi}|1-e^{i\lambda}|^{-2d}\frac{|\alpha(e^{i\lambda})|^2}{|\beta(e^{i\lambda})|^2}, \quad \left(0 < d < \frac{1}{2}\right) \tag{6.177}$$

がある.ここに $\alpha(e^{i\lambda}) = \sum_{j=0}^{q} a_j e^{ij\lambda}$, $\beta(e^{i\lambda}) = \sum_{j=0}^{p} b_j e^{ij\lambda}$ ($a_0 = b_0 = 1$) で, $z \in \boldsymbol{C}$ に関する方程式 $\alpha(z) = 0$ と $\beta(z) = 0$ の解が領域 $\{z \in \boldsymbol{C} : |z| > 1\}$ に入るとする.また $\boldsymbol{\theta} = (\alpha_1, ..., \alpha_q, \beta_1, ..., \beta_p, \sigma^2, d)'$ とする.ここで $|1 - e^{i\lambda}| = 2\sin(\lambda/2)$ と $\{2\sin(\lambda/2)\}/\lambda \to 1$ に注意すれば

$$f_{\boldsymbol{\theta}}(\lambda) \sim \frac{\sigma^2}{2\pi}|\lambda|^{-2d}\frac{|\alpha(1)|^2}{|\beta(1)|^2} \qquad (6.178)$$

となり,長期記憶過程のスペクトル密度関数となる.Hurst 指数 H と上述の d の関係は

$$d = H - \frac{1}{2}$$

となる.スペクトル密度関数 (6.177) をもつ確率過程 $\{X_t\}$ は,後退作用素 B と $\{u_t\} \sim i.i.d.(0, \sigma^2)$ を用いると

$$\beta(B)(1 - B)^d X_t = \alpha(B) u_t \qquad (6.179)$$

と表される.以後モデル (6.179) もしくはスペクトル密度関数 (6.177) をもつ定常過程を **自己回帰実数和分移動平均** (AR fractionally integrated MA, ARFIMA (p,d,q),もしくは FARIMA(p,d,q)) モデルと呼ぶ.

Dahlhaus(1989) は,$\{X_t\}$ がスペクトル密度関数 $f_{\boldsymbol{\theta}}(\lambda)$, $\boldsymbol{\theta} \in \Theta \subset \boldsymbol{R}^r$ をもつ正規定常過程で,$f_{\boldsymbol{\theta}}(\lambda)$ が FARIMA(p,d,q) を含む自然な長期記憶型モデル (以下正則な長期記憶モデルと呼ぶ) に従うとして

$$\mathcal{L}^{(D)}(\boldsymbol{\theta}) = \frac{1}{4\pi}\int_{-\pi}^{\pi}\left\{\log f_{\boldsymbol{\theta}}(\lambda) + \frac{\tilde{I}_n(\lambda)}{f_{\boldsymbol{\theta}}(\lambda)}\right\}d\lambda \qquad (6.180)$$

を $\boldsymbol{\theta} \in \Theta$ に関して最小にする値 $\hat{\boldsymbol{\theta}}_{QGML}$ の漸近的性質を調べた.ただし $\tilde{I}_n(\lambda) = (2\pi n)^{-1}|\sum_{t=1}^{n} e^{it\lambda}(X_t - \bar{X}_n)|^2$ で $\bar{X}_n = n^{-1}\sum_{t=1}^{n} X_t$ である.次の定理は Dahlhaus(1989) による.

定理 6.14 $\{X_t\}$ が正規定常過程で正則な長期記憶スペクトル密度関数 $f_{\boldsymbol{\theta}}(\lambda)$ をもつとする.このとき

(i) $\hat{\boldsymbol{\theta}}_{QGML}$ は $\boldsymbol{\theta}$ の一致推定量,

(ii) $\sqrt{n}(\hat{\boldsymbol{\theta}}_{QGML} - \boldsymbol{\theta}) \xrightarrow{d} N(\boldsymbol{0}, \mathcal{F}(\boldsymbol{\theta})^{-1})$

となる.ただし $\mathcal{F}(\boldsymbol{\theta})$ は定理 6.4 で定義された Fisher 情報量行列である.よって $\hat{\boldsymbol{\theta}}_{QGML}$ は $\boldsymbol{\theta}$ の漸近有効な推定量となる.

この定理で注意すべきことは,正則な長期記憶モデルのスペクトル母数の QGML の漸近分布は,短期記憶モデルの場合のそれ (定理 6.4) と変わらないということである.上記では $\{X_t\}$ は正規過程としたが,Giraitis and Surgailis(1990) は非正規長期記憶定常過程でスペクトル密度関数 $f_{\boldsymbol{\theta}}(\lambda)$ が

$$\int_{-\pi}^{\pi} \log f_{\boldsymbol{\theta}}(\lambda)\, d\lambda = 0 \tag{6.181}$$

を満たす場合に $\hat{\boldsymbol{\theta}}_{QGML}$ に対して定理 6.14 の結論が成り立つことを示した.さらに Hosoya(1997) は (6.181) の条件なしで,しかも $\{X_t\}$ がベクトル値過程の場合 $\hat{\boldsymbol{\theta}}_{QGML}$ の漸近的性質を調べ,

$$\hat{\boldsymbol{\theta}}_{QGML} \xrightarrow{p} \boldsymbol{\theta}, \qquad \sqrt{n}(\hat{\boldsymbol{\theta}}_{QGML} - \boldsymbol{\theta}) \xrightarrow{d} N(\boldsymbol{0}, V)$$

を示した.ただしこの場合,漸近分散行列 V は関与の確率過程の非正規量に依存する.

次に $Y_1, Y_2, ..., Y_n$ が時系列回帰モデル

$$Y_t = \boldsymbol{z}_t'\boldsymbol{\beta} + X_t \tag{6.182}$$

からの観測系列であるとする.ここに $\{\boldsymbol{z}_t\}$ は仮定 6.6 (Grenander 条件) を満たし,$\{X_t\}$ は平均 0, スペクトル密度関数 (6.177) をもつとし,正規性は仮定しない.$\{Y_t\}$ の未知母数 $(\boldsymbol{\beta}', \boldsymbol{\theta}')$ の近接する対立仮説の列

$$\boldsymbol{\theta}^{(n)} = \boldsymbol{\theta} + \frac{1}{\sqrt{n}}\boldsymbol{h}, \qquad \boldsymbol{\beta}^{(n)} = \boldsymbol{\beta} + \tilde{D}_n^{-1}\boldsymbol{k} \tag{6.183}$$

に対して LAN 定理が示される (Hallin, et al., 1999). ただし一致性のオーダー $\tilde{D}_n$ は短期記憶型モデルで示した D_n (定理 6.12) と異なり,長期記憶モデルを特徴づける母数 d に依存し,長期記憶モデルの取り扱いにくさが出てくる.

さて具体的なデータ解析をしてみよう.図 6.13 でプロットした S&P500 指数データ $\{X_t; t = 1, ..., n\}$ を 2 乗変換して $Z_t = X_t^2 - \bar{m}_n$ ($\bar{m}_n = n^{-1}\sum_{t=1}^n X_t^2$) を構成し,$\{Z_t\}$ に対して FARIMA(p,d,q) を適合し,低次の

p, q に対して情報量規準でモデル選択をすると $p = 2, q = 1$ が選ばれた. そこで $\hat{\boldsymbol{\theta}}_{QGML}$ を求めると

$$d = 0.2461, \quad b_1 = 0.8724, \quad b_2 = 0.1274, \quad a_1 = 0.9974$$

となった. $d = 0.2461$ なので, このデータは長期記憶性をもっていると想定されよう.

次に経済, 金融で頻繁に現れる非定常過程の話をする. すでに 5.1 節の例 5.4 でみたように, 乱歩過程

$$Y_t = \sum_{j=1}^{t} u_j, \quad (\{u_j\} \sim i.i.d.(0, \sigma^2)) \tag{6.184}$$

は最も基礎的な非定常過程である. 経済指標のように過去から現在までの撹乱変数の和が現時点の値を表していることが想定できる場合, これは説得力のあるものとなる. (6.184) は

$$Y_t = Y_{t-1} + u_t, \quad (Y_0 \equiv 0, \ t = 1, 2, ...) \tag{6.185}$$

と書き直すことができる. これは AR モデルの言葉でいうと $AR(1)$ 過程

$$Y_t = bY_{t-1} + u_t \tag{6.186}$$

で $b = 1$ の場合に対応する. このとき (6.186) の AR モデルは単位根をもつという. また上述した FARIMA モデルの観点からは FARIMA(0,1,0) に対応する. 単位根の問題は数学的にはきわめて特殊な話題に思われるが, 近年, 計量経済学の分野では, これに関する膨大な文献が現れ, 今ではこれだけで巨大な学問分野になった観がある. 本書では単位根検定にごく簡単にふれることにとどめる. この分野に関して包括的な学習をされたい読者には, Tanaka(1996) を薦めておく.

$\boldsymbol{Y}_n = (Y_1, ..., Y_n)'$ が

$$Y_t = \theta Y_{t-1} + u_t, \quad (Y_0 \equiv 0, \ t = 1, 2, ...) \tag{6.187}$$

からの観測系列とする. ただし $\{u_t\} \sim i.i.d.N(0, \sigma^2)$. 以下 $\boldsymbol{Y}_n$ の確率密度関数を $f_\theta(\boldsymbol{y}_n), \boldsymbol{y}_n = (y_1, ..., y_n)' \in \boldsymbol{R}^n$ と表す. 検定問題

6.6 長期記憶過程と非定常時系列

$$H : \theta = 1 (= \theta_0) \quad v.s. \quad A : \theta < \theta_0 \tag{6.188}$$

を考えよう．Y_n に基づいた水準 α_n の検定を ϕ_n とする．つまり

$$E_{\theta_0}\{\phi_n\} \equiv \int \phi_n(\boldsymbol{y}_n) f_{\theta_0}(\boldsymbol{y}_n) \, d\boldsymbol{y}_n = \alpha_n \tag{6.189}$$

である．ここで $n \to \infty$ のとき $\alpha_n \to \alpha$ $(0 < \alpha < 1)$ と仮定する．ϕ_n の検出力関数は $\beta_{\phi_n}(\theta) = E_\theta(\phi_n)$ で与えられる．この検出力関数に関して極限

$$\bar{\beta}'_{\phi_n}(\theta_0) \equiv -\lim_{\theta \nearrow \theta_0} (\theta - \theta_0)^{-1}\{\beta_{\phi_n}(\theta) - \beta_{\phi_n}(\theta_0)\}$$

が存在すると仮定すると，θ_0 の近傍で近似

$$\beta_{\phi_n}(\theta) \sim (\theta_0 - \theta) \, \bar{\beta}'_{\phi_n}(\theta_0) + \alpha \tag{6.190}$$

を得る．$\theta_0 - \theta > 0$ であるので $\bar{\beta}'_{\phi_n}(\theta_0)$ が最大化されるとき $\beta_{\phi_n}(\theta)$ は θ_0 の近傍で最大化されることが (6.190) よりわかる．$L_n(\theta)$ を $\boldsymbol{Y}_n$ に基づく尤度関数とし，

$$B_n(\theta_0) = \left[E_{\theta_0}\left\{-\frac{\partial^2}{\partial\theta^2}\log L_n(\theta_0)\right\}\right]^{-\frac{1}{2}} \frac{\partial}{\partial\theta}\log L_n(\theta_0)$$

とする．検定 ϕ_{0n} を棄却域 $A_{0n} : B_n(\theta_0) \leq k_n$ に基づく検定とし，$E_{\theta_0}(\phi_{0n}) \to \alpha$ $(n \to \infty)$ を満たすように k_n をとる．ϕ_n を他の任意の水準 α_n の検定とする．このとき定理 4.1 (Neyman-Pearson の定理) の証明の中で $f_{\theta_1}(\boldsymbol{x})$ を $(\partial f_{\theta_0}/\partial\theta)(\boldsymbol{y}_n)$ で置き換えると

$$\bar{\beta}'_{\phi_n}(\theta_0) \leq \bar{\beta}'_{\phi_{0n}}(\theta_0) \tag{6.191}$$

を得る (演習問題 6.15)．ゆえに検定 ϕ_{0n} は上述の意味で最適で，これを局所最強力検定と呼ぶ．ここで (6.32) を思い出すと

$$\frac{\partial}{\partial\theta}\log L_n(\theta_0) = \frac{1}{\sigma^2}\sum_{t=2}^{n} u_t Y_{t-1}$$

$$\frac{\partial^2}{\partial\theta^2}\log L_n(\theta_0) = -\frac{1}{\sigma^2}\sum_{t=2}^{n} Y_{t-1}^2$$

を得る．まず

$$E_{\theta_0}\left\{\sum_{t=2}^{n}Y_{t-1}^2\right\} = E_{\theta_0}\left\{\sum_{t=1}^{n-1}\left(\sum_{j=1}^{t}u_j\right)^2\right\} = \frac{1}{2}n(n-1)\sigma^2, \quad (6.192)$$

$$\sum_{t=2}^{n}u_t Y_{t-1} = \sum_{t=2}^{n}u_t\sum_{j=1}^{t-1}u_j = \frac{1}{2}\left(Y_n^2 - \sum_{t=1}^{n}u_t^2\right) \quad (6.193)$$

に注意すると

$$B_n(\theta_0) = \left\{\frac{1}{2}n(n-1)\right\}^{-\frac{1}{2}}\frac{1}{2\sigma^2}\left(Y_n^2 - \sum_{t=1}^{n}u_t^2\right)$$

$$\sim \frac{1}{\sqrt{2}}\left[\left(\frac{1}{\sigma\sqrt{n}}\sum_{t=1}^{n}u_t\right)^2 - \frac{1}{n\sigma^2}\sum_{t=1}^{n}u_t^2\right]$$

となり，この右辺第 1 項に中心極限定理 (定理 2.10) と，第 2 項に大数の法則 (定理 2.8) を適用すると，局所最強力検定を定める統計量の仮説のもとでの漸近分布

$$B_n(\theta_0) \xrightarrow{d} \frac{1}{\sqrt{n}}\{N(0,1)^2 - 1\} \quad (6.194)$$

が求まる．したがって水準 α を定める k_n も (6.194) の右辺から求めることができる．

単位根をもつモデルに対しては局所漸近正規性 (LAN) は成り立たない．単位根を含むモデルに対して，Phillips(1989) は θ と近接する対立仮説の列 θ_n の間の大数尤度比が

$$\Lambda_n(\theta, \theta_n) = hU_n - \frac{h^2}{2}S_n + o_p(1) \quad (6.195)$$

の型の確率展開をもつことを示し，この表現をもつモデル族を **limiting Gaussian functional** (LGF) であると呼んだ．LAN と異なる点は U_n, S_n ともに確率変数でその極限分布は難解な形となる．

さて，次の話題に移ることにしよう．実際の時系列データを眺めてみると，局所的には定常であるが全体的にはいくつかのゆるやかな構造変化が伴って，全体の時系列を構成しているようなものが多く見受けられる．もちろんこれも非定常時系列の範疇に入るものである．Dahlhaus(1996, 2000) は，このような時

6.6 長期記憶過程と非定常時系列

系列を記述するモデルとして **局所定常過程** (locally stationary process) という次式で定義される非定常過程

$$X_{t,n} = \int_{-\pi}^{\pi} \exp(i\lambda t) A_{\boldsymbol{\theta},t,n}(\lambda)\, d\xi(\lambda), \qquad (t=1,2,...,n) \qquad (6.196)$$

を導入した. ここに $\xi(\lambda)$ は直交増分過程であり, 関数 $A_{\boldsymbol{\theta},t,n}(\lambda)$ に関しては

$$\sup_{t,\lambda} \left| A_{\boldsymbol{\theta},t,n}(\lambda) - A_{\boldsymbol{\theta}}\left(\frac{t}{n}, \lambda\right) \right| < Kn^{-1}, \qquad (\forall\, n \in \boldsymbol{N})$$

を満たす正定数 K と関数 $A_{\boldsymbol{\theta}}(u,\lambda)$ が存在するとする. また $\boldsymbol{\theta} \in \Theta \subset \boldsymbol{R}^r$ は未知母数ベクトルである. $f_{\boldsymbol{\theta}}(u,\lambda) \equiv |A_{\boldsymbol{\theta}}(u,\lambda)|^2$ と表し, これを $\{X_{t,n}\}$ の **時間変動** (time varying) **スペクトル密度関数** という. Dahlhaus(1996) は $\{X_{t,n}\}$ の正規性の仮定と, $A_{\boldsymbol{\theta},t,n}, A_{\boldsymbol{\theta}}$ の $\boldsymbol{\theta}$ に関する滑らかさの仮定のもとで定理 6.5 のタイプの LAN 定理を示し, さらに最尤推定量 $\hat{\boldsymbol{\theta}}_{ML}$ に対して, 一致性と漸近正規性

$$\sqrt{n}(\hat{\boldsymbol{\theta}}_{ML} - \boldsymbol{\theta}) \xrightarrow{d} N(\boldsymbol{0}, \mathcal{F}_{loc}(\boldsymbol{\theta})^{-1}) \qquad (6.197)$$

が成立することをみて, $\hat{\boldsymbol{\theta}}_{ML}$ の漸近有効性を証明した. ここに $\mathcal{F}_{loc}(\boldsymbol{\theta})$ は局所定常過程の Fisher 情報量行列

$$\mathcal{F}_{loc}(\boldsymbol{\theta}) = \frac{1}{4\pi} \int_0^1 \int_{-\pi}^{\pi} \frac{\partial}{\partial \boldsymbol{\theta}} \log f_{\boldsymbol{\theta}}(u,\lambda) \frac{\partial}{\partial \boldsymbol{\theta}'} \log f_{\boldsymbol{\theta}}(u,\lambda)\, d\lambda du$$

である.

Dahlhaus(1997) は $\{X_{t,n}\}$ の正規性を落として, 擬似尤度

$$-\sum_{t=1}^{n} \int_{-\pi}^{\pi} \left\{ \log f_{\boldsymbol{\theta}}\left(\frac{t}{n}, \lambda\right) + \frac{I_n\left(\frac{t}{n}, \lambda\right)}{f_{\boldsymbol{\theta}}\left(\frac{t}{n}, \lambda\right)} \right\} d\lambda$$

を最大にする $\boldsymbol{\theta}$ の値 $\hat{\boldsymbol{\theta}}_{QGML}$ の一致性, 漸近正規性を示した. ここに

$$I_n(u,\lambda) = \frac{1}{2\pi} \sum_{k\,:\,1\leq [un+1/2\pm k/2]\leq n} X_{[un+1/2+k/2],n} X_{[un+1/2-k/2],n} \exp(-i\lambda k)$$

でピリオドグラムに相当する量である. ただし, この場合 $\hat{\boldsymbol{\theta}}_{QGML}$ の漸近分布は $\{X_{t,n}\}$ の非正規量に依存することに注意しよう.

さらに Hirukawa and Taniguchi(2004) は

$$\epsilon_t \equiv \int_{-\pi}^{\pi} \exp(i\lambda t)\, d\xi(\lambda), \qquad (t \in \mathbf{Z})$$

が互いに独立で正規とは限らない確率密度関数 $p(\cdot)$ をもつとき LAN 定理を示し，漸近最適推定，検定，非正規ロバストネスを論じた．局所定常過程の諸結果は今後，金融時系列，生体時系列など種々の時系列に応用でき，さらなる発展が期待できよう．

6.7 時系列の判別解析

4.4 節で独立標本の判別解析の解説を行った．金融工学の分野では企業の格付けの問題があり，そこでは従来の独立標本の判別手法が用いられてきた．近年，種々の分野で，従属標本に対しても判別解析が行われ，その需要も高まってきている．そこで本節では時系列の判別解析をスペクトル構造の差異をみる形で行う．

$\{X_t\}$ は平均 0 の正規定常過程とし，これが 2 つの仮説 Π_1 と Π_2 で規定される 2 つのカテゴリーのどちらかに属することだけがわかっているとする．観測系列 $\boldsymbol{X}_n = (X_1, ..., X_n)'$ が得られたとき，解析者は $\{X_t\}$ が Π_1 に属するか Π_2 に属するかを判断 (判別) することに興味があるとする．仮説 Π_1 と Π_2 が，それぞれ，$\{X_t\}$ がスペクトル密度関数 $f(\lambda)$ と $g(\lambda)$ をもつという仮説を表すことにし，以下，これを

$$\Pi_1 : f(\lambda), \qquad \Pi_2 : g(\lambda) \tag{6.198}$$

と書く．$\boldsymbol{X}_n$ の Π_1 のもとでの確率密度関数を $p_1^{(n)}(\cdot)$, Π_2 のもとでのそれを $p_2^{(n)}(\cdot)$ で表す．判別方式としては $\boldsymbol{R}^n$ を $\boldsymbol{R}^n = A_1 + A_2,\ A_1 \cap A_2 = \phi$ なる領域 A_1 と A_2 に分割して，$\boldsymbol{X}_n$ が A_1 の値をとるとき $\{X_t\}$ は Π_1 に属すると判別し，A_2 の値をとるとき Π_2 に属すると判別することにする．この方式で $\{X_t\}$ が本当は Π_i に属するにもかかわらず $\Pi_j\ (j \neq i)$ に判別してしまう誤判別確率は

$$P(j|i) = \int_{A_j} p_i^{(n)}(\boldsymbol{X}_n)\, d\boldsymbol{X}_n, \qquad (i, j = 1, 2,\ i \neq j) \tag{6.199}$$

となる．そこで「よい」判別方式としては

$$P(2|1) + P(1|2) \qquad (6.200)$$

を最小にする A_1 と A_2 を求めればよい．すでに定理 4.3 で尤度比から定まる領域が最適判別方式となることをみた．よってこの最適判別領域は

$$A_k = \left\{ \boldsymbol{X}_n : LLR = n^{-1}\log\frac{p_k^{(n)}(\boldsymbol{X}_n)}{p_j^{(n)}(\boldsymbol{X}_n)} > 0, \; j \neq k \right\}, \quad (k=1,2) \qquad (6.201)$$

で与えられることがわかる．ここでは漸近理論のため尤度比を対数変換して n で割ったものにしているが，A_k は尤度比の動きで定まる領域にほかならない．したがって，LLR の動きをみればよいわけだが，時系列の場合正確な尤度比は取り扱いにくいので，(6.54) 型の対数尤度の近似を用いると LLR の近似量は

$$I(f:g) = \frac{1}{4\pi}\int_{-\pi}^{\pi}\left[\log\frac{g(\lambda)}{f(\lambda)} + I_n(\lambda)\left\{\frac{1}{g(\lambda)} - \frac{1}{f(\lambda)}\right\}\right]d\lambda \qquad (6.202)$$

となる．ここに $I_n(\lambda) = (2\pi n)^{-1}|\sum_{t=1}^{n}X_t e^{it\lambda}|^2$ である．したがって判別方式としては，もし $I(f:g) > 0$ ならば $\{X_t\}$ は Π_1 に属するとし，$I(f:g) \leq 0$ ならば Π_2 に属するとする．この判別方式の誤判別確率は

$$P(2|1) = P\{I(f:g) \leq 0 \mid \Pi_1\}, \quad P(1|2) = P\{I(f:g) > 0 \mid \Pi_2\} \qquad (6.203)$$

となる．$I_n(\lambda)$ の積分汎関数の漸近理論は (6.56),(6.57) で述べられている．これを $I(f:g)$ の文脈で書き直すと，必要な仮定は次の形になる．

仮定 6.7

(i) $f(\lambda)$ と $g(\lambda)$ は $[-\pi,\pi]$ 上連続で，しかも $M_1 > 0$, $M_2 < \infty$ が存在して

$$M_1 \leq f(\lambda), \quad g(\lambda) \leq M_2, \quad \lambda \in [-\pi,\pi]$$

を満たす．

(ii) $R_f(s) = \int_{-\pi}^{\pi}e^{is\lambda}f(\lambda)\,d\lambda$, $R_g(s) = \int_{-\pi}^{\pi}e^{is\lambda}g(\lambda)\,d\lambda$ が

$$\sum_{s=1}^{\infty}s|R_f(s)|^2 < \infty, \quad \sum_{s=1}^{\infty}s|R_g(s)|^2 < \infty$$

を満たす.

(iii) $[-\pi, \pi]$ 上の開区間 (a, b), $(a < b)$ が存在して $f(\lambda) \neq g(\lambda)$, $\forall \lambda \in (a, b)$.

この仮定のもとで (6.56) と (6.57) より

(1) Π_1 のもとで,
$$I(f:g) \xrightarrow{p} E\{I(f:g) \mid \Pi_1\}, \tag{6.204}$$

(2) Π_2 のもとで,
$$I(f:g) \xrightarrow{p} E\{I(f:g) \mid \Pi_2\}, \tag{6.205}$$

(3) Π_1 のもとで,
$$\sqrt{n}[I(f:g) - E\{I(f:g) \mid \Pi_1\}] \xrightarrow{d} N(0, \sigma^2(f,g)), \tag{6.206}$$

(4) Π_2 のもとで,
$$\sqrt{n}[I(f:g) - E\{I(f:g) \mid \Pi_2\}] \xrightarrow{d} N(0, \sigma^2(g,f)) \tag{6.207}$$

を得る. ただし $\sigma^2(f,g) = (1/4\pi)\int_{-\pi}^{\pi}\{f(\lambda)g(\lambda)^{-1} - 1\}^2 d\lambda$. 以上の状況で次の結果を得る.

定理 6.15 (6.203) の誤判別確率は
$$\lim_{n\to\infty} P(2|1) = 0, \qquad \lim_{n\to\infty} P(1|2) = 0$$
を満たす.

証明 定理 5.2 より
$$\begin{aligned}E\{I(f:g) \mid \Pi_1\} &\to \frac{1}{4\pi}\int_{-\pi}^{\pi}\left[\log\frac{g(\lambda)}{f(\lambda)} + \left\{\frac{f(\lambda)}{g(\lambda)} - 1\right\}\right]d\lambda \\ &= (\,m(f,g)\text{ と書く}) \end{aligned} \tag{6.208}$$

がみえる. ここで $\log x + (1/x) - 1 \geq 0$ で等号は $x = 1$ のときに限ることに注意すれば, 仮定 6.7 (iii) より, (6.208) の右辺は正である. よって (6.204) よ

り，$I(f:g)$ は Π_1 のもとで正値に確率収束し，これは $\lim_{n\to\infty} P(2|1) = 0$ を意味する．$\lim_{n\to\infty} P(1|2) = 0$ も同様に示せる．□

この定理より，$I(f:g)$ に基づく判別方式は $n \to \infty$ としたとき 2 つの誤判別確率が 0 に収束することを意味し，少なくとも基本的な「よさ」をもっていることがわかるだろう．

次に $I(f:g)$ のもっと微妙な「よさ」を評価してみよう．スペクトル密度関数 f が r 次元の母数で規定され，しかも仮説 Π_1 と Π_2 が近接しているとき，すなわち

$$\Pi_1 : f(\lambda) = f_{\boldsymbol{\theta}}(\lambda), \qquad \Pi_2 : g(\lambda) = f_{\boldsymbol{\theta}+\frac{1}{\sqrt{n}}\boldsymbol{h}}(\lambda) \qquad (6.209)$$

で $\boldsymbol{\theta} \in \Theta \subset \boldsymbol{R}^r$, $\boldsymbol{h} \in \boldsymbol{R}^r$ であるとき，$I(f:g)$ の判別誤差は (6.206) より

$$\begin{aligned} P(2|1) &= P\{I(f:g) \leq 0 \mid \Pi_1\} \\ &= P\left[\frac{\sqrt{n}\{I(f:g) - m(f,g)\}}{\sigma(f,g)} \leq -\frac{\sqrt{n}m(f,g)}{\sigma(f,g)} \bigg| \Pi_1\right] \\ &\xrightarrow{d} \Phi\left\{-\sqrt{n}\frac{m(f,g)}{\sigma(f,g)}\right\}, \qquad (n \to \infty) \end{aligned} \qquad (6.210)$$

となる ($P(1|2)$ の評価も同様にできる)．ここに $\Phi(\cdot)$ は $N(0,1)$ の分布関数である．$f_{\boldsymbol{\theta}}$ が $\boldsymbol{\theta}$ に関して 2 回連続的微分可能であるとすると，近接条件 (6.209) のもとで

$$m(f,g) = \frac{1}{2n}\boldsymbol{h}'\mathcal{F}(\boldsymbol{\theta})\boldsymbol{h} + o(n^{-1}), \qquad \sigma^2(f,g) = \frac{1}{n}\boldsymbol{h}'\mathcal{F}(\boldsymbol{\theta})\boldsymbol{h} + o(n^{-1}) \qquad (6.211)$$

を得る．ただし $\mathcal{F}(\boldsymbol{\theta})$ は時系列における Fisher 情報量行列

$$\mathcal{F}(\boldsymbol{\theta}) = \frac{1}{4\pi}\int_{-\pi}^{\pi}\frac{\partial}{\partial\boldsymbol{\theta}}f_{\boldsymbol{\theta}}(\lambda)\frac{\partial}{\partial\boldsymbol{\theta}'}f_{\boldsymbol{\theta}}(\lambda)\cdot f_{\boldsymbol{\theta}}(\lambda)^{-2}d\lambda$$

である．以上の事柄をまとめると

定理 6.16 近接条件 (6.209) のもとで

$$\lim_{n\to\infty}P(2|1) = \lim_{n\to\infty}P(1|2) = \Phi\left[-\frac{1}{2}\sqrt{\boldsymbol{h}'\mathcal{F}(\boldsymbol{\theta})\boldsymbol{h}}\right] \qquad (6.212)$$

となる．

今まで $\{X_t\}$ は正規スカラー値定常過程としてきたが,これを m 次元非正規一般線形過程 (5.33) に拡張できる.この場合,判別統計量は $I(f:g)$ の多次元への自然な拡張

$$I(\boldsymbol{f}:\boldsymbol{g}) = \frac{1}{4\pi}\int_{-\pi}^{\pi}\left[\log\frac{det\,\boldsymbol{g}(\lambda)}{det\,\boldsymbol{f}(\lambda)} + tr\{\boldsymbol{I}_n(\lambda)(\boldsymbol{g}(\lambda)^{-1} - \boldsymbol{f}(\lambda)^{-1})\}\right]d\lambda \tag{6.213}$$

となる.ただし $\boldsymbol{I}_n(\lambda)$ はピリオドグラム行列で $\boldsymbol{f}(\lambda)$, $\boldsymbol{g}(\lambda)$ は判別問題の仮説

$$\Pi_1 : \boldsymbol{f}(\lambda), \qquad \Pi_2 : \boldsymbol{g}(\lambda) \tag{6.214}$$

を記述するスペクトル密度行列である.判別方式は同様に $I(\boldsymbol{f}:\boldsymbol{g}) > 0$ ならば Π_1 を選び,$I(\boldsymbol{f}:\boldsymbol{g}) \leq 0$ ならば Π_2 を選ぶ.この場合正規性が仮定されていないので,$I(\boldsymbol{f}:\boldsymbol{g})$ は対数尤度比の近似ではなくなるが,Zhang and Taniguchi(1994) は適当な正則条件のもとで定理 6.15 と 6.16 を証明した.ただし,(6.212) の右辺は関与の過程の非正規性を表す量に依存する.

さて,今まで判別問題の仮説を記述するスペクトル構造は既知であるとしてきた.もし Π_1 に属することがわかっている予備標本 $\boldsymbol{X}_{n_1}^{(1)}$ と Π_2 に属することがわかっている予備標本 $\boldsymbol{X}_{n_2}^{(2)}$ があれば,これから仮説を記述するスペクトル密度 (行列) を母数的,もしくは非母数的に推定したもの $\hat{\boldsymbol{f}}, \hat{\boldsymbol{g}}$ を用いて判別統計量

$$\hat{I} = I(\hat{\boldsymbol{f}}:\hat{\boldsymbol{g}})$$

を用いて同様の解析ができる.また,これまでは 2 つのカテゴリー Π_1 と Π_2 の判別を議論したが,4.4 節で述べたように,これを p 個のカテゴリー Π_i ($i = 1, 2, ..., p$) の判別問題に同様に拡張できる.

$I(f:g)$, $I(\boldsymbol{f}:\boldsymbol{g})$, $\hat{I}$ は尤度比の近似に基づいた判別統計量であったが,尤度比に基づかない判別統計量も考えられる.

$\{X_t\}$, $\{Y_t\}$ を,それぞれスペクトル密度関数 $f_X(\lambda)$, $f_Y(\lambda)$ をもつ定常過程とする.判別問題としては

$$\Pi_1 : f_X(\lambda), \qquad \Pi_2 : f_Y(\lambda) \tag{6.215}$$

を考えているとしよう.カテゴリー Π_1 もしくは Π_2 に入ることはわかっているが,どちらに属するかわかっていない新しい時系列 $\{Z_t\}$ が観測されたとき,

これがどちらのカテゴリーに属するか判別する問題を考える．6.3 節で α-エントロピー規準

$$D_\alpha(f,g) = \int_{-\pi}^{\pi} \left[\log\left\{(1-\alpha) + \alpha \frac{f(\lambda)}{g(\lambda)}\right\} - \alpha \log \frac{f(\lambda)}{g(\lambda)} \right] d\lambda, (\alpha \in (0,1)) \tag{6.216}$$

に言及したが，これに基づく判別もできる．$\{X_t\}$, $\{Y_t\}$ からの $f_X(\lambda)$, $f_Y(\lambda)$ の推定量を，それぞれ $\hat{f}_X(\lambda)$, $\hat{f}_Y(\lambda)$ とする．$\{Z_t\}$ からのスペクトル密度関数の推定量を $\hat{f}_Z(\lambda)$ とする．$D_\alpha(f,g)$ は f と g の近さを測っているので，判別統計量としては

$$\hat{B}_\alpha \equiv D_\alpha(\hat{f}_Y, \hat{f}_Z) - D_\alpha(\hat{f}_X, \hat{f}_Z) \tag{6.217}$$

を提案して，$\hat{B}_\alpha > 0$ ならば $\{Z_t\}$ は Π_1 に属すると判別し，$\hat{B}_\alpha \leq 0$ ならば $\{Z_t\}$ は Π_2 に属すると判別することにする．スペクトル密度関数の推定量 $\hat{f}_X(\lambda)$, $\hat{f}_Y(\lambda)$, $\hat{f}_Z(\lambda)$ は母数モデルが仮定できる場合は，それぞれの母数を推定して代入したものとし，そうでないときは 6.3 節で述べたノンパラメトリックな推定量とする．どちらの場合も $\hat{B}_\alpha$ に対しては $\sqrt{n}$ 一致性をもつ漸近理論が展開できる．後者に対しては定理 6.10 を思い出すと理解できよう．

$I(f:g)$ の場合と同様にして，Kakizawa, et al.(1998) は $\{X_t\}$, $\{Y_t\}$, $\{Z_t\}$ が非正規ベクトル値定常過程の場合に $D_\alpha(,)$ 規準を拡張し，それぞれのノンパラメトリックなスペクトル密度行列の推定量を用いて自然界の地震波と鉱山の採鉱時の爆発による地震波の判別解析を行い，良好な解析結果を得ている．

6. 演習問題

6.1 (6.12) で定義される VARMA(p,q) 過程 $\{\boldsymbol{X}_t\}$ が仮定 6.2 を満たすとき，$\{\boldsymbol{X}_t\}$ のスペクトル密度行列は (6.13) で与えられることを示せ．

6.2 (6.28) で与えられる自己回帰過程について，$p=1$ のとき (6.32) の対数尤度 $l_n(\theta)$ を明示的な形で書き，尤度方程式

$$\frac{\partial l_n(\boldsymbol{\theta})}{\partial b_1} = 0, \quad \frac{\partial l_n(\boldsymbol{\theta})}{\partial \sigma^2} = 0$$

をできるだけ簡単な形で表してみよ．

6.3 (6.39) で定義される行列 Γ_p は正値行列となることを示せ．

6.4 定理 6.3 の (ii) を確かめよ．

6.5 (6.49) を確かめよ．

6.6 AR(p) モデルに対する AIC が (6.89) で与えられることを示せ．

6.7 (6.99) が成立することを示せ．

6.8 (6.109) で与えられるスペクトル密度関数の推定量 $\hat{f}_n(\lambda)$ が (6.113) の形に表されることを示せ．

6.9 例 6.5 の Akaike ウインドウに対する q, κ_q, $\int_{-1}^{1} w(x)^2 dx$ の値を求めよ．

6.10 $\{X_t\}$ は定理 6.8 の条件を満たす正規定常過程とする．このとき
$$E[\log\{I_n(\lambda)\}] \not\to E\{\log f(\lambda)\}, \quad (n \to \infty)$$
を示し，
$$E\int_{-\pi}^{\pi} \log\{I_n(\lambda)\} d\lambda \not\to \int_{-\pi}^{\pi} \log f(\lambda)\, d\lambda, \quad (n \to \infty)$$
であることを示せ．

6.11 $\{X_t\}$ は平均 0, スペクトル密度関数 $g(\lambda) = (1/2\pi)|1 - 0.3e^{i\lambda}|^2$ をもつ定常過程とする．$g(\lambda)$ に誤って次のスペクトル密度関数
$$f(\lambda) = \frac{1}{2\pi}|1 - (0.3+\theta)e^{i\lambda} + 0.3\theta e^{i2\lambda}|^2, \quad (|\theta| < 1)$$
を想定して構成した予測子 (6.143) の予測誤差 $PE(g,f)$ ((6.144)) を求め $\lim_{|\theta| \nearrow 1} PE(g,f) = \infty$ であることを確かめよ．

6.12 例 6.7 の (i) と (ii) の結論を確かめよ.

6.13 定理 6.12 において回帰関数が例 6.7 の (i) と (ii) のトレンドをもつ場合, $\hat{\beta}_{LS}$ が漸近有効となることを示せ.

6.14 (6.170) と (6.171) を確かめよ.

6.15 関係式 (6.191) を確かめよ.

6.16 $\boldsymbol{X}_n = (X_1, X_2, ..., X_n)'$ が $AR(1)$ 過程

$$X_t = \theta X_{t-1} + u_t, \quad (|\theta| < 1)$$

から生成されているとする. ここに $\{u_t\} \sim i.i.d.N(0,1)$. $\{X_t\}$ のスペクトル密度関数は $f_\theta(\lambda) = (1/2\pi)|1 - \theta e^{i\lambda}|^{-2}$ となる. ここで次のカテゴリー

$$\Pi_1 : f(\lambda) = f_\theta(\lambda),$$
$$\Pi_2 : g(\lambda) = f_\mu(\lambda), \quad (\mu \neq \theta)$$

で記述される判別問題を考える. このとき次の問いに答えよ.

(i) $n = 512$ のとき (6.202) で与えられる判別統計量 $I(f:g)$ をできるだけ簡単な明示的な形で求めよ.

(ii) μ と θ が $\mu = \theta + 1/\sqrt{512}$ なる関係で近接しているとき, $\theta = 0.3, 0.6, 0.9$ に対して $\boldsymbol{X}_{512}$ をそれぞれの場合に 100 回繰り返し生成し, この 100 回の実験の中で $I(f:g) > 0$ となる割合を $\theta = 0.3, 0.6, 0.9$ の各場合に求めよ.

7 統計的金融工学入門

本章では，前章までで解説した時系列解析に基づき，金融工学のいくつかの基本的問題に簡単に言及する．金融工学において金融データを記述するモデルの推測，その最適性の上に乗った議論は，最も基本的かつ重要な事柄と思われる．以下，この流れに乗った話をするので，あえて統計的金融工学と呼ぶことにする．

具体的にいうと，7.1 節ではオプションの価格評価と CHARN モデルによるコールオプションのモンテカルロ・シミュレーションにふれる．7.2 節ではポートフォリオの統計的推定を議論し，特に価格過程に従属性がある場合は，従来提案されているポートフォリオ推定量は一般に漸近有効にならないことに注意する．7.3 節では，ARCH モデルにおいて VaR 問題を論じ，S&P500 データで，その VaR 値をプロットする．最後に 7.4 節では，金融データの局所定常時系列モデルを用いた判別，クラスター解析を行い，企業の格付け問題への橋渡しとする．

7.1 オプションの価格評価

預金，国債，株式などは **金融資産** と呼ばれ，価格が一定の固定された利率で変動するものを **安全資産** といい，預金や国債がこれにあたる．一方，株式のように価格がランダムに変動するものを **危険資産** という．

$S_t = (S_t^0, S_t^1, ..., S_t^d)'$ ($t = 0, 1, ..., T$) が $(d+1)$ 個の金融資産の t 時点価格を表すものとし，S_t^0 は安全資産，$(S_t^1, ..., S_t^d)'$ は危険資産を表すとする．数学的な記述をすると，確率空間 $(\Omega, \mathcal{A}, P)$ と $\mathcal{A}$ の σ-部分加法族で $\mathcal{A}_s \subset \mathcal{A}_t$ ($s \leq t$) を満たすものが与えられ，$\{S_t\}$ は $(\Omega, \mathcal{A}, P)$ 上の確率過程で，各 S_t は $\mathcal{A}_t$-可

測であるとする.投資家が資産 S_t^i に w_{it} の比率 ($\sum_{i=0}^d w_{it} = 1$ を満たす) で投資するとき,この比率ベクトル $\boldsymbol{w}_t = (w_{0t}, w_{1t}, ..., w_{dt})'$ を **ポートフォリオ** (portfolio) という.ただし $\boldsymbol{w}_t$ は $\mathcal{A}_{t-1}$-可測とする.このとき t 時点での総投資額は

$$V_t(\boldsymbol{w}_t) = \sum_{i=0}^d w_{it} S_t^i \tag{7.1}$$

となる.$V_t(\boldsymbol{w}_t)$ を **価値過程** (value process) と呼ぶ.

定義 7.1 ポートフォリオが

$$\sum_{i=0}^d w_{i,t-1} S_t^i = \sum_{i=0}^d w_{it} S_t^i \tag{7.2}$$

を満たすとき,**自己資金調達** (self-financing) であるという.

つまり自己資金調達ポートフォリオは,ポートフォリオを組み換える直前の資金と直後の資金が同じであることを意味する.

定義 7.2 金融資産 $\boldsymbol{S}_t = (S_t^0, ..., S_t^d)'$ に対して,適当な自己資金調達ポートフォリオ $\{\boldsymbol{w}_t\}$ をとると

$$\begin{aligned} V_0(\boldsymbol{w}_0) &= 0, \\ V_T(\boldsymbol{w}_T) &\geq 0 \; (P-a.s.), \\ P\{V_T(\boldsymbol{w}_T) > 0\} &> 0 \end{aligned} \tag{7.3}$$

が成り立つとき,**裁定機会** (arbitrage opportunity) を許すという.どのような $\{\boldsymbol{w}_t\}$ をとっても (7.3) が成立しないとき,$\{\boldsymbol{S}_t\}$ は **無裁定** (no-arbitrage) であるという.

金融資産 $\{\boldsymbol{S}_t\}$ が無裁定ならば,どのような自己資金調達ポートフォリオを構成しても,0 時点でその価格過程の値が 0 で,途中負債を生むことなく最終の T 時点において正の確率で利益を生むことはないことを意味する.無裁定概念を俗な言い方でいえば,リスクなしに "free lunch" を得ることはできないということになる.

(7.1) のポートフォリオの価値過程が自己資金調達ならば, $V_t(\boldsymbol{w}_t) = V_t(\boldsymbol{w}_{t-1})$ となるので, 任意の $m < T$ に対して

$$\begin{aligned} V_T(\boldsymbol{w}_T) &= V_m(\boldsymbol{w}_m) + \sum_{t=m+1}^{T} [V_t(\boldsymbol{w}_{t-1}) - V_{t-1}(\boldsymbol{w}_{t-1})] \\ &= V_m(\boldsymbol{w}_m) + \sum_{t=m+1}^{T} \sum_{i=0}^{d} w_{i,(t-1)}(S_t^i - S_{t-1}^i) \quad (7.4) \end{aligned}$$

を得る. $\mathcal{S}_T \equiv \{\boldsymbol{S}_t : t = 0, 1, ..., T\}$ の確率分布を Q とする. このとき $\mathcal{S}_T$ の別な確率分布 Q^* で Q に **同値** (equivalent) [任意の $A \in \mathcal{A}$ に対して $Q(A) = 0 \Leftrightarrow Q^*(A) = 0$] で, かつ $\{\boldsymbol{S}_t\}$ が Q^* に対してマルチンゲール

$$E^*\{\boldsymbol{S}_t | \mathcal{A}_{t-1}\} = \boldsymbol{S}_{t-1} \ a.e.$$

になるものが存在すると仮定する ($E^*(\cdot)$ は Q^* に関する期待値). (7.4) と演習問題 7.1, 7.2 より

$$\begin{aligned} &E^*\{V_T(\boldsymbol{w}_T) | \mathcal{A}_m\} \\ &= V_m(\boldsymbol{w}_m) + \sum_{t=m+1}^{T} \sum_{i=0}^{d} E^*\{w_{i,(t-1)}(S_t^i - S_{t-1}^i) | \mathcal{A}_m\} \\ &= V_m(\boldsymbol{w}_m) + \sum_{t=m+1}^{T} \sum_{i=0}^{d} E^*[E^*\{w_{i,(t-1)}(S_t^i - S_{t-1}^i) | \mathcal{A}_{t-1}\} | \mathcal{A}_m] \\ &= V_m(\boldsymbol{w}_m) + \sum_{t=m+1}^{T} \sum_{i=0}^{d} E^*[w_{i,(t-1)} E^*\{(S_t^i - S_{t-1}^i) | \mathcal{A}_{t-1}\} | \mathcal{A}_m] \ a.e. \end{aligned}$$
(7.5)

を得る. ここで $\{\boldsymbol{S}_t\}$ は Q^* に関してマルチンゲールなので $E^*\{S_t^i - S_{t-1}^i | \mathcal{A}_{t-1}\} = 0 \ a.e.$ となり, (7.5) は

$$E^*\{V_T(\boldsymbol{w}_T) | \mathcal{A}_m\} = V_m(\boldsymbol{w}_m) \quad Q^* - a.e. \quad (7.6)$$

となる. これから $\{\boldsymbol{S}_t\}$ が無裁定であることを示そう. もし, そうでないとすると (7.3) が満たされる. Q と Q^* は同値であったので

7.1 オプションの価格評価

$$Q(V_0(\boldsymbol{w}_0) = 0) = 1,$$
$$Q(V_T(\boldsymbol{w}_T) \geq 0) = 1,$$
$$Q(V_T(\boldsymbol{w}_T) > 0) > 0$$

は,それぞれ

$$Q^*(V_0(\boldsymbol{w}_0) = 0) = 1,$$
$$Q^*(V_T(\boldsymbol{w}_T) \geq 0) = 1,$$
$$Q^*(V_T(\boldsymbol{w}_T) > 0) > 0 \tag{7.7}$$

を意味する.ここで (7.6) で $m=0$ としてみると

$$E^*\{V_T(\boldsymbol{w}_T)|\mathcal{A}_0\} = V_0(\boldsymbol{w}_0) \quad Q^* - a.e. \tag{7.8}$$

が成立しなくてはならないが,(7.7) の関係式は,これが成立しないことを意味し,$\{S_t\}$ は無裁定でなくてはならない.以上をまとめると次の定理を得る.

定理 7.1 金融資産 $\boldsymbol{S}_t = (S_t^0, S_t^1, ..., S_t^d)'$ $(t=0,1,...,T)$ が,この確率測度 Q と同値な確率測度 Q^* に関してマルチンゲールとなるとき,この金融資産は無裁定となる.

次にいくつかの金融の基礎概念の定義をあげておく.

定義 7.3

(i) 投資家が保有している富を表す非負確率変数 X を **条件付請求権** (contingent claim) という.後に言及するオプションもこの例である.

(ii) 条件付請求権 X に対して

$$X = V_T(\boldsymbol{w}_T)$$

となる自己資金調達ポートフォリオ $\boldsymbol{w}_T$ を X の **複製ポートフォリオ** という.

(iii) 任意の条件付請求権に対して,その複製ポートフォリオが存在するとき金融資産の市場が **完備** であるという.すでに定義 3.3 で統計量が完備であるということを定義したが,本章では同じ言葉を全く異なる意味で使う.

注意 7.1

(i) 定理 7.1 の Q^* は **同値マルチンゲール測度** と呼ばれ，逆の命題「無裁定 $\Rightarrow$ 同値マルチンゲール測度が存在する」も成立する．

(ii) また無裁定である場合「完備性 $\Leftrightarrow$ 同値マルチンゲール測度の一意的存在」も成立する．

注意 7.2 金融の話では，しばしば異なる時点での価値を問題にする．たとえば T 期の価格 $S_T^0, S_T, V_T(\boldsymbol{w}_T)$ を，現在時点 t $(t<T)$ の価値に割り引いたものは，安全資産の利率を r とすると

$$\begin{aligned}\tilde{S}_T^0 &= e^{-r(T-t)} S_T^0, \quad \tilde{S}_T^i = e^{-r(T-t)} S_T^i, \quad (i=1,...,d), \\ \tilde{V}_T(\boldsymbol{w}_T) &= e^{-r(T-t)} V_T(\boldsymbol{w}_T) \end{aligned} \quad (7.9)$$

で表される．以後は (7.9) の型の表現も使うので注意されたい．

オプション (option) は，金融資産 (株式，通貨など) を将来の指定した**満期日**に約束した価格 (**行使価格**) で買ったり売ったりする権利のことである．まずオプションが市場で売買される時点を t, S_t をオプション契約に指定された金融資産 S の t 時点価格，T を満期日，そして K を行使価格とする．S を満期時点 T で行使価格 K で買う権利を与えた証券 (契約) を **ヨーロッパ型コールオプション** という．したがって，$S_T > K$ ならば T 時点でこれを K で買うことができるので利益 $S_T - K$ を得ることができ，$S_T \leq K$ ならば買う権利を放棄すればよいわけで，利益は 0 となる．よってヨーロッパ型コールオプションは満期日に金額

$$C_T \equiv \max(S_T - K, 0) \quad (7.10)$$

を請求できる条件付請求権と見なせる．$[t,T]$ を **権利行使期間** というが，ヨーロッパ型オプションは満期時点 T でしか行使できない．$[t,T]$ 内のどの時点 n^* でも権利を行使できるものを **アメリカ型** という．アメリカ型コールオプションの条件付請求権は

$$C_{n^*} \equiv \max(S_{n^*} - K, 0) \quad (7.11)$$

7.1 オプションの価格評価

で与えられる.

プットオプション (put option) はコールオプションの逆の場合に相当し, S を売る権利を与えた証券である. 上記のコールオプションに呼応して, **ヨーロッパ型プットオプション** と **アメリカ型プットオプション** があり, それらの条件付請求権は, それぞれ

$$P_T \equiv \max(K - S_T, 0), \qquad P_{n^*} \equiv \max(K - S_{n^*}, 0) \qquad (7.12)$$

で与えられる. オプションには上記以外にも種々のものがあるが, 本書では簡単のためこの4タイプだけあげておく. T と K は投資家の期待に応じて種々のものが用意されており, それに応じてオプションの購入に市場価格がついている. この価格は **プレミアム** (premium) と呼ばれる. ヨーロッパ型コールオプションでプレミアムが $C = C(S, T, K)$ であるものを購入したとすると, もし $S_T > K$ ならば, 実際は

$$S_T - K - C$$

の利益があり, もし $S_T \leq K$ ならば C の損失をこうむることになる.

さて, オプションの適正な現時点 t での価格はどのようなものにすればよいであろうか. これはいわゆるオプションの価格付けの問題である. X を条件付請求権で複製ポートフォリオ $\boldsymbol{w}_T$ が存在するとする. すなわち

$$X = V_T(\boldsymbol{w}_T)$$

である. 無裁定性を仮定し, 定理 7.1 の証明と注意 7.1 を思い出して, 現時点の価値への割引を考慮すると

$$E^*\{e^{-r(T-t)} X \mid \mathcal{A}_t\} = \tilde{V}_t(\boldsymbol{w}_t) = V_t(\boldsymbol{w}_t) \qquad (7.13)$$

を得る. ここに, E^* は同値マルチンゲール測度 Q^* に関する期待値である. したがって X をオプションとし, これを複製する自己資金調達型ポートフォリオが存在するとすれば, このポートフォリオを組むための元手 $V_t(\boldsymbol{w}_t)$ が

$$E^*\{e^{-r(T-t)} X \mid \mathcal{A}_t\} \qquad (7.14)$$

と等しくなっているので，オプション X の現在時点 t での適正な価格は (7.14) であるといえよう．

(7.14) の具体的な評価は，最も基礎的な連続時間の金融資産モデルである **幾何ブラウン運動**

$$S_t = S_0 \exp\left\{\mu t + \sigma \int_0^t dW_u\right\}, \quad (t \in [0, T]) \quad (7.15)$$

に対して行われることが多い．ここに $\{W_t\}$ はウイーナー過程である (定義 A 8.1)．ここでは刈屋 (1997) 流に $[0, T]$ を時間幅 h $(h > 0)$ で N 等分して $(Nh = T)$，離散時間 $n = 0, 1, ..., N$ に対して定義された (7.15) の離散型モデル

$$S_n = S_0 \exp\left\{\mu n h + \sigma \sum_{k=1}^n u_k \sqrt{h}\right\}, \quad (\{u_k\} \sim i.i.d. N(0,1)) \quad (7.16)$$

でヨーロッパ型コールオプションの現在時点 $t = nh$ での価格

$$C = \exp\{-r(T-t)\} E^*\{\max(S_N - K, 0) | \mathcal{A}_n\} \quad (7.17)$$

を求める．(7.16) は

$$S_n = S_{n-1} \exp(\mu h + \sigma \sqrt{h} u_n) \quad (7.18)$$

と表せ，さらに対数収益率の言葉で表すと

$$\log S_n - \log S_{n-1} = \mu h + \sigma \sqrt{h} u_n \quad (7.19)$$

となり，これは 6.1 節で述べた ARCH ＋ 平均値モデルや CHARN モデルの特殊な形になっている．(7.18) より

$$\frac{S_n}{\exp(rnh)} = \frac{S_{n-1}}{\exp\{r(n-1)h\}} \exp\{(\mu - r)h + \sigma \sqrt{h} u_n\} \quad (7.20)$$

となる．この現在時点へ割り引かれた過程が同値マルチンゲール測度 Q^* に関してマルチンゲールになるためには

$$E^*[\exp\{(\mu - r)h + \sigma \sqrt{h} u_n\} | \mathcal{A}_{n-1}] = 1 \quad a.e. \quad (7.21)$$

でなくてはならない．これが成立するためには u_n の Q^* のもとでの分布を $N(m, 1)$ とすれば，表 2.1 より (7.21) の左辺は

$$\exp\{(\mu - r)h\} \times \exp\left\{m\sigma\sqrt{h} + \frac{1}{2}\sigma^2 h\right\}$$

となるので，(7.21) を満たすためには

$$m = -\frac{1}{\sigma\sqrt{h}}\left\{(\mu - r)h + \frac{\sigma^2 h}{2}\right\}$$

でなくてはならない．したがって $u_n^* = u_n - m$ とすれば Q^* のもとで $u_n^* \sim N(0,1)$ となり，Q^* のもとで (7.18) は

$$S_n = S_{n-1}\exp\left\{\left(rh - \frac{\sigma^2 h}{2}\right) + \sigma\sqrt{h}u_n^*\right\} \tag{7.22}$$

となる．これを用いて

$$\begin{aligned} S_N &= S_n \exp\left\{\left(r - \frac{\sigma^2}{2}\right)(N-n)h + \sigma\sqrt{h}\sum_{j=n+1}^{N} u_j^*\right\} \\ &= S_n \exp\{A + BZ\} \end{aligned} \tag{7.23}$$

を得る．ただし

$$\begin{aligned} A &= \left(r - \frac{\sigma^2}{2}\right)(N-n)h, \\ B &= \sqrt{(N-n)h}, \\ Z &= \frac{1}{\sqrt{N-n}}\sum_{j=n+1}^{N} u_j^* \sim N(0,1) \quad (Q^* のもとで). \end{aligned} \tag{7.24}$$

(7.23) より実際に (7.17) のコールオプションの現在価格 C を計算すると，次式を得る (演習問題 7.3)．

Black-Scholes の公式 (Black-Scholes, 1973).

$$C = S_n \Phi(d_t) - \exp\{-(T-t)\} K \Phi(d_t - \sigma\sqrt{T-t}), \tag{7.25}$$
$$d_t = \frac{\log \frac{S_n}{K} + (r + \frac{\sigma^2}{2})(T-t)}{\sigma\sqrt{T-t}},$$
$$T = Nh, \quad t = nh, \quad \Phi(\cdot) は N(0,1) の分布関数.$$

(7.19) では μ と σ は定数であると仮定したが，これを $S_{n-1}, ..., S_{n-\max(p,q)}$ の可測関数 $\mu_{n-1} = \mu(S_{n-1}, ..., S_{n-p})$, $\sigma_{n-1} = \sigma(S_{n-1}, ..., S_{n-q})$ としても

よい．これは (6.23) で述べた CHARN モデルである．CHARN モデルに対するオプションの価格評価も数値的には可能である．まず (7.21) と同様にして S_n/e^{rnh} をマルチンゲールにする測度 Q^* のもとで関与のモデルは

$$S_n = S_{n-1} \exp\left\{\left(rh - \frac{\sigma_{n-1}^2 h}{2}\right) + \sigma_{n-1}\sqrt{h}u_n^*\right\} \quad (7.26)$$

と表せることに注意しよう．ここに Q^* のもとで $u_n^*|t_{n-1} \sim N(0,1)$．ゆえに

$$S_N = S_n \exp\left[\sum_{j=n+1}^{N}\left\{\left(rh - \frac{\sigma_{j-1}^2 h}{2}\right) + \sigma_{j-1}\sqrt{h}u_j^*\right\}\right] \quad (7.27)$$

となる．この場合 (7.17) の条件付期待値を解析的に評価するのは難しいので，次のように数値的に評価する．まず σ_n は $S_n, ..., S_{n-q+1}$ で規定されるので，現時点 n では既知である．よって $u_{n+1}^* \sim N(0,1)$ なる乱数を発生させれば，(7.26) より S_{n+1} のシミュレーション値を得る．よって σ_{n+1} の値も得られる．次に $u_{n+2}^* \sim N(0,1)$ なる乱数を発生させ，(7.26) より S_{n+2} の値を得る．この手続きを繰り返すと (7.27) の exp の肩の部分のシミュレーション値 $\hat{z}_1$ を得る．以上の手続きを繰り返し，同様にシミュレーション値 $\hat{z}_2, ..., \hat{z}_L$ を得る．よって CHARN モデルのコールオプションのモンテカルロ・シミュレーション評価値は

$$\hat{C}_{CHARN} \equiv \exp\{-r(T-t)\}\frac{1}{L}\sum_{l=1}^{L}\max\{S_n \exp(\hat{z}_l) - K, 0\} \quad (7.28)$$

で求まる．

7.2 ポートフォリオ

金融資産 $S_t^0, S_t^1, ..., S_t^d$ があり，投資家がポートフォリオ $\boldsymbol{w} = (w_0, w_1, ..., w_d)'$ を組むとしよう．このとき，このポートフォリオの t 時点での収益率は

$$R_t(\boldsymbol{w}) = \sum_{i=0}^{d} r_{it}\, w_t, \quad \left(r_{it} = \frac{S_{t+1}^i - S_t^i}{S_t^i}\right) \quad (7.29)$$

で与えられる. r_{it} は金融資産 i の **単純収益率** と呼ばれる. $r_t = (r_{0t}, ..., r_{dt})'$ と表し, $\{r_t\}$ は定常過程と仮定して

$$\boldsymbol{\mu} \equiv E\{\boldsymbol{r}_t\}, \quad \Sigma \equiv E\{(\boldsymbol{r}_t - \boldsymbol{\mu})(\boldsymbol{r}_t - \boldsymbol{\mu})'\}$$

とおく. このとき

$$\mu(\boldsymbol{w}) \equiv E\{R_t(\boldsymbol{w})\} = \boldsymbol{w}'\boldsymbol{\mu}, \quad \eta^2(\mathbf{w}) \equiv Var\{R_t(\mathbf{w})\} = \boldsymbol{w}'\Sigma\boldsymbol{w} \tag{7.30}$$

となる. 最適なポートフォリオは投資家の種々の好みを反映する (7.30) に依存する目的関数

$$u(\boldsymbol{w}) \equiv u\{\boldsymbol{w}'\boldsymbol{\mu}, \boldsymbol{w}'\Sigma\boldsymbol{w}\} \tag{7.31}$$

を最大にする $\boldsymbol{w}$ で定義される. たとえば $u(,)$ として

$$u(\boldsymbol{w}) = \mu(\boldsymbol{w}) - a\eta^2(\boldsymbol{w}), \quad (a \text{ は与えられた正数})$$

とすれば, この u に対する最適ポートフォリオは

$$(I) \quad \begin{cases} \max_{\boldsymbol{w}}\{\mu(\boldsymbol{w}) - a\eta^2(\boldsymbol{w})\} \\ \text{subject to } \boldsymbol{e}'\boldsymbol{w} = 1 \end{cases} \tag{7.32}$$

の解で与えられる. ここに $\boldsymbol{e} = (1, 1, ..., 1)'$ ($(d+1) \times 1$ ベクトル). これはポートフォリオの期待収益率を大きくするが収益率の大きな変動は望まない立場での最適ポートフォリオの構成である. この解は

$$\boldsymbol{w}_I = \frac{1}{2a}\left\{\Sigma^{-1}\boldsymbol{\mu} - \frac{\boldsymbol{e}'\Sigma^{-1}\boldsymbol{\mu}}{\boldsymbol{e}'\Sigma^{-1}\boldsymbol{e}}\Sigma^{-1}\boldsymbol{e}\right\} + \frac{\Sigma^{-1}\boldsymbol{e}}{\boldsymbol{e}'\Sigma^{-1}\boldsymbol{e}} \tag{7.33}$$

で与えられる (演習問題 7.4). もし収益率の変動だけを小さく抑えたいのであれば

$$(II) \quad \begin{cases} \max_{\boldsymbol{w}}\{-\eta^2(\boldsymbol{w})\} \\ \text{subject to } \boldsymbol{e}'\boldsymbol{w} = 1 \end{cases} \tag{7.34}$$

を満たす最適ポートフォリオを求めればよい. この解は

$$\boldsymbol{w}_{II} = \frac{1}{\boldsymbol{e}'\Sigma^{-1}\boldsymbol{e}}\Sigma^{-1}\boldsymbol{e} \tag{7.35}$$

で与えられる (演習問題 7.4).

関数 u としては，このほかにも，いろいろなとり方があるので，一般的な最適ポートフォリオは $\boldsymbol{\mu}$ と Σ の関数

$$g : (\boldsymbol{\mu}, \Sigma) \to \boldsymbol{R}^d \tag{7.36}$$

で表すことにする．ここで $\boldsymbol{e}'\boldsymbol{w} = 1$ なので g の次元は d 次元とする．以下 $\boldsymbol{r}_1, \boldsymbol{r}_2, ..., \boldsymbol{r}_n$ を $\{\boldsymbol{r}_t\}$ の観測系列とするとき $g(\boldsymbol{\theta}) \equiv g(\boldsymbol{\mu}, \Sigma), \boldsymbol{\theta} = (\boldsymbol{\mu}', vech(\Sigma)')'$ の統計的推測の話をする．ただし $vech(\Sigma)$ は行列 Σ の下三角部分の列ベクトルを順次上から並べた縦ベクトルとする．まず $\boldsymbol{\theta}$ の推定量としては

$$\hat{\boldsymbol{\theta}} = (\hat{\boldsymbol{\mu}}', vech(\hat{\Sigma})')',$$
$$\hat{\boldsymbol{\mu}} = \frac{1}{n}\sum_{t=1}^{n} \boldsymbol{r}_t,$$
$$\hat{\Sigma} = \frac{1}{n}\sum_{t=1}^{n} (\boldsymbol{r}_t - \hat{\boldsymbol{\mu}})(\boldsymbol{r}_t - \hat{\boldsymbol{\mu}})'$$

を用いる．したがって $g(\boldsymbol{\theta})$ の推定量としては $g(\hat{\boldsymbol{\theta}})$ を用いればよい．$g(\hat{\boldsymbol{\theta}})$ は種々の文献で提案されているポートフォリオ推定量を特殊な場合として含む．Shiraishi and Taniguchi(2004) は，$\{\boldsymbol{r}_t\}$ が正規過程でスペクトル密度行列 $\boldsymbol{f}(\lambda)$ をもつと仮定したとき，適当な条件下で

$$\sqrt{n}(g(\hat{\boldsymbol{\theta}}) - g(\boldsymbol{\theta})) \xrightarrow{d} N(\boldsymbol{0}, V) \tag{7.37}$$

を示し，さらに Fisher 情報量行列 $\mathcal{F}(\boldsymbol{\theta})$ を評価し $g(\hat{\boldsymbol{\theta}})$ が漸近有効，つまり，$V = \mathcal{F}(\boldsymbol{\theta})^{-1}$ となるための条件を求めた．この結果より，$\{\boldsymbol{r}_t\}$ に従属性がある場合は一般に $g(\hat{\boldsymbol{\theta}})$ は $g(\boldsymbol{\theta})$ の漸近有効推定量にならないことが示され，従来のポートフォリオ推定量は，基本的には収益率が $i.i.d.$ 過程である場合に使用されるべきものであることが判明した．

7.3 VaR

投資家にとって，投資に伴うリスク回避は大きな問題である．特に与えられた期間内に与えられた信頼確率 $1 - \alpha$ (α としては，たとえば 0.05, 0.025, 0.01

などが用いられる) のもとでポートフォリオがどれほどの損失を出すか，その最大損失額は重要な指標である．

現在時点 t でいくつかの金融資産からなるポートフォリオ V_t が組まれているとする．次時点 $(t+1)$ との収益差は $V_{t+1} - V_t$ なので，

$$P\{V_{t+1} - V_t \geq -z_\alpha\} = 1 - \alpha \tag{7.38}$$

で定義される最大損失 z_α (> 0) を信頼度 $100(1-\alpha)\%$ のバリュー・アト・リスク (VaR) と呼ぶ．t 時点でのポートフォリオの収益率は

$$R_t = \frac{V_{t+1} - V_t}{V_t}$$

なので，(7.38) は

$$P\{V_t R_t \geq -z_\alpha\} = 1 - \alpha \tag{7.39}$$

となるので，R_t の $\mathcal{A}_t$ を与えたときの分布の下側 $100\alpha\%$ 点を l_α とすると関係式

$$P\{R_t \geq -z_\alpha/V_t \mid \mathcal{A}_t\} = 1 - \alpha \tag{7.40}$$

から $z_\alpha = V_t l_\alpha$ が求まる．

具体的なデータでこれをみてみよう．R_t として S&P500 指数の日次収益率を取り，1983 年 10 月 4 日から 1991 年 8 月 30 日までの 2000 時点データを $R_1, R_2, ..., R_{2000}$ とする．これに $ARCH(1)$ モデル

$$R_t = u_t \sqrt{a_0 + a_1 R_{t-1}^2}, \quad (\{u_t\} \sim i.i.d.N(0,1))$$

を適合して a_0, a_1 を QML $\hat{a}_0, \hat{a}_1$ で推定する．$\alpha = 0.01$ に対応する正規分布の下側 $100\alpha\%$ 点は -2.326 なので，$b_t \equiv -2.326 \times \sqrt{\hat{a}_0 + \hat{a}_1 R_{t-1}^2}$ を求めて，R_t と b_t をプロットしたのが図 7.1 である．b_t は各点で 1 時点先の信頼度 99% VaR を与えていると理解できよう．

7.4 金融時系列の判別，クラスター解析

本節では局所定常時系列モデルを用いて，いくつかの金融時系列を判別，分類することを試みる．まず $f(u, \lambda)$ と $g(u, \lambda)$ を 2 つのカテゴリーを記述する

188   7. 統計的金融工学入門

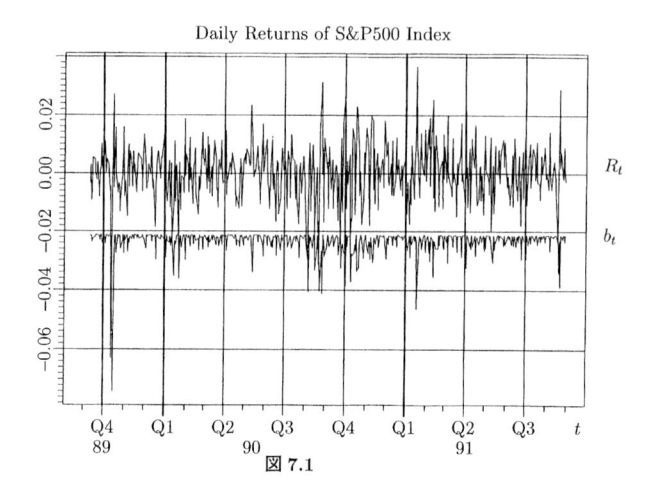

Daily Returns of S&P500 Index

[図: S&P500指数の日次収益率 R_t と b_t のプロット、1989年Q4から1991年Q3まで]

図 7.1

時間変動スペクトル密度関数とする.これらに対して対称化された α-エントロピー規準を

$$\begin{aligned}JD_\alpha(f:g) &\equiv \int_0^1 \int_{-\pi}^{\pi} \Big[\log\Big\{\frac{\alpha f(u,\lambda)+(1-\alpha)g(u,\lambda)}{g(u,\lambda)}\Big\} \\ &+ \log\Big\{\frac{\alpha g(u,\lambda)+(1-\alpha)f(u,\lambda)}{f(u,\lambda)}\Big\}\Big]d\lambda du, \quad (\alpha \in (0,1))\end{aligned} \tag{7.41}$$

で定義する (演習問題 7.5).すでに 6.7 節の (6.216) で定常過程の場合に α-エントロピー規準 $D_\alpha(f,g)$ で判別することに言及した.$D_\alpha(f,g)$ は f と g に関して対称でないので $D_\alpha(f,g)+D_\alpha(g,f)$ とすれば対称となる.(7.41) はこの対称な α-エントロピー規準を時間変動スペクトル密度関数に拡張したものと理解できよう.

Sakiyama(2002) は AMOCO, IBM, FORD, MERCK, Hewlett-Packard(H-P) の 5 社の株式に対する,1984 年 2 月 2 日から 1991 年 12 月 31 日までの日次収益率に対して,次の解析を行った.

まず各社のデータに時変係数自己回帰型のスペクトルモデル $f_{\boldsymbol{\theta}}(u,\lambda)$ を適合し,モデルの次数は正規尤度に基づく AIC で選び,$\boldsymbol{\theta}$ は QGML $\hat{\boldsymbol{\theta}}_{QGML}$ で推定して $\hat{f} \equiv f_{\hat{\boldsymbol{\theta}}_{QGML}}(u,\lambda)$ を求めた.5 社の推定された時間変動スペクトル密

度に関して

$$JD_\alpha(\hat{f}:\hat{g}) \tag{7.42}$$

をすべての組み合わせで計算し,距離 $JD_\alpha(\hat{f}:\hat{g})$ が一番近い2社のデータを第1クラスターとする.残りの3社のデータと第1クラスターの距離を計算し,最も距離が小さいものを第1クラスターに加える(第1クラスターとそれに属さないデータの距離は第1クラスターの中の2データとの距離の平均とする).このようにして,すべてのデータが第1クラスターに属するまで,この手続きを繰り返す.$\alpha = 0.5$ に対して表 7.1 に示す結果が得られた.

表 7.1

minimum distance	hierarchical clustering
	(AMOCO,IBM,FORD,MERCK,H-P)
0.335568	(AMOCO,IBM,FORD,MERCK), (H-P)
0.202399	(AMOCO,IBM,FORD), (H-P), (MERCK)
0.061422	(AMOCO,IBM), (FORD), (H-P), (MERCK)
0.020970	(AMOCO), (FORD), (H-P), (IBM), (MERCK)

この解析結果では IBM と異業種である AMOCO, FORD, MERCK との距離が,IBM と同業種である H-P との距離より小さくなっていることが判明した.

金融工学では,ある企業がどの信用クラスに属するかを企業の財務データに関する判別解析を行って「格付け」を行っている.しかしながら,その判別解析は 4.4 節で述べた独立標本に基づくものである.6.7 節や本節の結果は各企業の時系列データを用いた判別,格付けが可能であることを示唆しており,今後従属標本の構造を用いた「格付け」問題に関する種々の実証分析がなされるべきであると思われる.

7. 演習問題

7.1 $\{X_t, \mathcal{A}_t\}$ がマルチンゲールなら任意の $m > k$ に対して

$$E\{X_m \mid \mathcal{A}_k\} = X_k \quad a.e.$$

が成り立つことを示せ.

7.2 X は $(\Omega, \mathcal{A}, P)$ 上の確率変数で,$\mathcal{A}_1$ と $\mathcal{A}_2$ は $\mathcal{A}$ の σ-部分加法族で

$\mathcal{A}_1 \subset \mathcal{A}_2$ であるとする. このとき

$$E\{E(X|\mathcal{A}_2)|\mathcal{A}_1\} = E\{X|\mathcal{A}_1\} \quad a.e.$$

であることを示せ.

7.3 (7.23) と (7.24) から (7.25) の Black-Scholes の公式が出ることを確かめよ.

7.4 (7.33) と (7.35) が, それぞれ (7.32) と (7.34) の解となっていることを確かめよ.

7.5 (7.41) で定義される $JD_\alpha(f:g)$ に関して次の (i),(ii) を示せ.
 (i) $JD_\alpha(f:g) \geq 0$.
 (ii) (i) の不等式で等号が成立 $\Leftrightarrow$ $f(u,\lambda) = g(u,\lambda)$ $a.e.$

8 補遺

2章で確率測度の解説をしたが，さらに一般に測度，ルベーグ積分の基礎をごく簡単に説明しておく．さらに詳細な説明や定理の証明に興味ある読者は，伊藤 (1970), 梅垣ほか (1987), Ash and Doléans-Dade(2000) などをみられたい．集合 Ω とその上の σ-加法族 $\mathcal{A}$ の組 $(\Omega, \mathcal{A})$ を **可測空間** という．$\mathcal{A}$ 上で定義された集合関数 μ が次の (M1)～(M3) を満たすとき，$(\Omega, \mathcal{A})$ 上の **測度** という．

(M1) 任意の $A \in \mathcal{A}$ に対して $\mu(A) \geq 0$.

(M2) $\mu(\phi) = 0$.

(M3) $A_1, A_2, ..., \in \mathcal{A}$ で任意の $i, j\ (i \neq j)$ に対して $A_i \cap A_j = \phi$ ならば

$$\mu\left(\bigcup_{i=1}^{\infty} A_i\right) = \sum_{i=1}^{\infty} \mu(A_i).$$

3つの組 $(\Omega, \mathcal{A}, \mu)$ を **測度空間** と呼ぶ．$\mu(\Omega) < \infty$ であるとき μ を有限測度といい，特に $\mu(\Omega) = 1$ のときは2章で現れた確率測度となる．また $\mu(\Omega) = \infty$ のとき，$\mu(A_i) < \infty$ を満たす $A_i \in \mathcal{A}\ (i = 1, 2, ...)$ が存在して $\Omega = \bigcup_{i=1}^{\infty} A_i$ となるとき μ は **σ-有限測度** であるという．可測空間 $(\boldsymbol{R}, \mathcal{B})$ において任意の区間 $(a, b]$ に対して $\mu\{(a, b]\} = b - a$ を満たす $(\boldsymbol{R}, \mathcal{B})$ 上の測度が一意に存在することが示され，以後この μ を $(\boldsymbol{R}, \mathcal{B})$ 上の **ルベーグ測度** と呼び，μ_L で表す．同様に $\boldsymbol{R}$ 上の右連続単調増加関数 F に対して

$$\mu\{(a, b]\} = F(b) - F(a), \qquad (\forall\, a, b \in \boldsymbol{R})$$

を満たす $(\boldsymbol{R}, \mathcal{B})$ 上の測度が一意に存在することが示せ，この μ を F に関する **ルベーグ・スティルチェス測度** といい，以後 μ_{LS} と書く．

$A \subset \Omega$ の定義関数を

$$\chi_A(x) = \begin{cases} 1, & (x \in A), \\ 0, & (x \notin A) \end{cases}$$

で表す．$(\Omega, \mathcal{A})$ 上の実数値関数 f が $a_1, ..., a_k \in \mathbf{R}$, と $A_1, ..., A_k \in \mathcal{A}$ に対して

$$f(x) = \sum_{i=1}^{k} a_i \chi_{A_i}(x) \tag{8.1}$$

と表せるとき，f は**単関数** であるという．

f を $(\Omega, \mathcal{A})$ 上の任意の非負 $\mathcal{A}$-可測関数 (2 章の (2.3) をみよ) とする．このとき f_n を

$$f_n(x) = \begin{cases} \dfrac{k-1}{2^n}, & x \in f^{-1}\left\{\left[\dfrac{k-1}{2^n}, \dfrac{k}{2^n}\right)\right\}, \quad (k = 1, 2, ..., 2^{2n}), \\ 2^n, & x \in f^{-1}\{[2^n, \infty)\} \end{cases} \tag{8.2}$$

と定義すると f_n は単調増加な可測単関数列となり，

$$f(x) = \lim_{n \to \infty} f_n(x) \tag{8.3}$$

が示せる．

まず，(8.1) の単関数 f の $(\Omega, \mathcal{A})$ 上の測度 μ に関する積分を

$$\int_\Omega f d\mu \equiv \sum_{i=1}^{k} a_i \mu(A_i) \tag{8.4}$$

で定義する．これは f の表現に依存しない．次に f が非負可測関数であるときは (8.2) の単関数列 f_n をとると，この f_n に関しては (8.4) で積分が定義できるので f の μ に関する積分を

$$\int_\Omega f d\mu \equiv \lim_{n \to \infty} \int_\Omega f_n d\mu \tag{8.5}$$

で定義する．この積分は $\{f_n\}$ のとり方によらない．最後に非負とは限らない実数値可測関数 f に対しては

$$f^+(x) = \max\{f(x), 0\}, \quad f^-(x) = \max\{-f(x), 0\}$$

とすると $f(x) = f^+(x) - f^-(x)$, $f^+(x) \geq 0$, $f^-(x) \geq 0$ と書け, f^+ と f^- に対しては (8.5) で積分が定義できるので, f の μ に関する積分を

$$\int_\Omega f d\mu \equiv \int_\Omega f^+ d\mu - \int_\Omega f^- d\mu \tag{8.6}$$

で定義する. $\int f^+ d\mu$ と $\int f^- d\mu$ がどちらも有限であるとき f は **可積分** であるという. f が可積分であることは $|f|$ が可積分であることと同等である. f が $(\boldsymbol{R}, \mathcal{B})$ 上の実数値可測関数で, μ が $(\boldsymbol{R}, \mathcal{B})$ 上のルベーグ測度 μ_L であるとき (8.6) で定義される積分を f の **ルベーグ積分** といい, $\int_{\boldsymbol{R}} f d\mu_L$ を単に $\int_{\boldsymbol{R}} f(x) dx$ と表す. もし μ が右連続単調増加関数 F に関するルベーグ・スティルチェス測度のときは $\int_{\boldsymbol{R}} f d\mu_{LS} = \int_{\boldsymbol{R}} f(x) dF(x)$ と表し, f の F に関する **ルベーグ・スティルチェス積分** という. これらの積分においては, たとえば, f と g が可積分ならば任意の $a, b \in \boldsymbol{R}$ に対して $(af + bg)$ も可積分で

$$\int_{\boldsymbol{R}} \{af(x) + bg(x)\} dx = a \int_{\boldsymbol{R}} f(x) dx + b \int_{\boldsymbol{R}} g(x) dx$$

などの基本的性質が成り立つ. また高等学校から大学初年級で学んだ通常の積分 (リーマン積分) との関係では, $f(x)$ が区間 $[a, b]$ でリーマン積分可能ならば上述のルベーグ積分の意味で可積分で, 両者の積分の値は相等しいことが知られている.

測度空間 $(\Omega, \mathcal{A}, \mu)$ で Ω 上の命題 $S = S(\omega)$ が

$$\mu\{\omega : S(\omega) \text{ は偽りである}\} = 0$$

を満たすとき $S(\omega)$ は **ほとんど至るところ** で成立するといい

$$S \quad \mu - a.e.$$

と書くことにする. μ が文脈からわかるときには, 単に S, $a.e.$ とも書く.

測度論の基本定理を確率変数の言葉で述べておこう.

定理A 8.1 (ルベーグの収束定理) 確率変数列 $\{X_n, n \in \boldsymbol{N}\}$ に対して可積分な確率変数 Y が存在して

$$|X_n| \leq Y \ a.e., \quad (n \in \boldsymbol{N})$$

を満たし，かつ $X_n \xrightarrow{p} X$ ならば

$$\lim_{n\to\infty} E(X_n) = E(X)$$

が成り立つ．

定理 A 8.2 確率変数列 $\{X_n,\ n \in \boldsymbol{N}\}$ が

$$\sum_{n=1}^{\infty} E(|X_n|) < \infty$$

を満たすならば，$\sum_{n=1}^{\infty} X_n$ は，ある確率変数 X にほとんど確実に収束し

$$E\left(\sum_{n=1}^{\infty} X_n\right) = \sum_{n=1}^{\infty} E(X_n)$$

を満たす．

$(\Omega_i, \mathcal{A}_i, \mu_i)$, $i = 1, 2$ を 2 つの測度空間とし，$(\Omega, \mathcal{A}, \mu)$ をこれらの直積測度空間 $\Omega = \Omega_1 \times \Omega_2$, $\mathcal{A} = \mathcal{A}_1 \times \mathcal{A}_2$, $\mu = \mu_1 \times \mu_2$ とする．Ω 上の関数 $X = X(\omega_1, \omega_2)$ に対して $X_{\omega_1}(\omega_2) = X(\omega_1, \omega_2)$ で定義される Ω_2 上の関数を X の ω_1-切片という．同様に X の ω_2-切片，X_{ω_2} も定義される．

定理 A 8.3 (Fubini の定理)　$(\Omega_1, \mathcal{A}_1, \mu_1)$ と $(\Omega_2, \mathcal{A}_2, \mu_2)$ は σ-有限な測度空間とする．もし $\mathcal{A}_1 \times \mathcal{A}_2$-可測な $\Omega_1 \times \Omega_2$ 上の関数 X が非負であるか，もしくは $\mu_1 \times \mu_2$-可積分なら

$$\int_{\Omega_1 \times \Omega_2} X d(\mu_1 \times \mu_2) = \int_{\Omega_1} d\mu_1 \int_{\Omega_2} X_{\omega_1} d\mu_2 = \int_{\Omega_2} d\mu_2 \int_{\Omega_1} X_{\omega_2} d\mu_1$$

が成り立つ．ここで X が $\mu_1 \times \mu_2$-可積分な場合には，X の切片，X_{ω_i} $(i = 1, 2)$ はそれぞれ，$\omega_i - a.e.$ に可積分となる．

μ と ν は $(\Omega, \mathcal{A})$ 上の σ-有限測度とする．もし $\mu(A) = 0$ ならば $\nu(A) = 0$ $(A \in \mathcal{A})$ が成り立つとき，ν は μ に関して**絶対連続** (absolutely continuous) であるといい，$\nu \ll \mu$ と書く．

定理 A 8.4 (Radon-Nikodym の定理) $(\Omega, \mathcal{A})$ 上の σ-有限測度 μ と ν が $\nu \ll \mu$ であるならば，$\mathcal{A}$-可測な関数 g が存在して

$$\nu(A) = \int_A g d\mu, \quad (\forall A \in \mathcal{A})$$

と表される．ここに g は $\mu - a.e.$ に一意である．この g を $d\nu/d\mu$ と書き，ν の μ に関する **Radon-Nikodym の密度関数**という．

次の定理は，多次元確率変数の分布収束を示すときにしばしば用いられる．

定理 A 8.5 (Cramér-Wold device) $\{\boldsymbol{X}_n\}$ が m 次元確率変数列とする．このとき $\boldsymbol{X}_n \xrightarrow{d} \boldsymbol{X}$ である必要十分条件は，任意の $\boldsymbol{a} \in \boldsymbol{R}^m$ に対して $\boldsymbol{a}'\boldsymbol{X}_n \xrightarrow{d} \boldsymbol{a}'\boldsymbol{X}$ が成立することである．

統計学においては，種々の統計量の分布を求める必要がある．次の定理はそのための道具である．

定理 A 8.6 (変数変換) 確率ベクトル $\boldsymbol{X} = (X_1, ..., X_n)'$ は同時確率密度関数 $f_{\boldsymbol{X}}(\boldsymbol{x})$, $\boldsymbol{x} = (x_1, ..., x_n)' \in \boldsymbol{R}^n$ をもつとする．1-1 変換 $\phi: \boldsymbol{R}^n \to \boldsymbol{R}^n$ により，確率ベクトル $\boldsymbol{Y} = (Y_1, ..., Y_n)'$ が $\boldsymbol{Y} = \phi(\boldsymbol{X})$ で定義されるとする．$\psi = (\psi_1(\boldsymbol{y}), ..., \psi_n(\boldsymbol{y}))'$, $\boldsymbol{y} = (y_1, ..., y_n)' \in \boldsymbol{R}^n$ が ϕ の逆変換 $(\psi = \phi^{-1})$ で，しかも ψ は連続微分可能であるとする．このとき $\boldsymbol{Y}$ は同時確率密度関数

$$f_{\boldsymbol{Y}}(\boldsymbol{y}) = f_{\boldsymbol{X}}\{\psi(\boldsymbol{y})\}|J|$$

をもつ．ここに J はヤコビアンで

$$J = \begin{vmatrix} \dfrac{\partial \psi_1}{\partial y_1} & \cdots & \dfrac{\partial \psi_1}{\partial y_n} \\ \vdots & \ddots & \vdots \\ \dfrac{\partial \psi_n}{\partial y_1} & \cdots & \dfrac{\partial \psi_n}{\partial y_n} \end{vmatrix}$$

で定義される．

本書では，統計解析の立場から主に離散時間確率過程を取り扱ってきたが，確率解析的金融工学では連続時間確率過程でモデルが記述される．その最も基礎になるのが次の確率過程である．

定義 A 8.1 連続時間確率過程 $\{W_t : t \in [0, \infty)\}$ が次の (W1)〜(W3) を満たすとき，**ウイーナー過程** (Wiener process) という．
 (i) $W_0 = 0$.
 (ii) 任意の $t_1 < t_2 < \cdots < t_n$, $(t_1, ..., t_n \in [0, \infty))$ に対して，増分
$$W_{t_2} - W_{t_1}, W_{t_3} - W_{t_2}, ..., W_{t_n} - W_{t_{n-1}}$$
が互いに独立である．
 (iii) 任意の $t > s$ に対して
$$W_t - W_s \sim N(0, \sigma^2(t-s)), \quad (\sigma^2 > 0)$$
である．

統計解析の立場からの，$\{W_t\}$ の確率積分や，これに基づく確率微分方程式についての解説は，Tanaka(1996) を薦めておきたい．

時系列のスペクトル解析の基礎はフーリエ解析である．次の 2 つの定理は，よく使われる．以下，関数 $f(\lambda)$ のフーリエ変換を
$$\hat{f}(n) = \frac{1}{2\pi} \int_{-\pi}^{\pi} f(\lambda) e^{-in\lambda} \, d\lambda$$
で表す．

定理 A 8.7 (Parseval の等式) $f(\lambda)$ と $g(\lambda)$ が $[-\pi, \pi]$ 上で 2 乗可積分であるとき
$$\sum_{n=-\infty}^{\infty} \hat{f}(n) \overline{\hat{g}(n)} = \frac{1}{2\pi} \int_{-\pi}^{\pi} f(\lambda) \overline{g(\lambda)} \, d\lambda$$
が成り立つ．

定理 A 8.8 (リーマン・ルベーグの定理) $f(\lambda)$ が $[-\pi, \pi]$ 上可積分ならば

$$\hat{f}(n) \to 0, \quad (|n| \to \infty)$$

が成り立つ.

参　考　文　献

● 和　文
1. 赤平昌文 (2003). 統計解析入門. 森北出版.
2. 伊藤清三 (1964). ルベーグ積分入門. 裳華房.
3. 梅垣寿春, 大矢雅則, 塚田　真 (1987). 測度・積分・確率. 共立出版.
4. 刈屋武昭 (1997). 金融工学の基礎. 東洋経済新報社.
5. 刈屋武昭, 矢島美寛, 田中勝人, 竹内　啓 (2003). 経済時系列の統計. 岩波書店.
6. 鈴木　武, 山田作太郎 (2001). 数理統計学. 内田老鶴圃.
7. 竹内　啓 (1973). 数理統計学. 東洋経済新報社.
8. 竹村彰通, 谷口正信 (2003). 統計学の基礎 I. 岩波書店.
9. 西尾真喜子 (1978). 確率論. 実教出版.
10. 宮原孝夫 (2003). 株価モデルとレヴィ過程（シリーズ〈金融工学の基礎〉）. 朝倉書店.
11. 森村英典, 木島正明 (1991). ファイナンスのための確率過程. 日科技連出版社.
12. 柳川　堯 (1990). 統計数学. 近代科学社.

● 英　文
1. Akaike, H. (1970). Statistical predictor identification. *Ann. Inst. Statist. Math.* **22**, 203 - 217.
2. Akaike, H. (1973). Information theory and an extension of the maximum likelihood principle. *In* B. N. Petrov and F. Csaki(eds.) : 2nd International Symposium on Information Theory (pp.267 - 281). Akademiai Kaido: Budapest.
3. Anderson, T.W. (1971). *The Statistical Analysis of Time Series.* New York : John Wiley & Sons.
4. Ash, R.B. and Doléans-Dade, C.A. (2000). *Probability & Measure Theory.* London : Academic Press.
5. Black, F. and Scholes, M. (1973). The pricing of options and corporate liabilities. *J. Political Econom.* **81**, 637 - 659.
6. Brockwell, P.J. and Davis, R.A. (1991). *Time Series : Theory and Methods.* 2nd Ed. New York : Springer-Verlag.
7. Brown, B.M. (1971). Martingale central limit theorems. *Ann. Math. Statist.* **42**, 59 - 66.
8. Chen, N. and An, H.Z. (1998). A note on the stationarity and the existence of moments of the GARCH model. *Statistica Sinica.* **8**, 505 - 510.
9. Dahlhaus, R. (1989). Efficient parameter estimation for self-similar processes. *Ann.*

Statist. **17**, 1749 - 1766.
10. Dahlhaus, R. (1996). Maximum likelihood estimation and model selection for locally stationary processes. *J. Nonparametric Statist.* **6**, 171 - 191.
11. Dahlhaus, R. (1997). Fitting time series models to nonstationary process. *Ann. Statist.* **25**, 1 - 37.
12. Dahlhaus, R. (2000). A likelihood approximation for locally stationary processes. *Ann. Statist.* **28**, 1762 -1794.
13. Duan, J-C. (1997). Augmented GARCH(p,q) process and its diffusion limit. *J. Econometrics.* **79**, 97 - 127.
14. Dzhaparidze, K. (1986). *Parameter Estimation and Hypothesis Testing in Spectral Analysis of Stationary Time Series.* New York : Springer-Verlag.
15. Engle, R.F. (1982). Autoregressive conditional heteroscedasticity with estimates of the variance of United Kingdom inflation. *Econometrica.* **50**, 987 - 1007.
16. Giraitis, L. and Surgailis, D. (1990). A central limit theorem for quadratic forms in strongly dependent linear variables and its application to asymptotical normality of Whittle's estimate. *Prob. Th. Rel. Fields.* **86**, 87 - 104.
17. Grenander, U. and Rosenblatt, M. (1957). *Statistical Analysis of Stationary Time Series.* New York : John Wiley & Sons.
18. Hannan, E.J. (1970). *Multiple Time Series.* New York : John Wiley & Sons.
19. Hall, P. and Heyde, C. (1980). *Martingale Limit Theory and Its Application.* New York : Academic Press.
20. Hallin, M., Taniguchi, M., Serroukh, A. and Choy, K. (1999). Local asymptotic normality for regression models with long-memory disturbance. *Ann. Statist.* **27**, 2054 - 2080.
21. Härdle, W., Tsybakov, A. and Yang, L. (1998). Nonparametric vector autoregression. *J. Statist. Plan. Inf.* **68**, 221 - 245.
22. Hirukawa, J. and Taniguchi, M. (2004). LAN theorem for non-Gaussian locally stationary processes and its applications. To appear in *J. Statist. Plan. Inf.*
23. Hosoya, Y. and Taniguchi, M. (1982). A central limit theorem for stationary processes and the parameter estimation of linear processes. *Ann. Statist.* **10**, 132 - 153. Correction : (1993). **21**, 1115 - 1117.
24. Hosoya, Y. (1997). A limit theory for long-range dependence and statistical inference on related models. *Ann. Statist.* **25**, 105 - 137.
25. Hurst, H.E. (1951). Long-term storage capacity of reservoirs. *Trans. Am. Soc. Civil Engineers.* **116**, 770 - 799.
26. Ibragimov, I.A. (1963). A central limit theorem for a class of dependent random variables. *Theor. Prob. Appl.* **8**, 83 - 89.
27. Ibragimov, I.A. and Linnik, Yu. V. (1971). *Independent and Stationary Sequence of Random Variables.* Wolters-Noordhoff Publishing Groningen.
28. Kakizawa, Y., Shumway, R.H. and Taniguchi, M. (1998). Discrimination and clustering for multivariate time series. *J. Amer. Statist. Assoc.* **93**, 328 - 340.
29. Kato, H., Taniguchi, M. and Honda, M. (2004). Statistical analysis for multiplicatively modulated nonlinear autoregressive model and its applications to electrophysiological

signal analysis in humans. *Waseda University Time Series Discussion Paper No.1.*
30. Lee, S. and Taniguchi, M. (2004). Asymptotic theory for ARCH-SM models : LAN and residual empirical processes. To appear in *Statistica Sinica.*
31. Lehmann, E.L. (1986). *Testing Statistical Hypotheses.* 2nd Ed. New York : John Wiley & Sons.
32. Lu, Z. and Jiang, Z. (2001). L_1 geometric ergodicity of a multivariate nonlinear AR model with an ARCH term. *Stat. Prob. Lett.* **51**, 121 -130.
33. Nelson, D.B. (1990). ARCH models as diffusion approximations. *J. Econometrics.* **45**, 7 - 38.
34. Nelson, D.B. (1991). Conditional heteroskedasticity in asset returns : A new approach. *Econometrica.* **59**, 347 - 370.
35. Phillips, P.C.B. (1989). Partially identified econometric models. *Econometric Theory.* **5**, 181 - 240.
36. Sakiyama, K. (2002). Some statistical applications for locally stationary processes. *Sci. Math. Japon.* **56**, 231 - 250.
37. Shibata, R. (1976). Selection of the order of an autoregressive model by Akaike's information criterion. *Biometrika.* **63**, 117 - 126.
38. Shibata, R. (1980). Asymptotically efficient selection of the order of the model for estimating parameters of a linear process. *Ann. Statist.* **8**, 147 - 164.
39. Shiraishi, H. and Taniguchi, M. (2004). Statistical estimation of optimal portfolios for dependent returns of assets. *Waseda University Time Series Discussion Paper No.5.*
40. Stout, W.F. (1974). *Almost Sure Convergence.* New York : Academic Press.
41. Tanaka, K. (1996). *Time Series Analysis : Nonstationary and Noninvertible Distribution Theory.* New York : John Wiley & Sons.
42. Taniguchi, M. (1994). Higher order asymptotic theory for discriminant analysis in exponential families of distributions. *J. Multivariate Anal.* **48**, 169 - 187.
43. Taniguchi, M. and Kakizawa, Y. (2000). *Asymptotic Theory of Statistical Inference for Time Series.* New York : Springer-Verlag.
44. Tjøstheim, D. (1986). Estimation in nonlinear time series models. *Stoch. Proc. and Their Appl.* **21**, 251 - 273.
45. Tong, H. (1990). *Non-linear Time Series : A Dynamical System Approach.* Oxford : Oxford University Press.
46. White, H. (1984). *Asymptotic Theory for Econometricians.* Revised Edition. New York : Academic Press.
47. Zhang, G. and Taniguchi, M. (1994). Discriminant analysis for stationary vector time series. *J. Time Ser. Anal.* **15**, 117 - 126.
48. Zygmund, A. (1959). *Trigonometric Series.* London : Cambridge University Press.

付表1　正規分布のパーセント点

$$u = u_\alpha : \int_u^\infty \phi(x)dx = \alpha \quad (\phi \text{は } N(0,1) \text{ の確率密度関数})$$

下記は $\alpha = 0.000(0.001)0.4999$ について $N(0,1)$ の上側 $100\alpha\%$ 点 u_α の値を与えている．

α	.000	.001	.002	.003	.004	.005	.006	.007	.008	.009
.00	∞	3.09023	2.87816	2.74778	2.65207	2.57583	2.51214	2.45726	2.40892	2.36562
.01	2.32635	2.29037	2.25713	2.22621	2.19729	2.17009	2.14441	2.12007	2.09693	2.07485
.02	2.05375	2.03352	2.01409	1.99539	1.97737	1.95996	1.94313	1.92684	1.91104	1.89570
.03	1.88079	1.86630	1.85218	1.83842	1.82501	1.81191	1.79912	1.78661	1.77438	1.76241
.04	1.75069	1.73920	1.72793	1.71689	1.70604	1.69540	1.68494	1.67466	1.66456	1.65463
.05	1.64485	1.63523	1.62576	1.61644	1.60725	1.59819	1.58927	1.58047	1.57179	1.56322
.06	1.55477	1.54643	1.53820	1.53007	1.52204	1.51410	1.50626	1.49851	1.49085	1.48328
.07	1.47579	1.46838	1.46106	1.45381	1.44663	1.43953	1.43250	1.42554	1.41865	1.41183
.08	1.40507	1.39838	1.39174	1.38517	1.37866	1.37220	1.36581	1.35946	1.35317	1.34694
.09	1.34076	1.33462	1.32854	1.32251	1.31652	1.31058	1.30469	1.29884	1.29303	1.28727
.10	1.28155	1.27587	1.27024	1.26464	1.25908	1.25357	1.24808	1.24264	1.23723	1.23186
.11	1.22653	1.22123	1.21596	1.21073	1.20553	1.20036	1.19522	1.19012	1.18504	1.18000
.12	1.17499	1.17000	1.16505	1.16012	1.15522	1.15035	1.14551	1.14069	1.13590	1.13113
.13	1.12639	1.12168	1.11699	1.11232	1.10768	1.10306	1.09847	1.09390	1.08935	1.08482
.14	1.08032	1.07584	1.07138	1.06694	1.06252	1.05812	1.05374	1.04939	1.04505	1.04073
.15	1.03643	1.03215	1.02789	1.02365	1.01943	1.01522	1.01103	1.00686	1.00271	.99858
.16	.99446	.99036	.98627	.58220	.97815	.97411	.97009	.96609	.96210	.95812
.17	.95417	.95022	.94629	.94238	.93848	.93459	.93072	.92686	.92301	.91918
.18	.91537	.91156	.90777	.90399	.90023	.89647	.89273	.88901	.88529	.88159
.19	.87790	.87422	.87055	.86689	.86325	.85962	.85600	.85239	.84879	.84520
.20	.84162	.83805	.83450	.83095	.82742	.82389	.82038	.81687	.81338	.80990
.21	.80642	.80296	.79950	.79606	.79262	.78919	.78577	.78237	.77897	.77557
.22	.77219	.76882	.76546	.76210	.75875	.75542	.75208	.74876	.74545	.74214
.23	.73885	.73556	.73228	.72900	.72574	.72248	.71923	.71599	.71275	.70952
.24	.70630	.70309	.69988	.69668	.69349	.69031	.68713	.68396	.68080	.67764
.25	.67449	.67135	.66821	.66508	.66196	.65884	.65573	.65262	.64952	.64643
.26	.64335	.64027	.63719	.63412	.63106	.62801	.62496	.62191	.61887	.61584
.27	.61281	.60979	.60678	.60376	.60076	.59776	.59477	.59178	.58879	.58581
.28	.58284	.57987	.57691	.57395	.57100	.56805	.56511	.56217	.55924	.55631
.29	.55338	.55047	.54755	.54464	.54174	.53884	.53594	.53305	.53016	.52728
.30	.52440	.52153	.51866	.51579	.51293	.51007	.50722	.50437	.50153	.49869
.31	.49585	.49302	.49019	.48736	.48454	.48173	.47891	.47610	.47330	.47050
.32	.46770	.46490	.46211	.45933	.45654	.45376	.45099	.44821	.44544	.44268
.33	.43991	.43715	.43440	.43164	.42889	.42615	.42340	.42066	.41793	.41519
.34	.41246	.40974	.40701	.40429	.40157	.39886	.39614	.39343	.39073	.38802
.35	.38532	.38262	.37993	.37723	.37454	.37186	.36917	.36649	.36381	.36113
.36	.35846	.35579	.35312	.35045	.34779	.34513	.34247	.33981	.33716	.33450
.37	.33185	.32921	.32656	.32392	.32128	.31864	.31600	.31337	.31074	.30811
.38	.30548	.30286	.30023	.29761	.29499	.29237	.28976	.28715	.28454	.28193
.39	.27932	.27671	.27411	.27151	.26891	.26631	.26371	.26112	.25853	.25594
.40	.25335	.25076	.24817	.24559	.24301	.24043	.23785	.23527	.23269	.23012
.41	.22754	.22497	.22240	.21983	.21727	.21470	.21214	.20957	.20701	.20445
.42	.20189	.19934	.19678	.19422	.19167	.18912	.18657	.18402	.18147	.17892
.43	.17637	.17383	.17128	.16874	.16620	.16366	.16112	.15858	.15604	.15351
.44	.15097	.14843	.14590	.14337	.14084	.13830	.13577	.13324	.132072	.12819
.45	.12566	.12314	.12061	.11809	.11556	.11304	.11052	.10799	.10547	.10295
.46	.10043	.09791	.09540	.09288	.09036	.08784	.08533	.08281	.08030	.07778
.47	.07527	.07276	.07024	.06773	.06522	.06271	.06020	.05768	.05517	.05266
.48	.05015	.04764	.04513	.04263	.04012	.03761	.03510	.03259	.03008	.02758
.49	.02507	.02256	.02005	.01755	.01504	.01253	.01003	.00752	.00501	.00251

付表 2　$\chi^2(\nu)$ 分布表

$$\chi^2_\alpha(\nu) : \int_{\chi^2_\alpha(\nu)}^{\infty} f(x)dx = \alpha \quad (f \text{ は} \chi^2(\nu) \text{ の確率密度関数})$$

下記は α と ν に対して $\chi^2_\alpha(\nu)$ の値を与えている.

ν	$\alpha=.995$	.990	.975	.950	.900	.100	.050	.025	.010	.005
1	$.0^4 39270$	$.0^3 15709$	$.0^3 98207$	$.0^2 3932$	0.01579	2.70554	3.84146	5.02389	6.63490	7.87944
2	.0100251	.0201007	.0506356	.102587	.210721	4.60517	5.99146	7.37776	9.21034	10.5966
3	.0717218	.114832	.215795	.351846	.584374	6.25139	7.81473	9.34840	11.3449	12.8382
4	.206989	.297109	.484419	.710723	1.06362	7.77944	9.48773	11.1433	13.2767	14.8603
5	.411742	.554298	.831212	1.14548	1.61031	9.23636	11.0705	12.8325	15.0863	16.7496
6	.675727	.872090	1.23734	1.63538	2.20413	10.6446	12.5916	14.4494	16.8119	18.5476
7	.989256	1.23904	1.68987	2.16735	2.83311	12.0170	14.0671	16.0128	18.4753	20.2777
8	1.34441	1.64650	2.17973	2.73264	3.48954	13.3616	15.5073	17.5345	20.0902	21.9550
9	1.73493	2.08790	2.70039	3.32511	4.16816	14.6837	16.9190	19.0228	21.6660	23.5894
10	2.15586	2.55821	3.24697	3.94030	4.86518	15.9872	18.3070	20.4832	23.2093	25.1882
11	2.60322	3.05348	3.81575	4.57481	5.57778	17.2750	19.6751	21.9200	24.7250	26.7568
12	3.07382	3.57057	4.40379	5.22603	6.30380	18.5493	21.0261	23.3367	26.2170	28.2995
13	3.56503	4.10692	5.00875	5.89186	7.04150	19.8119	22.3620	24.7356	27.6882	29.8195
14	4.07467	4.66043	5.62873	6.57063	7.78953	21.0641	23.6848	26.1189	29.1412	31.3193
15	4.60092	5.22935	6.26214	7.26094	8.54676	22.3071	24.9958	27.4884	30.5779	32.8013
16	5.14221	5.81221	6.90766	7.96165	9.31224	23.5418	26.2962	28.8454	31.9999	34.2672
17	5.69722	6.40776	7.56419	8.67176	10.0852	24.7690	27.5871	30.1910	33.4087	35.7185
18	6.26480	7.01491	8.23075	9.39046	10.8649	25.9894	28.8693	31.5264	34.8053	37.1565
19	6.84397	7.63273	8.90652	10.1170	11.6509	27.2036	30.1435	32.8523	36.1909	38.5823
20	7.43384	8.26040	9.59078	10.8508	12.4426	28.4120	31.4104	34.1696	37.5662	39.9968
21	8.03365	8.89720	10.2829	11.5913	13.2396	29.6151	32.6706	35.4789	38.9322	41.4011
22	8.64272	9.54249	10.9823	12.3380	14.0415	30.8133	33.9244	36.7807	40.2894	42.7957
23	9.26042	10.1957	11.6886	13.0905	14.8480	32.0069	35.1725	38.0756	41.6384	44.1813
24	9.88623	10.8564	12.4012	13.8484	15.6587	33.1962	36.4150	39.3641	42.9798	45.5585
25	10.5197	11.5240	13.1197	14.6114	16.4734	34.3816	37.6525	40.6465	44.3141	46.9278
26	11.1602	12.1981	13.8439	15.3792	17.2919	35.5632	38.8851	41.9232	45.6417	48.2899
27	11.8076	12.8785	14.5734	16.1514	18.1139	36.7412	40.1133	43.1945	46.9629	49.6449
28	12.4613	13.5647	15.3079	16.9279	18.9392	37.9159	41.3371	44.4608	48.2782	50.9934
29	13.1211	14.2565	16.0471	17.7084	19.7677	39.0875	42.5570	45.7223	49.5879	52.3356
30	13.7867	14.9535	16.7908	18.4927	20.5992	40.2560	43.7730	46.9792	50.8922	53.6720
31	14.4578	15.6555	17.5387	19.2806	21.4336	41.4217	44.9853	48.2319	52.1914	55.0027
32	15.1340	16.3622	18.2908	20.0719	22.2706	42.5847	46.1943	49.4804	53.4858	56.3281
33	15.8153	17.0735	19.0467	20.8665	23.1102	43.7452	47.3999	50.7251	54.7755	57.6484
34	16.5013	17.7891	19.8063	21.6643	23.9523	44.9032	48.6024	51.9660	56.0609	58.9639
35	17.1918	18.5089	20.5694	22.4650	24.7967	46.0588	49.8018	53.2033	57.3421	60.2748
36	17.8867	19.2327	21.3359	23.2686	25.6433	47.2122	50.9985	54.4373	58.6192	61.5812
37	18.5858	19.9602	22.1056	24.0749	26.4921	48.3634	52.1923	55.6680	59.8925	62.8833
38	19.2889	20.6914	22.8785	24.8839	27.3430	49.5126	53.3835	56.8955	61.1621	64.1814
39	19.9959	21.4262	23.6543	25.6954	28.1958	50.6598	54.5722	58.1201	62.4281	65.4756
40	20.7065	22.1643	24.4330	26.5093	29.0505	51.8051	55.7585	59.3417	63.6907	66.7660
50	27.9907	29.7067	32.3574	34.7643	37.6886	63.1671	67.5048	71.4202	76.1539	79.4900
60	35.5345	37.4849	40.4817	43.1880	46.4589	74.3970	79.0819	83.2977	88.3794	91.9517
70	43.2752	45.4417	48.7576	51.7393	55.3289	85.5270	90.5312	95.0232	100.425	104.215
80	51.1719	53.5401	57.1532	60.3915	64.2778	96.5782	101.879	106.629	112.329	116.321
90	59.1963	61.7541	65.6466	69.1260	73.2911	107.565	113.145	118.136	124.116	128.299
100	67.3276	70.0649	74.2219	77.9295	82.3581	118.498	124.342	129.561	135.807	140.169
120	83.8516	86.9233	91.5726	95.7046	100.624	140.233	146.567	152.211	158.950	163.648
140	100.655	104.034	109.137	113.659	119.029	161.827	168.613	174.648	181.840	186.847
160	117.679	121.346	126.870	131.756	137.546	183.311	190.516	196.915	204.530	209.824
180	134.884	138.820	144.741	149.969	156.153	204.704	212.304	219.044	227.056	232.620
200	152.241	156.432	162.728	168.279	174.835	226.021	233.994	241.058	249.445	255.264
240	187.324	191.990	198.984	205.135	212.386	268.471	277.138	284.802	293.888	300.182

付表3　$t(\nu)$ 分布表

$$t_\alpha(\nu) : \int_{t_\alpha(\nu)}^{\infty} f(x)dx = \alpha \quad (f \text{ は } t(\nu) \text{ の確率密度関数})$$

下記は α と ν に対して $t_\alpha(\nu)$ の値を与えている．

ν	$\alpha=.250$	.200	.150	.100	.050	.025	.010	.005	.0005
1	1.000	1.376	1.963	3.078	6.314	12.706	31.821	63.657	636.619
2	.816	1.061	1.386	1.886	2.920	4.303	6.965	9.925	31.599
3	.765	.978	1.250	1.638	2.353	3.182	4.541	5.841	12.924
4	.741	.941	1.190	1.533	2.132	2.776	3.747	4.604	8.610
5	.727	.920	1.156	1.476	2.015	2.571	3.365	4.032	6.869
6	.718	.906	1.134	1.440	1.943	2.447	3.143	3.707	5.959
7	.711	.896	1.119	1.415	1.895	2.365	2.998	3.499	5.408
8	.706	.889	1.108	1.397	1.860	2.306	2.896	3.355	5.041
9	.703	.883	1.100	1.383	1.833	2.262	2.821	3.250	4.781
10	.700	.879	1.093	1.372	1.812	2.228	2.764	3.169	4.587
11	.697	.876	1.088	1.363	1.796	2.201	2.718	3.106	4.437
12	.695	.873	1.083	1.356	1.782	2.179	2.681	3.055	4.318
13	.694	.870	1.079	1.350	1.771	2.160	2.650	3.012	4.221
14	.692	.868	1.076	1.345	1.761	2.145	2.624	2.977	4.140
15	.691	.866	1.074	1.341	1.753	2.131	2.602	2.947	4.073
16	.690	.865	1.071	1.337	1.746	2.120	2.583	2.921	4.015
17	.689	.863	1.069	1.333	1.740	2.110	2.567	2.898	3.965
18	.688	.862	1.067	1.330	1.734	2.101	2.552	2.878	3.922
19	.688	.861	1.066	1.328	1.729	2.093	2.539	2.861	3.883
20	.687	.860	1.064	1.325	1.725	2.086	2.528	2.845	3.850
21	.686	.859	1.063	1.323	1.721	2.080	2.518	2.831	3.819
22	.686	.858	1.061	1.321	1.717	2.074	2.508	2.819	3.792
23	.685	.858	1.060	1.319	1.714	2.069	2.500	2.807	3.768
24	.685	.857	1.059	1.318	1.711	2.064	2.492	2.797	3.745
25	.684	.856	1.058	1.316	1.708	2.060	2.485	2.787	3.725
26	.684	.856	1.058	1.315	1.706	2.056	2.479	2.779	3.707
27	.684	.855	1.057	1.314	1.703	2.052	2.473	2.771	3.690
28	.683	.855	1.056	1.313	1.701	2.048	2.467	2.763	3.674
29	.683	.854	1.055	1.311	1.699	2.045	2.462	2.756	3.659
30	.683	.854	1.055	1.310	1.697	2.042	2.457	2.750	3.646
31	.682	.853	1.054	1.309	1.696	2.040	2.453	2.744	3.633
32	.682	.853	1.054	1.309	1.694	2.037	2.449	2.738	3.622
33	.682	.853	1.053	1.308	1.692	2.035	2.445	2.733	3.611
34	.682	.852	1.052	1.307	1.691	2.032	2.441	2.728	3.601
35	.682	.852	1.052	1.306	1.690	2.030	2.438	2.724	3.591
36	.681	.852	1.052	1.306	1.688	2.028	2.434	2.719	3.582
37	.681	.851	1.051	1.305	1.687	2.026	2.431	2.715	3.574
38	.681	.851	1.051	1.304	1.686	2.024	2.429	2.712	3.566
39	.681	.851	1.050	1.304	1.685	2.023	2.426	2.708	3.558
40	.681	.851	1.050	1.303	1.684	2.021	2.423	2.704	3.551
41	.681	.850	1.050	1.303	1.683	2.020	2.421	2.701	3.544
42	.680	.850	1.049	1.302	1.682	2.018	2.418	2.698	3.538
43	.680	.850	1.049	1.302	1.681	2.017	2.416	2.695	3.532
44	.680	.850	1.049	1.301	1.680	2.015	2.414	2.692	3.526
45	.680	.850	1.049	1.301	1.679	2.014	2.412	2.690	3.520
46	.680	.850	1.048	1.300	1.679	2.013	2.410	2.687	3.515
47	.680	.849	1.048	1.300	1.678	2.012	2.408	2.685	3.510
48	.680	.849	1.048	1.299	1.677	2.011	2.407	2.682	3.505
49	.680	.849	1.048	1.299	1.677	2.010	2.405	2.680	3.500
50	.679	.849	1.047	1.299	1.676	2.009	2.403	2.678	3.496
60	.679	.848	1.045	1.296	1.671	2.000	2.390	2.660	3.460
80	.678	.846	1.043	1.292	1.664	1.990	2.374	2.639	3.416
120	.677	.845	1.041	1.289	1.658	1.980	2.358	2.617	3.373
240	.676	.843	1.039	1.285	1.651	1.970	2.342	2.596	3.332
∞	.674	.842	1.036	1.282	1.645	1.960	2.326	2.576	3.291

付表 4 　$F(\nu_1, \nu_2)$ 分布表 $(\alpha = 0.025)$

$F_{0.025}(\nu_1, \nu_2) : \int_{F_{0.025}(\nu_1,\nu_2)}^{\infty} f(x)dx = 0.025$ 　（f は $F(\nu_1, \nu_2)$ の確率密度関数）

下記は ν_1 と ν_2 に対して $F_{0.025}(\nu_1, \nu_2)$ の値を与えている.

ν_2	$\nu_1=1$	3	5	8	10	12	20	40	120	∞
1	647.789	864.163	921.848	956.656	968.627	976.708	993.103	1005.598	14.020	1018.258
2	38.506	39.165	39.298	39.373	39.398	39.415	39.448	39.473	39.490	39.498
3	17.443	15.439	14.885	14.540	14.419	14.337	14.167	14.037	13.947	13.902
4	12.218	9.979	9.364	8.980	8.844	8.751	8.560	8.411	8.309	8.257
5	10.007	7.764	7.146	6.757	6.619	6.525	6.329	6.175	6.069	6.015
6	8.813	6.599	5.988	5.600	5.461	5.366	5.168	5.012	4.904	4.849
7	8.073	5.890	5.285	4.899	4.761	4.666	4.467	4.309	4.199	4.142
8	7.571	5.416	4.817	4.433	4.295	4.200	3.999	3.840	3.728	3.670
9	7.209	5.078	4.484	4.102	3.964	3.868	3.667	3.505	3.392	3.333
10	6.937	4.826	4.236	3.855	3.717	3.621	3.419	3.255	3.140	3.080
11	6.724	4.630	4.044	3.664	3.526	3.430	3.226	3.061	2.944	2.883
12	6.554	4.474	3.891	3.512	3.374	3.277	3.073	2.906	2.787	2.725
13	6.414	4.347	3.767	3.388	3.250	3.153	2.948	2.780	2.659	2.595
14	6.298	4.242	3.663	3.285	3.147	3.050	2.844	2.674	2.552	2.487
15	6.200	4.153	3.576	3.199	3.060	2.963	2.756	2.585	2.461	2.395
16	6.115	4.077	3.502	3.125	2.986	2.889	2.681	2.509	2.383	2.316
17	6.042	4.011	3.438	3.061	2.922	2.825	2.616	2.442	2.315	2.247
18	5.978	3.954	3.382	3.005	2.866	2.769	2.559	2.384	2.256	2.187
19	5.922	3.903	3.333	2.956	2.817	2.720	2.509	2.333	2.203	2.133
20	5.871	3.859	3.289	2.913	2.774	2.676	2.464	2.287	2.156	2.085
21	5.827	3.819	3.250	2.874	2.735	2.637	2.425	2.246	2.114	2.042
22	5.786	3.783	3.215	2.839	2.700	2.602	2.389	2.210	2.076	2.003
23	5.750	3.750	3.183	2.808	2.668	2.570	2.357	2.176	2.041	1.968
24	5.717	3.721	3.155	2.779	2.640	2.541	2.327	2.146	2.010	1.935
25	5.686	3.694	3.129	2.753	2.613	2.515	2.300	2.118	1.981	1.906
26	5.659	3.670	3.105	2.729	2.590	2.491	2.276	2.093	1.954	1.878
27	5.633	3.647	3.083	2.707	2.568	2.469	2.253	2.069	1.930	1.853
28	5.610	3.626	3.063	2.687	2.547	2.448	2.232	2.048	1.907	1.829
29	5.588	3.607	3.044	2.669	2.529	2.430	2.213	2.028	1.886	1.807
30	5.568	3.589	3.026	2.651	2.511	2.412	2.195	2.009	1.866	1.787
31	5.549	3.573	3.010	2.635	2.495	2.396	2.178	1.991	1.848	1.768
32	5.531	3.557	2.995	2.620	2.480	2.381	2.163	1.975	1.831	1.750
33	5.515	3.543	2.981	2.606	2.466	2.366	2.148	1.960	1.815	1.733
34	5.499	3.529	2.968	2.593	2.453	2.353	2.135	1.946	1.799	1.717
35	5.485	3.517	2.956	2.581	2.440	2.341	2.122	1.932	1.785	1.702
36	5.471	3.505	2.944	2.569	2.429	2.329	2.110	1.919	1.772	1.687
37	5.458	3.493	2.933	2.558	2.418	2.318	2.098	1.907	1.759	1.674
38	5.446	3.483	2.923	2.548	2.407	2.307	2.088	1.896	1.747	1.661
39	5.435	3.473	2.913	2.538	2.397	2.298	2.077	1.885	1.735	1.649
40	5.424	3.463	2.904	2.529	2.388	2.288	2.068	1.875	1.724	1.637
41	5.414	3.454	2.895	2.520	2.379	2.279	2.059	1.866	1.714	1.626
42	5.404	3.446	2.887	2.512	2.371	2.271	2.050	1.856	1.704	1.615
43	5.395	3.438	2.879	2.504	2.363	2.263	2.042	1.848	1.694	1.605
44	5.386	3.430	2.871	2.496	2.355	2.255	2.034	1.839	1.685	1.596
45	5.377	3.422	2.864	2.489	2.348	2.248	2.026	1.831	1.677	1.586
46	5.369	3.415	2.857	2.482	2.341	2.241	2.019	1.824	1.668	1.578
47	5.361	3.409	2.851	2.476	2.335	2.234	2.012	1.816	1.661	1.569
48	5.354	3.402	2.844	2.470	2.329	2.228	2.006	1.809	1.653	1.561
49	5.347	3.396	2.838	2.464	2.323	2.222	1.999	1.803	1.646	1.553
50	5.340	3.390	2.833	2.458	2.317	2.216	1.993	1.796	1.639	1.545
60	5.286	3.343	2.786	2.412	2.270	2.169	1.944	1.744	1.581	1.482
80	5.218	3.284	2.730	2.355	2.213	2.111	1.884	1.679	1.508	1.400
120	5.152	3.227	2.674	2.299	2.157	2.055	1.825	1.614	1.433	1.310
240	5.088	3.171	2.620	2.245	2.102	1.999	1.766	1.549	1.354	1.206
∞	5.024	3.116	2.567	2.192	2.048	1.945	1.708	1.484	1.268	1.000

付表5　$F(\nu_1, \nu_2)$ 分布表 ($\alpha = 0.05$)

$F_{0.05}(\nu_1, \nu_2): \displaystyle\int_{F_{0.05}(\nu_1,\nu_2)}^{\infty} f(x)dx = 0.05$ 　(f は $F(\nu_1, \nu_2)$ の確率密度関数)

下記は ν_1 と ν_2 に対して $F_{0.05}(\nu_1, \nu_2)$ の値を与えている.

ν_2	$\nu_1=1$	3	5	8	10	12	20	40	120	∞
1	161.448	215.707	230.162	238.883	241.882	243.906	248.013	251.143	253.253	254.314
2	18.513	11.164	19.296	19.371	19.396	19.413	19.446	19.471	19.487	19.496
3	10.128	9.277	9.013	8.845	8.786	8.745	8.660	8.594	8.549	8.526
4	7.709	6.591	6.256	6.041	5.964	5.912	5.803	5.717	5.658	5.628
5	6.608	5.409	5.050	4.818	4.735	5.678	4.558	4.464	4.398	4.365
6	5.987	4.757	4.387	4.147	4.060	4.000	3.874	3.774	3.705	3.669
7	5.591	4.347	3.972	3.726	3.637	3.575	3.445	3.340	3.267	3.230
8	5.318	4.066	3.687	3.438	3.347	3.284	3.150	3.043	2.967	2.928
9	5.117	3.863	3.482	3.230	3.137	3.073	2.936	2.826	2.748	2.707
10	4.965	3.708	3.326	3.072	2.978	2.913	2.774	2.661	2.580	2.538
11	4.844	3.587	3.204	2.948	2.854	2.788	2.646	2.531	2.448	2.404
12	4.747	3.490	3.106	2.849	2.753	2.687	2.544	2.426	2.341	2.296
13	4.667	3.411	3.025	2.767	2.671	2.604	2.459	2.339	2.252	2.206
14	4.600	3.344	2.958	2.699	2.602	2.534	2.388	2.266	2.178	2.131
15	4.543	3.287	2.901	2.641	2.544	2.475	2.328	2.204	2.114	2.066
16	4.494	3.239	2.852	2.591	2.494	2.425	2.276	2.151	2.059	2.010
17	4.451	3.197	2.810	2.548	2.450	2.381	2.230	2.104	2.011	1.960
18	4.414	3.160	2.773	2.510	2.412	2.342	2.191	2.063	1.968	1.917
19	4.381	3.127	2.740	2.477	2.378	2.308	2.155	2.026	1.930	1.878
20	4.351	3.098	2.711	2.447	2.348	2.278	2.124	1.994	1.896	1.843
21	4.325	3.072	2.685	2.420	2.321	2.250	2.096	1.965	1.866	1.812
22	4.301	3.049	2.661	2.397	2.297	2.226	2.071	1.938	1.838	1.783
23	4.279	3.028	2.640	2.375	2.275	2.204	2.048	1.914	1.813	1.757
24	4.260	3.009	2.621	2.355	2.255	2.183	2.027	1.892	1.790	1.733
25	4.242	2.991	2.603	2.337	2.236	2.165	2.007	1.872	1.768	1.711
26	4.225	2.975	2.587	2.321	2.220	2.148	1.990	1.853	1.749	1.691
27	4.210	2.960	2.572	2.305	2.204	2.132	1.974	1.836	1.731	1.672
28	4.196	2.947	2.558	2.291	2.190	2.118	1.959	1.820	1.714	1.654
29	4.183	2.934	2.545	2.278	2.177	2.104	1.945	1.806	1.698	1.638
30	4.171	2.922	2.534	2.266	2.165	2.092	1.932	1.792	1.683	1.622
31	4.160	2.911	2.523	2.255	2.153	2.080	1.920	1.779	1.670	1.608
32	4.149	2.901	2.512	2.244	2.142	2.070	1.908	1.767	1.657	1.594
33	4.139	2.892	2.503	2.235	2.133	2.060	1.898	1.756	1.645	1.581
34	4.130	2.883	2.494	2.225	2.123	2.050	1.888	1.745	1.633	1.569
35	4.121	2.874	2.485	2.217	2.114	2.041	1.878	1.735	1.623	1.558
36	4.113	2.866	2.477	2.209	2.106	2.033	1.870	1.726	1.612	1.547
37	4.105	2.859	2.470	2.201	2.098	2.025	1.861	1.717	1.603	1.537
38	4.098	2.852	2.463	2.194	2.091	2.017	1.853	1.708	1.594	1.527
39	4.091	2.845	2.456	2.187	2.084	2.010	1.846	1.700	1.585	1.518
40	4.085	2.839	2.449	2.180	2.077	2.003	1.839	1.693	1.577	1.509
41	4.079	2.833	2.443	2.174	2.071	1.997	1.832	1.686	1.569	1.500
42	4.073	2.827	2.438	2.168	2.065	1.991	1.826	1.679	1.561	1.492
43	4.067	2.822	2.432	2.163	2.059	1.985	1.820	1.672	1.554	1.485
44	4.062	2.816	2.427	2.157	2.054	1.980	1.814	1.666	1.547	1.477
45	4.057	2.812	2.422	2.152	2.049	1.974	1.808	1.660	1.541	1.470
46	4.052	2.807	2.417	2.147	2.044	1.969	1.803	1.654	1.534	1.463
47	4.047	2.802	2.413	2.143	2.039	1.565	1.798	1.649	1.528	1.457
48	4.043	2.798	2.409	2.138	2.035	1.960	1.793	1.644	1.522	1.450
49	4.038	2.794	2.404	2.134	2.030	1.956	1.789	1.639	1.517	1.444
50	4.034	2.790	2.400	2.130	2.026	1.952	1.784	1.634	1.511	1.438
60	4.001	2.758	2.368	2.097	1.993	1.917	1.748	1.594	1.467	1.389
80	3.960	2.719	2.329	2.056	1.951	1.875	1.703	1.545	1.411	1.325
120	3.920	2.680	2.290	2.016	1.910	1.834	1.659	1.495	1.352	1.254
240	3.880	2.642	2.252	1.977	1.870	1.793	1.614	1.445	1.290	1.170
∞	3.841	2.605	2.214	1.938	1.831	1.752	1.571	1.394	1.221	1.000

索　引

A

$\mathcal{A}$-可測関数　7
adapted である　92
AIC　126
Akaike ウインドウ　141
α-エントロピー規準　188
α-エントロピー規準　145, 173
ARCH(a) モデル　106
ARFIMA (p,d,q) モデル　162

B

Bartlett ウインドウ　140
Black-Scholes の公式　183, 190
BLUE　156
Borel 集合族　7

C

CAPM　158
CHARN モデル　110, 182
Cramér-Rao の下限　37
Cramér-Rao の不等式　37
Cramér-Wold device　115, 195

D

Daniell ウインドウ　141
Doob のマルチンゲール収束定理　95

E

EGARCH　108
EGARCH モデル　128
EGARCH(p,q) モデル　107
EXPAR モデル　109

F

FARIMA(p,d,q) モデル　162
Fisher 情報量　36
Fisher 情報量行列　46, 118
FPE　125
Fubini の定理　194

G

GARCH　108
GARCH(p,q) モデル　106
Grenander 条件　154

H

h 期先の最良予測子　149
Hanning ウインドウ　141
Herglotz の定理　82
Hölder の不等式　14
Hurst 現象　161

K

Kullback-Leibler の情報量　126

L

LAN　121, 166
LAN 定理　163
Lehmann-Scheffé の定理　33
LGF　166
limiting Gaussian functional　166
Lindeberg 条件　98
LSE　156

M

m 次元一般線形過程　89
m 次元自己回帰移動平均過程　105
Markov の不等式　14
MLE　44
MP 検定　56

N

n 次元確率ベクトル　10
n 次元正規分布　11
n 次元同時 (結合) 確率密度関数　11
n 次元標本空間　27
n 次元離散型確率ベクトル　10
n 次元連続型確率ベクトル　11
Neyman-Pearson の定理　56, 165

P

p 次の自己回帰過程　101
p 次平均収束する　19
Parseval の等式　140, 196
Parzen ウインドウ　141

Q

q 次の移動平均過程　78
quasi-GMLE　113

R

Radon-Nikodym の定理　18, 195
Radon-Nikodym の密度関数　195
Rao 検定　131
Rao-Blackwell の定理　31

S

σ-加法族　4
σ-有限測度　191
Slutsky の補題　26, 54

T

TGARCH モデル　109

U

UMPU 検定　63
UMVU 推定量　33

V

VaR　186, 187

W

Wald 検定　131

ア 行

赤池情報量規準　126
アメリカ型　180
アメリカ型コールオプション　180
アメリカ型プットオプション　181
安全資産　176

一様混合的　91, 98
一様最強力検定　56
一様最強力信頼集合 (区間)　66
一様最強力不偏検定　62
一様最小分散不偏推定量　33
一様分布　9, 48
一致推定量　42
一致性のオーダー　142
一般化正規分布　119
一般線形過程　87
因子分解定理　28

ウイーナー過程　182, 196

エルゴード性　89
エルゴード的　90

オプション　180

カ 行

回帰スペクトル測度　155
カイ 2 乗分布　39
拡散過程　112
格付け　189

索　引　　　　　　　　　　　　　　　　　　　　209

確率化検定　55
確率過程　76
確率関数　8
確率空間　5
確率収束する　19
確率（測度）　5
確率的ボラティリティ　109
確率分布　7
確率変数　6
確率密度関数　8
可積分　193
可測空間　191
片側 t 検定　63
片側仮説　63
価値過程　177
完備　32, 179

幾何ブラウン運動　1, 3, 182
棄却域　55
危険資産　176
擬似正規最尤推定量　113
擬似正規対数尤度　113
擬真値　145
期待値　12
帰無仮説　55
強混合的　91, 98
強定常過程　77
共分散　13
共分散関数　78
(共) 分散行列　13
局所最強力検定　165
局所漸近正規性　121, 166
局所定常過程　167
近接　171
近接条件　171
金融資産　176, 179

区間推定　50, 51, 54
クラスター解析　187

検出力関数　56
検定 (関数)　55

検定統計量　55
検定問題　130
権利行使期間　180

行使価格　180
コールオプション　183
誤判別確率　67, 170
混合係数　91
混合性　89
混合的　90, 98

サ　行

最強力検定　56
最終予測誤差　125
最小コントラスト型推定量　146
最小 2 乗推定量　156
裁定機会　177
最適判別方式　67
最適ポートフォリオ　185
最尤推定量　44
最良線形不偏推定量　156
最良線形予測子　147
差込判別関数　70

時間変動スペクトル密度関数　167
自己回帰移動平均過程　104
自己回帰実数和分移動平均モデル　162
自己資金調達　177
自己励起閾値自己回帰モデル　108
事象　4
指数型自己回帰モデル　109
指数分布　9, 48
資本資産価格理論モデル　158
弱定常過程　78
修正 Wald 検定　131
自由度 (m, n) の F-分布　65
自由度 ν の t-分布　119
自由度 n の t-分布　52
周波数　83
十分統計量　27, 28
周辺分布関数　10
受容域　55

索　引

条件付確率関数　15
条件付確率密度関数　16
条件付期待値　16
条件付最小 2 乗推定量　123
条件付請求権　179
信頼区間　51
信頼係数　51
信頼限界　51
信頼集合　51

スコア関数　94
スペクトル・ウインドウ関数　136
スペクトル解析　81
スペクトル分布関数　82
スペクトル密度関数　83

正規過程　78
正規分布　9
絶対連続　194
漸近的に centering　122
漸近有効　122, 157
漸近有効推定量　42, 43
線形過程　87
線形予測子　147

測度空間　191

タ　行

第 I 種の誤り　55
第 II 種の誤り　55
大数の強法則　22
大数の (弱) 法則　21
対立仮説　55
(互いに) 独立　11
単位根　103
単関数　192
短期記憶過程　160
単純仮説　55
単純収益率　185

中心極限定理　22, 54, 97
長期記憶過程　161

調整レンジ　161

定常過程　78
適合している　92

統計量　27
同時 (結合) 分布関数　10
同値　178, 179
同値マルチンゲール測度　180, 182
特性関数　15
トレンド関数　154

ナ　行

二項分布　8
2 標本片側 t 検定　64
2 標本問題　63
2 標本両側 t 検定　64

ハ　行

バリュー・アト・リスク　187
判別解析　67, 168, 189
判別関数　69
判別統計量　173
判別方式　67

非確率化検定　55
非正規　3
非独立　3
標準正規分布　119
標本空間　4
標本系列相関関数　127
標本自己相関関数　1, 2, 101
ピリオドグラム　83

複合仮説　55
複製ポートフォリオ　179
プットオプション　181
不偏検定　62
不変集合　90
不偏信頼集合　66
不偏推定量　30, 31
プレミアム　181

分散 13
分布関数 6
分布収束する 19

平均値 12
ベルヌーイ分布 8
変数変換 195

ポートフォリオ 177, 184
ポートフォリオ推定量 186
母数 27
母数空間 27
保測変換 90
ほとんど至るところ 193
ほとんど確実に収束する 18
ポワソン分布 9, 48

マ 行

マハラノビス距離 69
マルチンゲール 89, 93, 189
マルチンゲール差分 93
満期日 180

無裁定 177, 179
無相関 2, 3
無相関過程 87

モンテカルロ・シミュレーション 184

ヤ 行

(有意) 水準 α の検定 56

有限測度 191
有限フーリエ変換 83
有効推定量 35, 38
尤度 43
尤度比統計量 130
尤度方程式推定量 44

ヨーロッパ型コールオプション 180
ヨーロッパ型プットオプション 181
予備標本 70, 172

ラ 行

ラグ・ウインドウ関数 136
乱歩過程 81

リーマン積分 193
リーマン・ルベーグの定理 140, 197
離散型確率変数 8
両側仮説 63
両側 t 検定 63

ルベーグ・スティルチェス積分 193
ルベーグ・スティルチェス測度 191
ルベーグ積分 193
ルベーグ測度 191
ルベーグの収束定理 23, 193

連続型確率変数 8

著者略歴

谷口正信（たにぐち・まさのぶ）
1951年　岡山県に生まれる
1976年　大阪大学大学院基礎工学研究科数理系専攻修士課程修了
現　在　早稲田大学理工学術院教授
　　　　米国数理統計学会特別会員（フェロー）
　　　　工学博士
主な著書　"Higher Order Asymptotic Theory for Time Series"
　　　　（Springer-Verlag, 1991）
　　　　"Asymptotic Theory of Statistical Inference for Time Series"
　　　　（共著, Springer-Verlag, 2000）
　　　　『統計学の基礎 I』（共著, 岩波書店, 2003）

シリーズ〈金融工学の基礎〉4
数理統計・時系列・金融工学　　　定価はカバーに表示

2005年3月10日　初版第1刷
2018年7月25日　　　第8刷

　　著　者　谷　口　正　信
　　発行者　朝　倉　誠　造
　　発行所　株式会社　朝　倉　書　店
　　　　　　東京都新宿区新小川町6-29
　　　　　　郵便番号　162-8707
　　　　　　電　話　03(3260)0141
　　　　　　F A X　03(3260)0180
　　　　　　http://www.asakura.co.jp

〈検印省略〉

ⓒ 2005〈無断複写・転載を禁ず〉　　東京書籍印刷・渡辺製本

ISBN 978-4-254-29554-2　C3350　　Printed in Japan

JCOPY　〈(社)出版者著作権管理機構 委託出版物〉
本書の無断複写は著作権法上での例外を除き禁じられています。複写される場合は、そのつど事前に、(社)出版者著作権管理機構（電話 03-3513-6969、FAX 03-3513-6979、e-mail: info@jcopy.or.jp）の許諾を得てください。

好評の事典・辞典・ハンドブック

数学オリンピック事典	野口 廣 監修	B5判 864頁
コンピュータ代数ハンドブック	山本 慎ほか 訳	A5判 1040頁
和算の事典	山司勝則ほか 編	A5判 544頁
朝倉 数学ハンドブック［基礎編］	飯高 茂ほか 編	A5判 816頁
数学定数事典	一松 信 監訳	A5判 608頁
素数全書	和田秀男 監訳	A5判 640頁
数論<未解決問題>の事典	金光 滋 訳	A5判 448頁
数理統計学ハンドブック	豊田秀樹 監訳	A5判 784頁
統計データ科学事典	杉山高一ほか 編	B5判 788頁
統計分布ハンドブック（増補版）	蓑谷千凰彦 著	A5判 864頁
複雑系の事典	複雑系の事典編集委員会 編	A5判 448頁
医学統計学ハンドブック	宮原英夫ほか 編	A5判 720頁
応用数理計画ハンドブック	久保幹雄ほか 編	A5判 1376頁
医学統計学の事典	丹後俊郎ほか 編	A5判 472頁
現代物理数学ハンドブック	新井朝雄 著	A5判 736頁
図説ウェーブレット変換ハンドブック	新 誠一ほか 監訳	A5判 408頁
生産管理の事典	圓川隆夫ほか 編	B5判 752頁
サプライ・チェイン最適化ハンドブック	久保幹雄 著	B5判 520頁
計量経済学ハンドブック	蓑谷千凰彦ほか 編	A5判 1048頁
金融工学事典	木島正明ほか 編	A5判 1028頁
応用計量経済学ハンドブック	蓑谷千凰彦ほか 編	A5判 672頁

価格・概要等は小社ホームページをご覧ください。